21世纪高等院校信息与通信工程规划教材

21st Century University Planned Textbooks of Information and Communication Engineering

李玲霞 刘小莉 黄胜 杨路 主编

交换技术实训教程

Practice of Switching

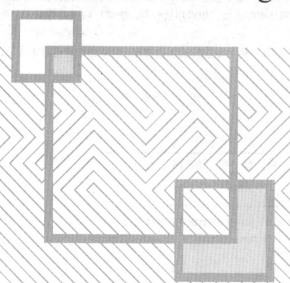

人民邮电出版社

北京

高校系列

图书在版编目（CIP）数据

交换技术实训教程 / 李玲霞等主编. -- 北京 ：人
民邮电出版社，2014.3
　21世纪高等院校信息与通信工程规划教材
　ISBN 978-7-115-34259-1

　Ⅰ．①交… Ⅱ．①李… Ⅲ．①通信交换－高等学校－
教材 Ⅳ．①TN91

中国版本图书馆CIP数据核字(2014)第004826号

内 容 提 要

本书以实训项目的方式，将理论和实际应用有效结合，内容规划上由浅入深、图文并茂地选编了通信专业教学过程中涉及的程控交换、软交换及 VoIP 实训项目。三大部分根据工程实际的情况分成三个环节，第一环节是从基础的硬件认识到如何对物理硬件进行配置；第二环节在基础硬件环境上如何设计和配置数据完成组网功能；第三环节在组网过程中如何使用工具分析故障和分析协议。全书共分为 3 篇共 17 章。其中第 1～7 章为第 1 篇程控交换部分，主要包括典型程控交换机机架、机框、单板等物理配置，局数据、用户数据操作，用户业务、Centrex 与话务台，局间 No.7 号信令、PRA 中继等实训内容；第 8～12 章为第 2 篇软交换部分，主要包括软交换网络体系架构、硬件设备及接口、系统数据配置、IAD 组网、SIP 组网等实训内容；第 13～17 章为第 3 篇 VoIP 部分，主要包括 VoIP 设备及接口、VoIP 简单组网、VoIP 系统高级功能、VoIP 综合组网设计、SIP 呼叫流程分析等实训内容。书中所有实训项目模块都来自于企业多年积累的工程项目，结构上按照企业工程项目的组网方式进行编排，层次清楚、循序渐进，通过实验室设备仿真运营商现网组网实训，进而让学习者熟悉全程全网的概念，做到从实际出发，积累项目经验，能够尽快具备行业、企业工作岗位的能力。

本书可作为通信、电子、信息类高等职业技术学院及其他大专院校的实训教程，也适合于通信技术人员、通信工程人员和大专院校师生阅读参考。

- 　主　编　李玲霞　刘小莉　黄　胜　杨　路
- 　责任编辑　刘　博
- 　责任印制　彭志环　杨林杰
- 　人民邮电出版社出版发行　　北京市丰台区成寿寺路 11 号
- 　邮编 100164　电子邮件 315@ptpress.com.cn
- 　网址 http://www.ptpress.com.cn
- 　北京天宇星印刷厂印刷
- 　开本：787×1092　1/16
- 　印张：16.75　　　　　　2014 年 3 月第 1 版
- 　字数：416 千字　　　　　2014 年 3 月北京第 1 次印刷

定价：39.80 元
读者服务热线：(010)81055256　印装质量热线：(010)81055316
反盗版热线：(010)81055315

通信技术的迅猛发展，各行各业中信息交互深刻的影响着社会的运行效率，庞大的通信网络怎么为我们智能服务呢？而这要看躲在后台核心控制设备的神功。神秘的通信网络中核心设备如何对网络进行布局、如何控制、如何智能处理，如何进行网络中核心设备的规划设计、组网、配置和操作实践，本书将为你揭开神秘的面纱。信息的采集、加工处理、存储、传送，其核心目的是将我们的信息有目的地交换，交换部分承担着网络的智能处理确保信息能够高效准确的交换。随着现代通信网技术的革新，语音通信从电路交换向分组交换发展过渡，推进着"多网融合"，使得复合型通信类的人才已经成为市场需求热点。为跟上技术及应用的发展趋势，适应人才市场需求，重庆邮电大学结合中央地方共建实验室契机，在多种交换技术交互和演进中结合通信现阶段情况搭建了重庆邮电大学融合网络实训平台。本书即是立足于重庆邮电大学融合网络实训平台进行编写的，基于目前传统的程控交换与软交换技术并存的行业应用局面，书中既包含传统的程控交换，又涵盖下一代网络的新技术——商用软交换技术及其企业应用 VoIP，设备涉及中兴通讯公司和星网锐捷公司的产品，开展"多网融合"实验中心项目。

本书以实训项目的方式，将理论和实际应用有效结合，内容规划上由浅入深地选编了典型程控交换、软交换及 VoIP 通信类教学实训项目，本实训教材在实训前简单铺垫理论知识的基础上，更注重实训技能操作，采用循序渐进、图文并茂的形式对实训项目规划、操作、总结思考进行了详细介绍。所有实训项目都来自于企业多年积累的工程项目，结构上按照企业工程项目的组网方式进行编排。每个实训项目都包含实训目的、实训时长、项目描述、实训环境（实训设备、实训拓扑）、实训步骤等多个环节，循序渐进地展开通信工程项目，通过实验室开展模拟运营商现网的网络设计和调试等实验实训，进而让学习者熟悉全程全网的概念，做到从实际出发，积累项目经验，能够尽快具备企业行业工作岗位能力的需求。

本书内容由典型交换机开局建网综合实训、下一代网络软交换综合实训、小型企业VoIP 组网综合实训共三大部分组成，每部分根据工程实际的情况分成 3 个环节，第一环节是从基础的硬件认识入手，然后进行根据需求进行组网硬件设计，再对规划设计的物理硬件进行配置，建立各板块间的通信，达到设备硬件各单元间通信，锻炼基础设备设计、关联和配合能力，达到组网的基本要求；第二环节要求在基础硬件搭建的环境上，能够根据用户提出的需求设计和配置相关数据达到多种业务需求，适应现网的要求，例如：如何分配几百个用户，如何选择号码，如何协商局间信令互通，多种终端采用何种方式接入等，并且可以仿真现网中的需求进行配置和组网实践；第三环节是在组网的过程中，学会如何使用工具分析故障，如 No.7 的接续分析，IAD 组网后呼叫信令跟踪等，分析协议帮助维护。

本书分为 3 篇共 17 章。其中第 1～7 章为第 1 篇程控交换部分，主要内容包含程控交换设备及接口、物理配置、用户配置、商务群与话务台操作、No.7 号信令系统等；第 8～13 章为第 2 篇软交换部分，主要内容包含软交换网络体系架构、硬件设备及接口、系统数据配置、IAD 组网、SIP 组网等；第 14～17 章为第 3 篇 VoIP 部分，主要内容包括 VoIP 设备及接口、VoIP 简单组网、系统高级功能配置、VoIP 组网设计、SIP 协议流程分析等实训内容。有较好的实践指导价值，能帮助大家针对不同需求设计合理网络并指导建网实践。

本书可作为网络通信或计算机网络等专业理论课程的实验实训教材，也可作为通信、计算机网络等专业的学生修完专业理论课程之后，为适应就业岗位需要，单独开设的专业实训或技能培养的指导书，也可作为工程技术人员的参考资料。可以面向行业运营商，对从事通信核心设备维护人员提供理论和实操指导。

本书由李玲霞、刘小莉、黄胜、杨路主编，把企业的工程项目和学校的教学需求有机地结合起来，其中第 1～13 章由李玲霞、黄胜编写，第 14～17 章由刘小莉、李玲霞、杨路编写，全书由李玲霞统稿。在本书编写全过程得到了陈前斌、余翔、胡庆、王俊、明艳老师等大力支持与协助，亦得到家人的关心与支持，在此表示深深感谢。本书作者感谢中兴通讯学院提供授课经历，让笔者对中兴设备软硬件进行了深入的了解。同时感谢人民邮电出版社刘博编辑等为本书出版所做的大量耐心细致的工作。

由于编者水平有限，书中难免存在疏漏和错误之处，敬请广大读者批评指正。

编　者

2013 年 11 月

目　录

第一篇　程控交换综合实训

第二篇 NGN 网络软交换组合实训

第三篇 企业网 VoIP 综合实训

第一篇

程控交换综合实训

第 1 章　认识典型程控交换机硬件组成实训

1.1　实训说明

1.　实训目的

通过本单元实训，熟练掌握以下内容。

（1）认识程控交换的主要组成部分。

（2）掌握典型 ZXJ10 程控交换机硬件体系结构。

（3）认识 ZXJ10 程控交换机各功能单元的功能。

（4）认识 ZXJ10 程控交换机各功能单元的电路板种类及功能。

（5）根据业务需求计算各功能单元的单板数量，设计交换机。

2.　技能点

传统电话通信网组成：终端设备、传输设备、交换设备。数字程控交换机是通信网中的交换设备，它是整个网络的路由选择和数据管理的核心设备之一，在整个通信网中它管辖着电话用户及不同的电信局间互连互通，包括系统数据的管理和业务数据的管理。数字程控交换机是两交换局之间数据配合和交互数据控制部分，是网络中数据管理的核心设备。

本项目对典型程控交换机的组成和功能单元进行介绍，帮助学生对理论课程中程控交换机的各功能部分的原理有更好的感性认识。通过对程控交换机的整个调试过程的操作，了解现网中数据调测、硬件配置、业务实现的整体流程。

3.　实训时长

4 学时

4.　实训项目描述

用指定的 ZXJ10 数字程控交换机进行建局数据设计配置，首先对局容量进行规划，其次对各种电路板进行计算和配置，建立关键单元间通信关联，自定义电话号码，要求每位同学的电话号码百号用自己的学号定义。电话数量假设在 200～500 个电话号码，配好用户数据后，要求交换机内部电话能够互相拨打，同时要求学生调测交换机和传输设备间的对接关联，实现局间对接测试，要求电话能通过交换机进入传输设备，在传输设备上传送后，关联其他交换机或软交换设备，真正使通信网中设备的互连和对接，实现一般通信网的工程实训。

1.2 实训环境

（1）实验室网络环境搭建如图1.1所示。

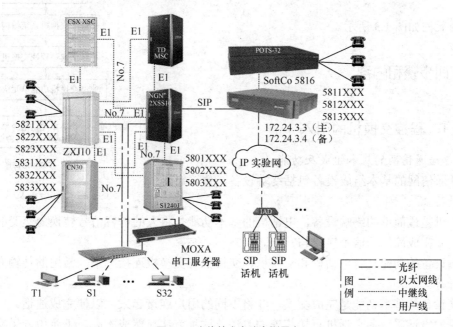

图1.1 交换技术实验实训平台

（2）ZXJ10网管服务器和客户端设备连接如图1.2所示。

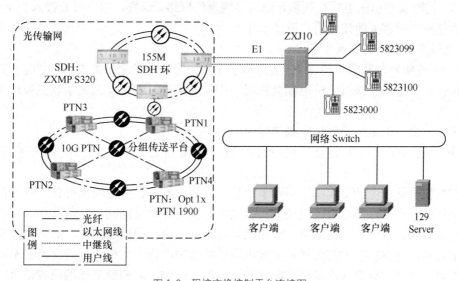

图1.2 程控交换控制平台连接图

（3）ZXJ10前后台设备安装完成。

（4）ZXJ10后台维护系统129服务器和客户端安装完成。

（5）从客户端能够连接到服务器，服务器能够连接到 ZXJ10 程控交换机。

1.3 实训流程

实训流程如图 1.3 所示。

1.4 实训步骤和内容

1.4.1 程控交换机的引入

1. 电话通信网的基本组成及功能

电话通信网的基本组成设备包括终端设备、传输设备和交换设备。

电话机是最简单的终端设备，电话机的基本功能是将人的语音信号转换为交变的语音电流信号，并完成简单的信令接收与发送。

传输设备的功能是将电话机和交换机、交换机与交换机连接起来。常用的传输介质有电缆、光纤等。

交换设备的基本功能是完成交换，即将不同的用户连接起来，以便完成通话。

最早的电话采取各个话机直接相连的方法，这种方法显然成本高，于是引入了交换机。每个用户都连接到交换机上，由交换机完成任意用户间的接续。当电话用户分布的区域较广时，就需要设置多个交换机，交换机之间用中继线连接。多个交换机之间要做到各个相连就很烦琐了，这时就要引入汇接交换机，形成多级通信网络。这样，用户只要接入一个交换机，就能与通信网中世界上的任一用户通话了。

2. 电话交换机的类型及发展

自从 1876 年贝尔发明电话以来，为适应多个用户之间电话交换的要求，出现了多种类型的交换机：人工电话交换机、机电制交换机、程控交换机，现在又出现了软交换机和 IP 电话等。

人工电话交换机是由话务员完成转接的。

机电制电话交换机主要有步进制交换机和纵横制交换机，电话交换技术进入了自动化。

程控交换机是在电话交换机中引入了计算机控制技术，程控交换机可分为模拟程控交换机和数字程控交换机。模拟程控交换机的控制部分采用计算机控制，而话路部分传送和交换的仍然是模拟的语音信号。20 世纪 70 年代开始出现了数字程控交换机，数字程控交换机是数字通信技术、计算机技术与大规模集成电路相结合的产物。与模拟程控交换机不同，数字程控交换机在话路部分交换的是经过脉冲编码调制（PCM）后的数字化的语音信号，数字交换机的交换网络是数字交换网络，用户话机发出的模拟语音信号在数字交换机的用户电路上要转换为 PCM 信号。

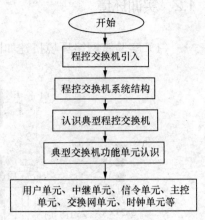

图 1.3 实训流程图

本书程控部分所有的组网全部选用中兴 ZXJ10 系列程控交换机。

1.4.2 程控交换机系统结构图

程控交换机的构成，如图 1.4 所示。

提供电话服务的程控交换机的主要任务是实现任意用户间通话的接续。硬件可划分为两大部分：话路设备和控制设备。话路设

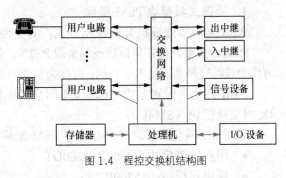

图 1.4 程控交换机结构图

备主要包括各种接口电路（如用户线接口电路和中继线接口电路等）和交换（或接续）网络；控制设备则为电子计算机，包括中央处理器（CPU），存储器和输入/输出设备。

下面来认识中兴通讯生产的 ZXJ10 数字程控交换机的硬件部分。我们将其分成 6 部分来介绍：用户部分、中继部分、信令部分、控制部分、数字交换网部分和时钟部分。

1.4.3 认识典型程控交换机

ZXJ10 是中兴通讯生产的一种数字程控交换机，它采用全分散的控制结构，根据局容量的大小，可由一到数十个模块组成。根据业务需求和地理位置的不同，可灵活选择模块组网，如图 1.5 所示，SNM、MSM、PSM、RSM、RLM 为 ZXJ10 前台网络的基本模块，OMM 构成 ZXJ10 的后台网络。

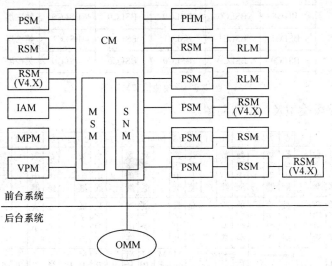

图 1.5 ZXJ10 系统逻辑结构示意图

OMM：操作维护模块；PSM：外围交换模块；RSM：远端交换模块；RLM：远端用户模块；PHM：分组交换模块；CM：中心交换模块（CM=SNM+MSM）；MPM：移动外围模块；VPM：移动访问外围模块；MSM：消息交换模块；RSM（V4.X）：ZXJ10 远端交换模块之一；IAM：Internet 接入模块；SNM：交换网络模块

在 ZXJ10 系统中，所有重要设备均采用主备份，如 MP、DSN、通信板、光接口、时钟设备以及用户单元处理机等。

本书选用的典型的 8K PSM 模块，是一种比较常用的可以单模块成局，也可多模块组网的典型模块。

1. 外围交换模块 PSM 模块

PSM 采用多处理机分级控制方式，其主要功能和配置如下。

PSM 的主要功能：单模块成局实现 PSTN，多模块成局时作为其中一个模块局接入中心模块；可作为移动交换系统接入中心局；可作为智能网的业务交换点 SSP 接入 SCP；可带远端用户模块。

PSM 有几种配置方式：标准 8K 网交换模块（SM8）、16K 网交换模块（SM16）、紧凑型 4K 网交换模块（SM4C）。

采用 8K 网交换模块（SM8）作 PSM 配置时典型容量（非独立成局）为：

- 用户中继模块：9600L+1200DT
- 纯用户模块：15360L
- 纯中继模块：6240DT

2. 8K 外围交换模块（PSM/RSM）物理配置

一个 8K 外围交换模块最多为 5 个机架，其中#1 机架为控制柜，配有所有的公共资源、两层数字中继和 1 个用户单元，可以独立工作。其他 4 个机架为纯用户柜（机架号为 2 到 5）如图 1.6 所示，只配用户单元。根据用户线数量，单模块结构分为单机架、2 机架到 5 机架。其控制架和用户架配置图分别如图 1.7 和图 1.8 所示。

#1	#2	#2	#4	#5	
BDT	BSLC1	BSLC1	BSLC1	BSLC1	第六层
BDT	BSLC0	BSLC0	BSLC0	BSLC0	第五层
BCTL	BSLC1	BSLC1	BSLC1	BSLC1	第四层
BNET	BSLC0	BSLC0	BSLC0	BSLC0	第三层
BSLC1	BSLC1	BSLC1	BSLC1	BSLC1	第二层
BSLC0	BSLC0	BSLC0	BSLC0	BSLC0	第一层

图 1.6 单模块机架排列图

控制架：电路板类型及板位布局图。

1	2	3	4	5	6	7	8	9	10	11	12	13	14	15	16	17	18	19	20	21	22	23	24	25	26	27
电源B		数字中继	数字中继		数字中继	数字中继		数字中继	数字中继		数字中继	数字中继		数字中继	数字中继		数字中继	数字中继		数字中继	数字中继		数字中继	数字中继		电源B
电源B		数字中继	数字中继		数字中继	数字中继		数字中继	数字中继		数字中继	数字中继		数字中继	数字中继		数字中继	数字中继		ASIG	ASIG		ASIG	ASIG		电源B
电源B		SMEM	主控单元					主控单元			MPMP	MPMP	MPPP	MPPP	MPPP	MPPP	MPPP	MPPP	MPPP	STB	STB		V5	PEPD	MON	电源B
电源B		CKI	SYCK			SYCK			DSN		DSN	DSNI	DSNI	DSNI	DSNI	DSNI	DSNI	DSNI	DSNI	FBI	FBI					电源B
电源A		用户板	用户板	用户板	用户板	用户板	用户板	用户板	用户板	用户板	用户板	用户板	用户板	用户板	用户板	用户板	用户板	用户板	用户板				SPI	SPI		电源A
电源A		用户板	用户板	用户板	用户板	用户板	用户板	用户板	用户板	用户板	用户板	用户板	用户板	用户板	用户板	用户板	用户板	用户板	用户板				SP	SP		电源A

图 1.7 外围交换模块的控制架

用户架：电路板类型及板位布局图。

1	2	3	4	5	6	7	8	9	10	11	12	13	14	15	16	17	18	19	20	21	22	23	24	25	26	27
电源A		用户板	用户板	用户板	用户板	用户板	用户板	用户板	用户板	用户板	用户板	用户板	用户板	用户板	用户板	用户板	用户板	用户板	用户板	用户板	用户板			SPI	SPI	电源A
电源A		用户板	用户板	用户板	用户板	用户板	用户板	用户板	用户板	用户板	用户板	用户板	用户板	用户板	用户板	用户板	用户板	用户板	用户板	用户板	用户板	MTT	TDSL	SP	SP	电源A
电源A		用户板	用户板	用户板	用户板	用户板	用户板	用户板	用户板	用户板	用户板	用户板	用户板	用户板	用户板	用户板	用户板	用户板	用户板	用户板	用户板			SPI	SPI	电源A
电源A		用户板	用户板	用户板	用户板	用户板	用户板	用户板	用户板	用户板	用户板	用户板	用户板	用户板	用户板	用户板	用户板	用户板	用户板	用户板	用户板	MTT	TDSL	SP	SP	电源A
电源A		用户板	用户板	用户板	用户板	用户板	用户板	用户板	用户板	用户板	用户板	用户板	用户板	用户板	用户板	用户板	用户板	用户板	用户板	用户板	用户板			SPI	SPI	电源A
电源A		用户板	用户板	用户板	用户板	用户板	用户板	用户板	用户板	用户板	用户板	用户板	用户板	用户板	用户板	用户板	用户板	用户板	用户板	用户板	用户板	MTT	TDSL	SP	SP	电源A
1	2	3	4	5	6	7	8	9	10	11	12	13	14	15	16	17	18	19	20	21	22	23	24	25	26	27

图1.8 外围交换模块的用户架

1.4.4 功能单元

PSM 是 ZXJ10 中基本的独立模块，其主要功能是完成本交换模块（PSM）内部的用户之间的呼叫处理和话路交换；在多模块组网的本交换模块（PSM）内部的用户和其他外围交换模块的用户之间呼叫的消息和话路接到 SNM 中心交换网络模块上。主要的功能单元包括用户单元、数字中继单元、模拟信令单元、主控单元、交换单元和时钟同步单元。

1.4.5 用户单元

用户电路的作用是实现各种用户线与交换机之间的连接，通常又称为用户线接口电路（Subscriber Line Interface Circuit，SLIC）。根据交换机制式和应用环境的不同，用户电路也有多种类型，对于程控数字交换机来说，目前主要有与模拟话机连接的模拟用户线电路（ASLC），及与数字话机、数据终端（或终端适配器）连接的数字用户线电路（DSLC）。用户单元板位图如图 1.9 所示。

ZXJ10 数字程控交换机，一个用户单元的容量为：960 线模拟用户或 480 线数字用户/单元，电路板为 24 路/ASLC 板（模拟用户），12 路/DSLC 板（数字用户）。

1	2	3	4	5	6	7	8	9	10	11	12	13	14	15	16	17	18	19	20	21	22	23	24	25	26	27
POWA		SLC	SLC	SLC	SLC	SLC	SLC	SLC	SLC	SLC	SLC	SLC	SLC	SLC	SLC	SLC	SLC	SLC	SLC	SLC	SLC			SPI	SPI	POWA
POWA		SLC	SLC	SLC	SLC	SLC	SLC	SLC	SLC	SLC	SLC	SLC	SLC	SLC	SLC	SLC	SLC	SLC	SLC	SLC	SLC	MTT		SP	SP	POWA

图1.9 用户单元板位图

SLC：用户板；　　　　　　　　　　MTT：多任务测试板；

SP：用户单元处理器；　　　　　　　SPI：用户单元处理器接口板

用户单元是交换机与用户之间的接口单元，用户单元主要由模拟用户板 ASLC、数字用户板 DSLC、用户单元处理机板 SP、跨层处理接口电路板 SPI、多任务测试板 MTT、数字用户测试板 TDSL 和用户层背板 BSLC 组成。下面介绍几种主要的单板功能。

1. ASLC 用户电路板

ASLC 用户电路的作用是连接模拟用户与交换网，故又称为用户接口电路。模拟用户板 ASLC 的用户电路具有 BORSCHT 七种基本功能，还具有极性反转、带来电显示、增益可调等功能，适用于远距离传输。ASLC 中采用高集成度的 IC，每板可容 24 路模拟用户。

2. 用户单元处理机板 SP

用户单元处理机板 SP 的作用是交换机的前置设备，主要功能如下：①实现用户线信令的集中和转发功能；②提供两条双向 8Mbit/s HW 供话路使用，连接至 T 网络；③提供测试通路和资源板信号通路；④需要时实现用户单元内的话路接续；⑤SP 与用户板（ASLC/DSLC），MTT 板，T 网板通信采用高效、可靠的 HDLC 方式；⑥SPI 与 SP 用于 SLC 电路接口驱动，其主备倒换与故障检测等控制；⑦每个用户单元由一对 SP 管理，带 960 路 ASLC/480DSLC，时隙动态分配；⑧具有热备份功能，可提供手动切换、软件切换、故障切换、复位切换，支持热插拔。

3. 用户总线与接口电路板 SPI

用户总线与接口电路板 SPI 的作用是当用户单元有两层机框，SPI 板用以实现 SP 与另一层用户板的连接，其主要功能是把 SP 到另一层的 ASLC 等板的 HW 线进行平衡驱动及平衡接收。SPI 主备切换，支持热插拔，SP 板可对 SPI 实行监控从而能检测到每板的工作状态。

4. 多任务测试板 MTT

多任务测试板 MTT 的作用是为完成用户电路（ASLC，DSLC）的内外线及用户话机的测试而设计的。

用户单元化计算用户板时，每块 ASLC 用户板可以提供 24 个用户接口，即可以连接 24 个电话用户，总的用户数量除以 24 得到的是用户板数量。如果用户数小于等于 960 线，则一个用户单元提供的接口即可满足要求，相应的控制和测试板如图 1.9 的 MTT、SP、SPI 板位固定，根据需求插入用户板。如果用户数超过 960 线，则板位不够，需要新增用户单元，甚至新的用户架来满足用户要求。具体用户板数量，需根据实际用户数量进行核算。

1.4.6　中继单元

数字中继线接口单元（DTU）的作用是数字程控交换局之间或数字程控交换机与数字传输设备之间的接口设备。数字中继线传送的是 PCM 群路数字信号，它通过 PCM 时隙传送中继线信令，完成如帧与复帧同步、码型变换、告警处理、时钟恢复、局间信令插入等功能，概括地说即完成信号传送，同步与信令配合三方面的功能。出入中继器是中继线与交换网络间的接口电路，用于交换机中继线的连接。它的功能和电路与所用的交换系统的制式及局间中继线信号方式有密切的关系。中继单元的板位如图 1.10 所示。

1	2	3	4	5	6	7	8	9	10	11	12	13	14	15	16	17	18	19	20	21	22	23	24	25	26	27
P O W B		D T I	D T I		D T I	D T I		D T I	D T I		D T I	D T I		D T I	D T I		D T I	D T I		D T I	D T I		A S I G	A S I G		P O W B

图 1.10　中继单元板位图

1. 数字中继板 DTI

数字中继板 DTI：每块 DTI 电路板有四条中继出入电路（E1 接口），容量为 120 路数字中继用户。即 4PCM/DTI，背板上提供 4 对 PCM 铜轴 E1 接口，连接数字中继线。DTI 的 CPU 可以直接与 MP 经 T 网的半固定接续进行消息交换。

DTI 板主要完成功能：码型变换、帧同步时钟的提取、帧同步及复帧同步、信令插入和提取、检测告警、ISDN 的 PRA 用户的接入等。

2. ODT 板

ODT 板：利用同步复接技术和光纤传输技术来实现 PSM，RSM 与 RSU 之间的互连，进行点对点的通信。当没有传输线路时，可用 ODT 板更换 DTI 光中继板，可以直接连光纤。传输容量为 4 条 8Mbit/s PCM，即 16 个 E1。

1.4.7　模拟信令单元

模拟信令单元由模拟信令板 ASIG 和背板 BDT 组成，与数字中继单元共用一个机框。DTI 板与 ASIG 板二者单板插针引脚相同，故可任意混插。

每块 DTI 板提供 120 个中继电路，同样每块 ASIG 板也提供 120 个电路，但一块 ASIG 板分成两个子单元，子单元可以提供的主要功能包括 MFC（多频互控）、DTMF（双音频收/发器）、TONE（信号音及语音电路）、CID（主叫号码显示）、会议电话等，具体取决于 ASIG 板的软硬件版本，详细版本信息请查阅中兴的相关资料。

每块 ASIG 板包含两个 DSP 子单元，DSP 可分为 5 种类型：MFC、DTMF、TONE、CID、CONF。即完成 MFC 多频互控信号的接收发送、DTMF 信号的接收发送、TONE 信号的发送、主叫号码识别信息的发送、会议电话功能等。

一般交换局配置多块 ASIG 板，其中一般要完成两个 TONE 单元和多个 DTMF 功能单元，现场根据交换局用户数和业务情况选取，不同版本的 ASIG 板中 DSP 功能有所不同，更换时需注意型号和版本。

1.4.8　主控单元

控制部分是程控交换机的核心，其主要任务是根据外部用户与内部维护管理的要求，执行存储程序和各种命令，以控制相应硬件实现交换及管理功能。程控交换机控制设备的主体是微处理器，通常按其配置与控制工作方式的不同，可分为集中控制和分散控制两类。为了更好地适应软硬件模块化的要求，提高处理能力及增强系统的灵活性与可靠性，中兴 ZXJ10 交换机采用分级集中控制。

ZXJ10 的主控单元对交换机所有功能单元和单板进行监控，在各个处理机之间建立消息链路，为软件提供运行平台，满足各种业务需要。

ZXJ10 的主控单元由一对主备模块处理机（MP）、共享内存（SMEM）板、通信（COMM）

板、监控（MON）板、环境监控（PEPD）板和控制层背（BCTL）板组成。BCTL 为各单板提供总线连接并为各单板提供支撑。主控单元占用一个机框，其单板组成如图 1.11 所示。

1	2	3	4	5	6	7	8	9	10	11	12	13	14	15	16	17	18	19	20	21	22	23	24	25	26	27
电源B		共享内存		主控单元				主控单元			MPMP	MPMP	MPPP	MPPP	MPPP	MPPP	MPPP	MPPP	MPPP	STB	STB	STB	V5	环境监控	监控	电源B

图 1.11　主控单元结构图

1. 模块处理机（MP）

模块处理机（MP）是交换机各模块的核心部件，它相当于一个功能强大且低功耗的计算机，位于 ZXJ10 交换机的控制层，该层有主备两个 MP，互为热备份。硬件配置和性能随着硬件版本的升级而逐步增强。

MP 的主要功能包括：①控制交换网的接续，实现与各外围处理单元的消息通信；②负责前后台数据命令的传送；③MP 提供总线接口电路；④分配内存地址给通信板 COMM、监控板 PMON、共享内存板 SMEM 等单板；⑤提供两个 10Mbit/s 以太网接口，一个用于连接后台终端服务器，另一个用于扩展控制层间连线；⑥主备状态控制；⑦为软件程序的运行提供平台。

2. 通信（COMM）板

通信 COMM 板包括五类：MPMP、MPPP、STB、V5、ISDN UCOMM。

通信 COMM 板的主要功能：MPPP 完成模块内通信，MPMP 完成模块间通信，STB 提供 No.7 信令，V5 板提供 V5 接入网，UCOMM 板提供综合话务台。各 COMM 板通过两个 4KB 字节双口 RAM 和两条独立总线与主备 MP 相连交换消息，与 MP 互相都可发中断信号。

3. 环境监控（PEPD）板

对于大型程控交换设备来说，一个完善的告警系统是必不可少的。PEPD 板通过各种传感器能对交换机工作环境随时监测，并对出现的异常情况及时作出反应，给出报警信号，以便及时处理，避免不必要的损失。通过它对环境进行监测，并把异常情况上报 MP 作出处理。

4. 监控（MON）板

ZXJ10（V10.0）可以进行本身监控并与 MP 通过 COMM 板接续实现和各子单元进行通信，各子单元能够随时与 MP 交换各单元状态与告警信息，但也有不少子单元不具备这种通信功能。因此，为了对这些子单元实现监控，系统专门设置了 MON 板。

MON 板对所有不受 SP 管理的单板如电源板、光接口板、时钟板、交换网驱动板等进行监控，并向 MP 报告。

1.4.9　交换网络

交换网络的基本功能是根据用户的呼叫要求，通过控制部分的接续命令，建立主叫与被叫用户间的连接通路。在中兴 ZXJ10 交换机中采用 T 网实现，是程控交换机内部的数据交换平台，像人的心脏一样。

ZXJ10 数字程控交换机中数字交换单元位于外围交换模块的 BNET 层，包括一对网（DSN）板、四对驱动（DSNI）板和一对光纤接口（FBI）板，其板位结构图如图 1.12 所示。其中 13、14 槽位的 DSNI 板是 DSNI-C，称为控制级或 MP 级的 DSNI 板；其余槽位的 DSNI

是 DSNI-S，称为功能级或 SP 级的 DSNI 板，两类 DSNI 板工作方式和功能都不相同。FBI 实现光电转换功能，提供 16 条 8Mbit/s 的光口速率，当两模块之间的信息通路距离较远，而传输速率又较高的时候，ZXJ10 机提供 FBI 光纤传输接口实现模块间连接。

1	2	3	4	5	6	7	8	9	10	11	12	13	14	15	16	17	18	19	20	21	22	23	24	25	26	27
P O W B		C K I	S Y C K			S Y C K			D S N		D S N	D S N I	D S N I	D S N I	D S N I	D S N I	D S N I	D S N I	D S N I	F B I	F B I					P O W B

图 1.12　数字交换单元结构图

数字交换单元的主要功能包括支持动态话路时隙交换，包括模块内、模块间及局间话路接续。支持半固定消息时隙交换，实现各功能单元与 MP 的消息接续。

1. 数字交换网（DSN）板

数字交换网（DSN）板为 8KB 交换网板，单板容量为 8KB×8KB，可成对地独立用于外围交换模块中组成单 T 网，也可由若干对组成多平面作为 S 网使用。DSN 的主要功能：提供时隙交换网络、能与控制层 MP 进行通信、提供时钟驱动及处理电路、采取主备方式。交换网板主备用方式有：上电时两块板都处于备用工作状态，然后通过 CPU 判断、决定其中一块板进入主用状态。正常工作时，主备关系可以人工按键切换，主用板出现故障时通过软件自动切换。

2. 数字交换网接口（DSNI）板

数字交换网接口（DSNI）板主要提供 MP 与 T 网和功能单元的 SP 与 T 网之间信号的接口，并完成 MP，SP 与 T 网之间各种传输信号的驱动功能。

作为 MP 级接口板时，建立了 MP 级与 T 网的通信链路；作为 SP 级接口板时，建立了各级 SP（包括用户单元的 SP、数字中继 DTI 和资源板 ASIG）与 T 网的连接。

3. 光接口（FBI）板

光接口（FBI）板利用同步复接技术和光纤传输技术来实现中心局 CM 与 PSM，RSM 等的互连，本 FBI 光纤收发组件可以改进扩展为 STM-1 同步网 SDH 的接入接口，为系统宽带网接入提供了基础。

1.4.10　时钟同步单元

数字程控交换机的时钟同步是实现通信网同步的关键。ZXJ10 的时钟同步系统由基准时钟板 CKI、同步振荡时钟板 SYCK 及时钟驱动板（在 8K PSM 上，时钟驱动功能是由 DSNI 板完成）构成，为整个系统提供统一的时钟，又同时能对高一级的外时钟同步跟踪。在物理上时钟同步单元与数字交换网单元共用一个机框，BNET 板为其提供支撑及板间连接。

1. 时钟同步（SYCK）板

时钟同步板 SYCK 板是负责同步于上级局时钟或者是 BITS 设备（在 CKI 板存在的情况下），另外为本模块各个单元提供时钟。

ZXJ10 单模块独立成局时，本局时钟由 SYCK 同步时钟单元根据由 DTI 或 BITS 提取的外同步时钟信号或原子频标进行跟踪同步，实现与上级局或中心模块时钟的同步。

2. 时钟基准（CKI）板

时钟基准板 CKI 为 SYCK 板提供 2.048Mbit/s，5MHz，2.048MHz 的接口，接收从 DT

或 FBI 平衡传送过来的 8kHz 时钟基准信号，实现手动选择时钟基准信号，将信号输出给 SYCK。

1.4.11　操作维护模块（OMM）

ZXJ10 程控交换机采用集中维护管理方式，维护管理网络采用了基于 TCP/IP 的客户/服务器结构，WINDOWS 2000/NT 4.0 操作系统，如图 1.13 所示。其内容包括管理和维护交换机运行所需的数据、统计话务量、话费、系统测量、系统告警等，整个系统的软件和数据在 OMM 中完成，由 MP 向每个外围模块传送，并且可进行远程操作维护管理。

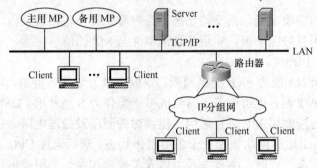

图 1.13　OMM 连接示意图

1.4.12　实验室机架机框图

图 1.14 所示是重邮实验室按最简配置采购的实验用的机架，参考此机架自行设计组网机架。

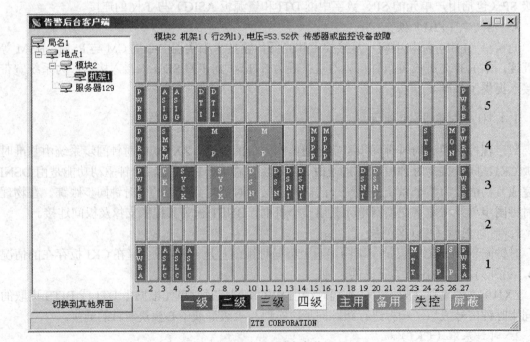

图 1.14　实验室机架截图

1.5　总结与思考

1．实训总结

请结合实验室硬件机架熟悉各功能单元和单板，并描述您本单元实习的收获。

2．实训思考

（1）如果你设计的交换机用户 300 线和 500 线有什么区别，如果 1000 线用户，你认为要几个机架，多少用户单元和用户板才能达到要求。

（2）实习环境图中，我们要配置多少局向和多少数字中继（DTI）板才满足多设备的互连互通。

（3）假设偶数槽的 DSNI-C 板运行故障，对于系统的运行有影响吗？如果有，有什么影响？

（4）交换机运行所需的时钟信号如何提取？有几种提取方式？

第2章 典型程控交换机物理配置实训

2.1 实训说明

1. 实训目的

通过本章实习，应熟练掌握以下内容。

(1) 掌握程控交换的主要组成部分、各单元功能。

(2) 掌握程控交换机各单元中电路板类型、功能及板位。

(3) 根据业务需求计算各功能单元的单板数量。

(4) 根据需求设计程控交换机的硬件，包括机架、机框、单板、板位等硬件。

(5) 数据规划：完成交换机容量、交换局等数据规划。

(6) 实际操作：对设计完成的交换机进行物理配置实现。

(7) 测试验证：配置完成后进行数据加载测试。

(8) 调测中：观察各功能单元及单板的运行情况。

(9) 掌握程控交换机物理配置、调试流程。

2. 实训仪器

(1) 中兴数字程控交换机 ZXJ10 一台。

(2) 安装中兴数字程控交换机后台服务器软件的计算机若干台。

(3) TCP/IP 的分组交换机一台。

3. 实训时长

4 学时

4. 实训项目描述

本次实训通过一个工程实例，介绍 ZXJ10 程控交换机开局组建硬件和数据配置的过程。

本次实训要求前期对 ZXJ10 数字程控交换机的典型 8K PSM 模块的组成非常熟悉，对单元的功能，单元电路板的板位，单板功能等有较好的掌握。

在熟悉硬件功能的基础上，要求每组学生按要求用指定的 ZXJ10 数字程控交换机进行建局数据配置，包含对局容量进行规划、交换局配置、各种电路板的计算和配置，并建立单元间通信，自行设计电话号码，为区分不同的数据建议每位同学的电话号码百号用自己的学号定义，电话数量为 200~300 线，配置完成上传到交换机，并进行现场测试，完成本交换机内部电话能正常互通,在此基础上要求学员调测交换机和传输设备间的关联,要求电话能通过交换机进入传输设备,在传输设备上传送后和通信网中其他设备的互联和对接,通过实训具备典型的商用交换机设备软、硬件的设计和配置能力,了解典型通信设备数据配置流程。

2.2　实训环境

（1）ZXJ10 前台程控交换机硬件机架安装完成。

（2）计算机中 ZXJ10 后台维护系统 129 服务器和客户端软件安装完成。

（3）程控交换机 ZXJ10、129 服务器计算机及维护台设备（如图 2.1 所示）连接到 ZXJ10 程控交换机。

（4）实验室通信系统网络环境搭建如实训 1 中图 1.1 所示,或如图 2.2 所示组网。

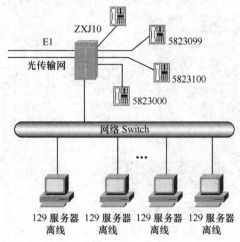

图 2.1　程控交换操作平台连接图

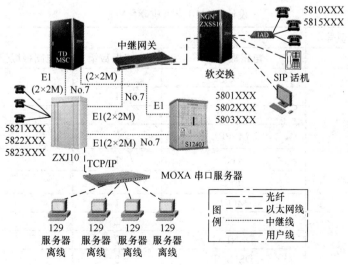

图 2.2　交换局组网图

2.3 实训规划

2.3.1 组网硬件规划

设计网络组网请选用中兴 8K PSM 模块，要求用户数量 300 线，中继数量 480 线，完成本局 ZXJ10 设备与 TD-SCDM A 设备开通 2×2M，S1240 开通 2×2M 和中继网关 MTG 设备（即接软交换）开通 2×2M；请根据业务需求设计交换机硬件（见表 2.1），设计 ZXJ10 参考机架硬件板位图如图 2.3 所示。

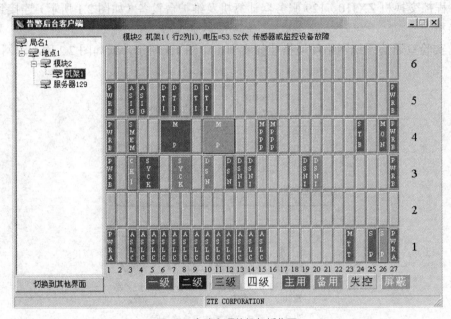

图 2.3 实验室硬件机架板位图

表 2.1 设计 ZXJ10 交换机硬件需求

程控交换机设备型号			
功能单元	电路板型号	电路板数量	电路板板位和接口、HW 等
控制单元	MP	2	
	SMEM	1	
	MPMP	0	
	MPPP	2	
	STB	1	
	PEPD	0	
	MON	1	
数字交换网单元	DSN	2	
	DSNI_C	2	
	DSNI_S	2	
	FBI	0	

程控交换机设备型号			
功能单元	电路板型号	电路板数量	电路板板位和接口、HW 等
用户单元	ASLC	13	
	SP	2	HW26、HW27
	SPI	0	
	MTT	1	
	POWA	2	
中继单元	DTI	4	HW22、HW23、HW24、HW25
	ODT	0	
模拟信令单元	ASIG（DTMF）	1	HW20 5 框 3 槽位
	ASIG（TONE）	1	HW21 5 框 4 槽位
时钟单元	SYCK	2	
	CKI	0	
电源板	POWB	6	

2.3.2 数据规划

根据上图中组网结构，规划交换机软件数据安排，请规划表 2.2 中的数据。

表 2.2 交换机数据规划

项　　目		规　　划		备　　注
		案例数据	实训规划数据	
交换局容量		300 线		
交换局设备类型		8K 外围模块		
本交换局名称		邮电大学		
本交换局网络类型		公众电信		
本交换局类别		市话端局		
本交换局信令点编码		0-1-17		
邻接交换局	邻接局 1 名称	TD-SCDMA		TD-SCDMA
	邻接局 1 信令点编码	0-1-19		
	信令类型及中继数量	No.7　60		
	邻接局 2 名称	MTG-众方		软交换
	邻接局 2 信令点编码	0-1-18		
	信令类型及中继数量	No.7　60		
	邻接局 3 名称	S1240		S1240
	邻接局 3 信令点编码	0-2-34		
	信令类型及中继数量	No.7　60		
其他补充信息				

2.4 实训流程

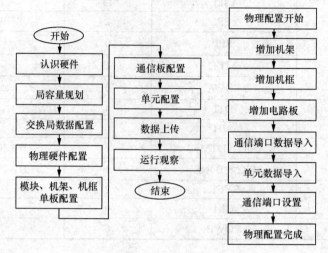

图 2.4 实训流程图

2.5 实训操作步骤和内容

ZXJ10（V10.0）交换机的局数据包括：局容量数据、交换局数据、交换机物理配置数据、局码数据、号码分析数据。进入后台服务器中，对设计好的方案进行数据配置实现，由于不知道服务器中原有的数据是否完善，或完成到什么阶段，我们在配置数据之前先对服务器进行初始化操作。

2.5.1 登录准备工作

1. 登录后台维护系统

129 服务器开机后自动运行客户端进程管理器，启动系列的进程，如果用 ZXJ10 客户端登录，需先启动 129 服务器。服务器的 IP 地址需要用区号等计算，如重庆邮电大学为 192.184.1.129，客户端的地址为 192.184.1.140～187 地址段。登录后台维护系统步骤见表 2.3。

表 2.3 登录后台维护系统

步骤	操　　作
1	在 129 服务器开启相关进程已经正常运行后，双击桌面上的"ZXJ10 后台维护系统"快捷图标，进入"用户登录"对话框
2	在"用户登录"对话框输入用户信息 用户名称：SUPER 密码：无
3	单击<确定>按钮

2. 初始化交换机数据

如果对交换机现有的数据不太清楚，则需要把交换机数据初始化，避免其他各种错误影响后面的数据配置（这一步仅仅在开局实训时有用，否则只需恢复以前保存好的文件即可，指导书为初始化恢复空表格）。初始化交换机数据库见表 2.4。

表 2.4   初始化交换机数据库

步骤	操　　作
1	登录 ZXJ10 后台维护系统，然后移动鼠标指针到屏幕上方，选择【数据管理→数据备份→数据备份】菜单，如图所示 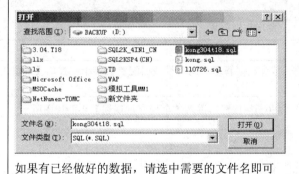
2	在数据备份与恢复界面，选中"从 SQL 文件中恢复备份数据库"，如图所示
3	单击"恢复"按钮，弹出打开窗口选中要使用的文件路径，如图所示，单击所选的文件名 　 ● 文件路径：(BACKUP) D 盘 ● 文件名：kong304t18.sql 如果有已经做好的数据，请选中需要的文件名即可
4	选中用来恢复的文件后，单击"打开"按钮，即可看到相应的文件对话框，如图所示 ● 文件路径：D:\ kong304t18.sql ● 单击<确定>按钮

续表

步骤	操 作
5	单击<确定>按钮后，就开始数据的导入，文件"kong304t18.sql"文件为初始化文件
6	初始化文件加载成功以后，弹出恢复成功对话框，如图所示 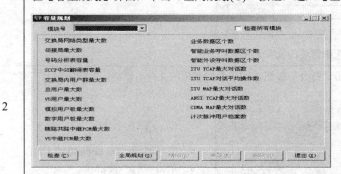
7	当交换机数据初始化成功后，交换机所有表格按模板方式提供，所有属性数据为空，数据配置准备环节完成，交换机数据恢复成初始状态

2.5.2 局容量数据规划

在一个交换局开通之前必须根据实际情况进行整体规划，确定局容量。ZXJ10 局容量数据是对交换机 MP（主控）内存和硬盘资源划分的指示，关系到 MP 能否正常发挥作用。局容量数据一经确定，一般不再做增加、修改或删除操作。如果以后根据实际情况进行了扩容或其他操作，并且对局容量数据进行了修改，则相关模块的 MP 必须重新启动，修改才能生效。

1. 全局规划

全局规划配置见表 2.5。

表 2.5 全局规划配置

步骤	操 作
1	在后台维护系统中选择【数据管理→基本数据管理→局容量数据配置】菜单，弹出【容量规划】界面
2	在【容量规划】界面，单击<全局规划(G)>按钮，进入【全局容量规划】界面如图所示 从上图可以看到所有容量数据均为空，等待对每一项容量进行规划设计，实际中运营根据所在局的位置、城市人口、业务需求进行设计，慎重填入，填入后如果要修改，可能要对交换机设备进行重启。同时要考虑设备支持业务的能力，要对设备进行检查，观察设备是否支持相应规划

步骤	操 作
3	在容量规划界面，单击＜全局规划＞按钮，进入【全局容量规划】界面，如图所示 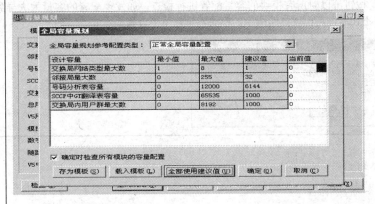 可以根据不同交换机规划设计数据填入，但一般情况下，中兴公司给我们做好了参考配置，如果没有特殊需求，就单击＜全部使用建议值＞按钮，这表示用它设计好的较优和经验配置。工程中可能根据电信局的具体需求改动其中部分值，但调整后，交换机需要重启，所以开局前要做好数据规划，避免后期不必要的麻烦
4	在【局容量规划】界面，单击＜全部使用建议值＞按钮，表格填入建议值数据，注意观察建议值，请记录相应的值 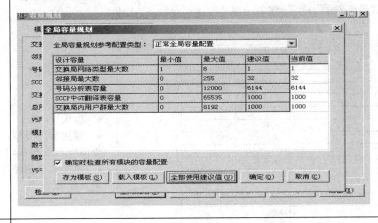
5	单击＜确定＞按钮，这时【容量规划】窗口中的＜增加＞按钮变黑，可以增加交换局即模块了 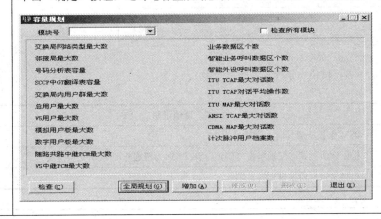

续表

步骤	操 作
6	如果配置不合理，则由于不合理的容量配置会导致前台 MP 的内存不够用，所以在全局容量规划中，单击＜检查＞按钮可以对所有模块的容量配置进行检查。如发现配置的容量太大导致前台 MP 异常，检查将不让通过，出现如图所示的模块容量超范围告警提示 警告 警告：模块 2：配置的内容已经超过总内存量，请修改部分表容量。 如果不重新调整，可能会造成系统不稳定 详细模块情况请按检查按钮打印 〔确定〕

2. 增加模块容量规划

模块容量规划配置见表 2.6。

表 2.6 模块容量规划配置

步骤	操 作
1	在【容量规划】界面中单击＜增加＞按钮，弹出增加【模块容量规划】界面，进入增加模块容量规划配置界面  • 模块号：2 • 模块参考类型：普通外围/远端交换模块 • 单击＜全部使用建议值＞按钮

其中填入数据说明如下表：模块容量规划参数说明表

项目	取值说明
模块号	PSM 单模块成局时，模块号为 2
模块参考类型	根据你所购置的交换机型号确定，8K PSM 为普通外围/远端交换模块
其他各种容量值	根据交换局前期规划容量填入

续表

步骤	操　作
2	单击<确定>按钮，交换局容量就填入值增加到容量规划表格中，如图所示，完成局容量规划 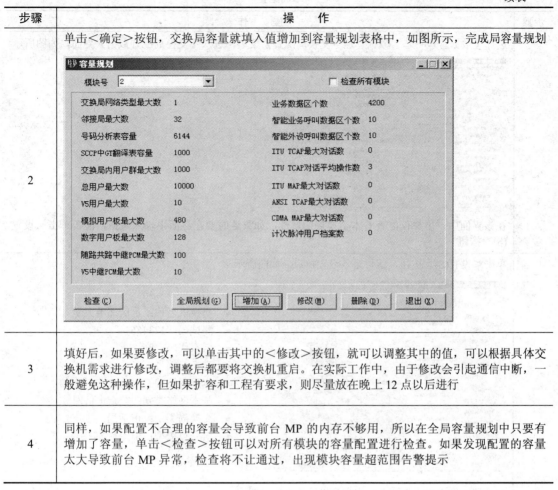
3	填好后，如果要修改，可以单击其中的<修改>按钮，就可以调整其中的值，可以根据具体交换机需求进行修改，调整后都要将交换机重启。在实际工作中，由于修改会引起通信中断，一般避免这种操作，但如果扩容和工程有要求，则尽量放在晚上 12 点以后进行
4	同样，如果配置不合理的容量会导致前台 MP 的内存不够用，所以在全局容量规划中只要有增加了容量，单击<检查>按钮可以对所有模块的容量配置进行检查。如果发现配置的容量太大导致前台 MP 异常，检查将不让通过，出现模块容量超范围告警提示

2.5.3　交换局数据配置

ZXJ10 交换机作为一个交换局在电信网上运行时，必须和网络中其他交换节点联网配合才能完成网络交换功能，因此这将涉及交换局的某些数据配置情况。交换局数据配置基本结构如图 2.5 所示。

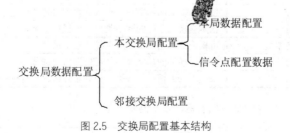

图 2.5　交换局配置基本结构

1. 本局配置
本局配置见表 2.7。

表 2.7   本局配置

步骤	操　作
1	选择【数据管理→基本数据管理→交换局配置】菜单，进入【交换局配置数据】界面，如图所示  在该界面中，用户仅能查看本交换局的属性，如果这时要在界面中输入数据，需要单击＜设置(S)＞按钮
2	单击＜设置(S)＞按钮，就可进入设置窗口，如图所示 • 交换机名称：重庆邮电大学 • 测试码：123456 • 国家代码：86 • 交换局编号：23 • 本局网络的 CIC 码：中国电信 • 基本网络类别：公众电信网 • 交换局类别：市话局； • 信令点类型：信令端/转接点 其中填入数据说明如下表：本交换机配置参数说明表 表格见下
3	单击＜确定＞按钮，本交换局属性数据配置成功

本交换机配置参数说明表

项　　目	取值说明
交换局名称	邮电大学，由用户任意键入
测试码	可随意输入一个 1～12 位的数字串
国家代码	键入 86
交换局编号	由网管系统统一分配，否则可随意设定
长途区内序号	由网管系统统一分配，否则可随意设定
催费选择子	使用了中兴的催费系统有效，否则可随意设定
过网类型	指本交换机运行的网络类型，可根据实际情况选择
基本网络类型	可根据情况选择，一般选择公众电信网
交换局类别	指示交换局的功能类型，可根据需要选择
信令点类型	表示本局的信令点分类，根据实际情况进行选择

在该界面中填入规划好的交换局名称、基本网络类型、交换局类型、交换局编号等信息

2. 本局信令点配置

本局信令点配置见表 2.8。

表 2.8　　　　　　　　　　　　　　　本局信令点配置

步骤	操　　作
1	选择【数据管理→基本数据管理→交换局配置】菜单进入【信令点配置数据】界面
2	选中本局信令点配置，单击＜修改＞按钮进入【设置本交换局信令点配置数据】界面 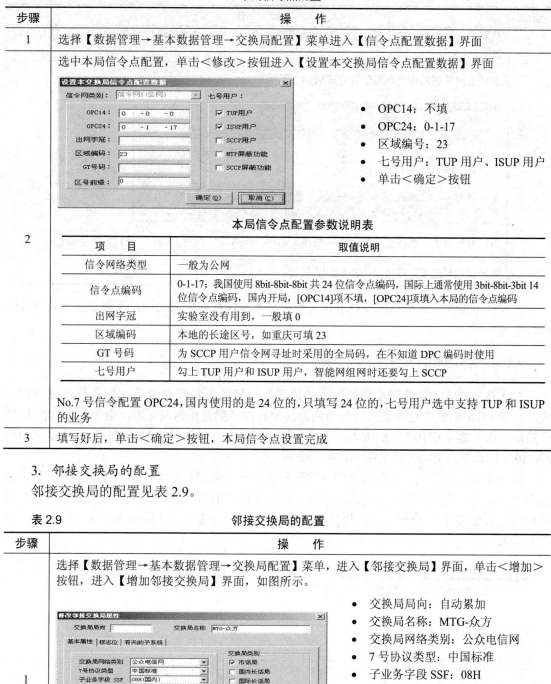 本局信令点配置参数说明表 No.7 号信令配置 OPC24，国内使用的是 24 位的，只填写 24 位的，七号用户选中支持 TUP 和 ISUP 的业务
3	填写好后，单击＜确定＞按钮，本局信令点设置完成

本局信令点配置参数说明表

项　　目	取值说明
信令网络类型	一般为公网
信令点编码	0-1-17；我国使用 8bit-8bit-8bit 共 24 位信令点编码，国际上通常使用 3bit-8bit-3bit 14 位信令点编码，国内开局，[OPC14]项不填，[OPC24]项填入本局的信令点编码
出网字冠	实验室没有用到，一般填 0
区域编码	本地的长途区号，如重庆可填 23
GT 号码	为 SCCP 用户信令网寻址时采用的全局码，在不知道 DPC 编码时使用
七号用户	勾上 TUP 用户和 ISUP 用户，智能网组网时还要勾上 SCCP

- OPC14：不填
- OPC24：0-1-17
- 区域编号：23
- 七号用户：TUP 用户、ISUP 用户
- 单击＜确定＞按钮

3. 邻接交换局的配置

邻接交换局的配置见表 2.9。

表 2.9　　　　　　　　　　　　　　　邻接交换局的配置

步骤	操　　作
1	选择【数据管理→基本数据管理→交换局配置】菜单，进入【邻接交换局】界面，单击＜增加＞按钮，进入【增加邻接交换局】界面，如图所示。

- 交换局局向：自动累加
- 交换局名称：MTG-众方
- 交换局网络类别：公众电信网
- 7 号协议类型：中国标准
- 子业务字段 SSF：08H
- 信令点编码类型：24 位信令点编码
- 信令点编码 DPC：0-1-18
- 交换局编号：24
- 长途区域编码：23
- 连接方式：直连方式
- 交换局类别：市话局
- 信令点类型：信令端/转接点

步骤	操　作
2	填写好后，单击＜确定＞按钮，邻接局设置完成，如果有多个邻接局就多增加几次，重复 1～2 步
3	根据组网规划邻接交换局配置完成后如下图所示 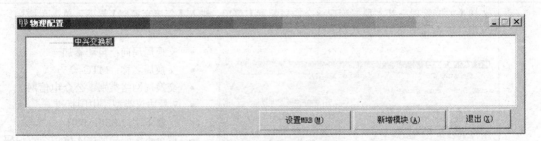 可以看到有 5 个邻接交换局，包括交换局名称、网络、局类别、DPC、连接方式等属性
4	邻接交换局配置完成后，单击<退出>按钮

完成以上步骤，交换局总体容量和交换局基本属性数据配置完成，下面进入设备硬件的物理配置。

2.5.4　物理硬件配置

ZXJ10(V10.0)交换机物理配置数据描述了交换机的各种硬件设备配置及连接成局的方式。在 ZXJ10 系统中这种关系共分为两种：兼容物理配置和物理配置，由于 ZXJ10(V10.0)交换机可以兼容 ZXJ10(V4.X)版本，因此在物理配置中提供这种兼容配置功能。本实训用的ZXJ10(V10.0)交换机，直接采用物理配置即可。

选择【数据管理→基本数据管理→物理配置→物理配置】菜单，进入【物理配置】界面如图 2.6 所示。通过该界面实现的功能有：浏览交换局的物理结构（模块、机架、机框、电路板的层次结构等）；修改交换机物理配置数据（如增加、修改或删除模块、机架、机框、电路板等）。

图 2.6　物理配置界面 1

物理配置是按照模块→机架→机框→单板的顺序进行配置的，删除操作与配置操作顺序相反。用户在进行配置操作或删除操作时必须严格按照顺序进行。

增加或删除模块、机架或机框时，首先选择该对象的父对象，然后通过鼠标右键菜单或命令按钮进行操作；而修改模块、机架或机框的属性或参数则通过其对象本身的右键菜单或命令按钮进行操作。

ZXJ10(V10.0)交换机可以由多个模块连接组成，配置什么样的交换模块及如何连接是交换机组网的首要问题。模块管理主要包括模块的增加、删除和属性修改。增加模块时必须指定模块的属性，若交换局是多模块局，则需在模块生成后修改其邻接模块属性。

1. 新增模块

新增模块配置见表 2.10。

表 2.10　　　　　　　　　　　　　　　　　新增模块配置

步骤	操　　作
1	打开【数据管理→基本数据管理→物理配置→物理配置】，进入【物理配置】页面
2	单击＜增加模块＞按钮，进入【新增加模块】的页面，如下图所示 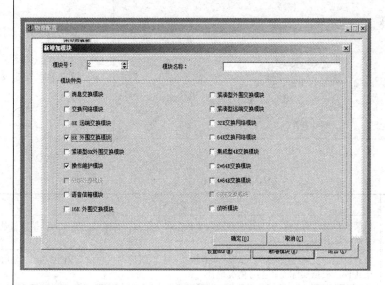 ● 模块号：2 ● 模块种类:8K 外围交换模块、操作维护模块 ● 模块名称：自定义 对于 8K 的 PSM 单模块成局，参数参考下表 **模块配置参数说明表** 表格如下： | 项目 | 取值说明 | | 模块号 | 2，非网络第一级，模块号设置为 3～64；CM 作为网络第一级，MSM 的模块号设置为 1，SNM 的模块号设置为 2，对于紧凑型模块单模块成局，选择模块号为 2 | | 模块种类 | 为操作维护模块和 8K 外围交换模块 | | 模块名称 | 根据实际情况输入，自定义；名称是备注信息，给维护时提供方便的 |
3	单击＜确定＞按钮，返回物理配置的页面

2. 新增机架

新增机架配置见表 2.11。

表 2.11   新增机架配置

步骤	操　作
1	在【物理配置】界面中选中模块 2, 单击<新增机架(A)>按钮, 进入【新增机架】界面
2	在【新增机架】界面, 配置机架相关参数 　• 机架号：1 　• 机架类型：普通机架 　• 机架名：自定义 **机架配置参数说明表** | 项目	取值说明
机架号	机架编号从 1 开始到 48, 其中母局机架从 1 到 7 编号, 远端用户单元的机架编号从 11 开始, 选择[机架号]为 1
机架类型	普通机架；机架类型有普通机架、480 机架、A 型机远端用户单元和 19 英寸 PMSP 机架 4 种, 根据实际设备型号情况选择
机架名称	为维护方便自行定义
电压上下限	对机架的 P 电源的电压上、下限进行设置, 默认时上下限分别为 40V 和 57V, 电压值低于或高于设置值时会产生 P 电源的欠压和过压告警	
3	单击<返回>按钮, 完成机架配置, 回到物理配置的界面

3. 新增机框

除 32K/64K 单平面交换网模块和消息交换模块外, 模块的机框号最大为 6, 并且机框号和机框类型必须匹配（系统对每种机框都提供默认类型, 一般直接采用即可）, 否则系统将予以提示, 要求重新选择。新增机框配置见表 2.12。

表 2.12   新增机框配置

步骤	操　作
1	在【物理配置】界面中选中机架 1, 单击<新增机框(A)>按钮, 进入【新增加机框】界面

续表

步骤	操　作
2	在【新增加机框】页面，选择机框号，适配机框类型，单击＜增加(A)＞按钮即可逐个增加机框 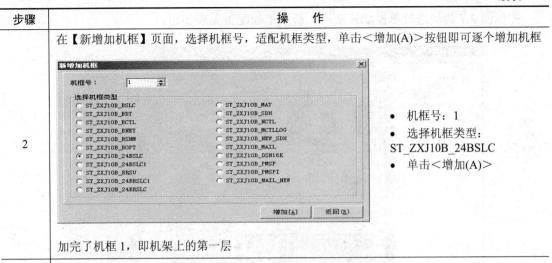 加完了机框 1，即机架上的第一层
3	8K 机架中背板类型参考表  　　　用户框类型　　　　　网络框类型　　　　　控制框类型　　　　　中继框类型 重复第 2 步，接着加第 2 框、第 3 框……中兴交换机支持，如果其中某机框没有安插硬件单板可直接跳过该框，继续加另一框（机框类型必须和硬件背板型号一致），如加 3 框，交换机都按你选择设备的类型，按默认配置加载上去，如果有人为调整，可以选择你需要的机框类型
4	增加完机框后，返回【物理配置】的页面。加载完成后，出现如下图所示页面 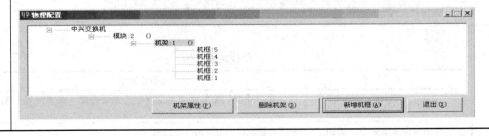

　　加完机框，现在对每个机框添加硬件电路板，这时候一般要看看机架上什么位置插入了电路板，插入的是什么类型的电路板，可以按机架实际情况或按学生自己计算和规划的情况，将电路板加到配置中。

4. 新增单板

先以图 2.7 为例进行单板配置演示。新增单板配置见表 2.13。

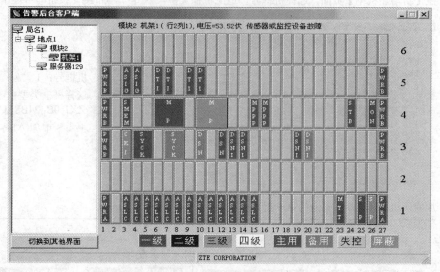

图 2.7　实验室机架截图

表 2.13　　　　　　　　　　　　　新增单板配置

步骤	操　作
1	在【物理配置】界面中选中对应机框，在要添加电路板的机框上双击，或单击<机框属性(P)>按钮，进入模块 2 机架 1 机框 1 界面，即可进入单板的配置界面如下图所示。根据不同机框类型的参考配置和机架上的实际板位配置单板 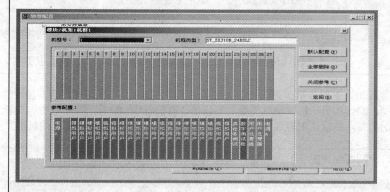 ● 机框号：1 ● 机框类型： T_ZXJ10B_24BSLC **单板配置说明** 表下方见下

单板配置说明

项　目	取值说明
单击<默认配置(F)>按钮	首先弹出［默认安装进度］进度条，系统按照［参考配置］配备该机框
单击<全部删除(D)>按钮	系统将删除该机框中所有电路板
单击<关闭参考(C)>按钮	界面下方的参考配置将关闭
单击<参考配置(P)>按钮	单击之将恢复初始界面

步骤	操 作
2	**添加单板过程** 在机框界面中，在配置单板的地方，单击鼠标右键，弹出插入电路板的提示信息，如果该位置只有一种电路板，单击插入单板，电路板自动插入，如果有多种电路板则，会弹出选择界面根据需求选择。如下图在 1 号槽位单击鼠标右键，然后选中插入电路板，依次添加需要的电路板，单击＜返回＞按钮即可完成本框的配置。 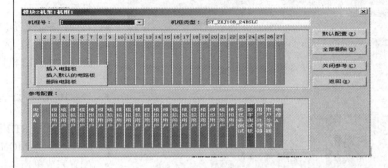 • 选定插入单板的槽位 • 单击鼠标右键，弹出选项 • 选择插入电路板 • 弹出电路板型号窗口，选中电路板
3	**配置用户单元** 机架第 1 框中用户单元按实验室硬件图，配置单板如下图所示。学生必须按实训要求设计和规划数据进行配置，配置完成单击＜返回＞按钮即可 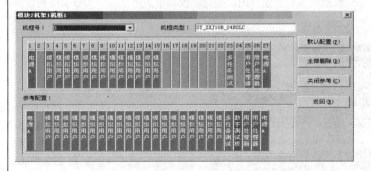 • 机框号：1 • 1、27 槽位配置电源 A • 3、4、5 槽位配置模拟用户板 • 23 槽位配置多任务测试板 • 25、26 槽位配置用户处理器板
4	**配置数字交换网单元和时钟单元** 机架 3 框中的，网络框按实验室硬件图，配置单板如下图所示，学生必须按实训要求设计和规划数据及配置，配置完成单击＜返回＞按钮即可 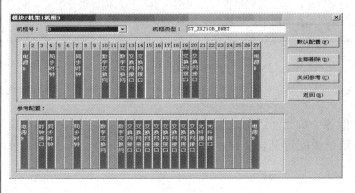 • 机框号：3 • 1、27 槽位配置电源 B • 10、12 槽位配置数字交换网板 • 13、14 槽位配置交换网接口板 • 19、20 槽位配置交换网接口板 • 4、7 槽位配置同步时钟板 • 配置完成单击＜返回＞按钮

步骤	操 作
5	配置控制单元 机架 4 框中的控制框按实验室硬件图，配置单板如下图所示。学生必须按实训要求设计和规划数据及配置 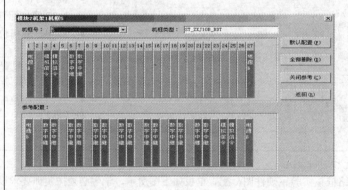 · 机框号：4 · 1、27 槽位配置电源 B · 3 槽位配置共享内存板 · 6~8、10~12 槽位配置主处理机板 · 15、16 槽位配置 MPPP 板 · 24 槽位配置 STB 板 · 26 槽位配置 MON 板 · 配置完成单击＜返回＞按钮
6	配置中继单元和模拟信令单元 机架 5 框中的数字中继框按实验室硬件图，配置单板如下图所示，学生必须按实训要求设计和规划数据及配置 · 机框号：5 · 1、27 槽位配置电源 B · 3、4 槽位配置模拟信令板 · 6、7 槽位配置数字中继板 · 配置完成单击＜返回＞按钮
7	配置中注意前面规划和设计，运营商则根据实际机架电板和插入位置进行配置，配置完成单击＜返回＞按钮，进入物理配置界面中，物理机架配置完成

2.5.5　通信板配置

物理硬件配置完成，但各个单元间还不能通信，单元间的通信电缆和通信端口没有指定下一步进入通信板配置。通信板配置见表 2.14，目的是提供各功能单元与控制部分间的通信端口。

表 2.14　　　　　　　　　　　　　　　　　　通信板配置

步骤	操　　作
1	在【物理配置】界面中选中模块 2，单击＜通信板配置(C)＞按钮，进入通信板端口配置（模块#）界面，如下图所示。 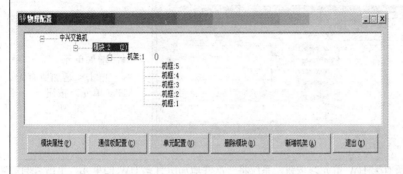 ● 选中模块 2 ● 单击＜通信板配置＞按钮
2	单击＜通信板配置(C)＞按钮，在通信板端口配置窗口中，选出相应的通信板，再单击＜全部缺省配置＞按钮，将通信板的数据调入到相应的表格中，如下图所示 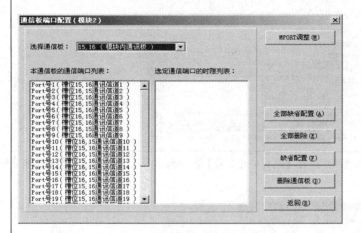 ● 选择通信板：15、16 模块内通信板 ● 单击＜全部缺省配置＞按钮 ● 单击＜返回＞按钮 【本通信板的通信端口列表】列示出 15，16 槽位的通信板所能提供的通信端口共 26 个，其中 Port1、Port2 两个超信道固定用于 MP 控制 DSN 接续，其余的通信端口可用于模块内的功能单元与 MP 的消息通信，如果还配置了其余的通信板，依次配置即可
3	单击＜返回＞按钮，完成通信板配置后，回到物理配置的界面

　　下一步进行各功能单元配置，即各功能单元通过 HW（highway）电缆、通信端口与交换网和控制部分建立通信。

2.5.6　增加功能单元配置

1．增加无 HW 单元

增加无 HW 单元配置见表 2.15。

表 2.15   增加无 HW 单元配置

步骤	操作
1	在【物理配置】界面中选中模块 2，单击【单元配置】按钮，进入单元配置（模块#）界面，如下图所示。在该界面下可以进行增加单元、修改单元和删除单元操作 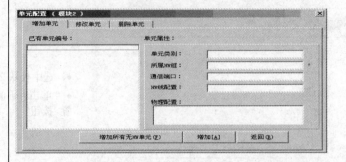 • 增加单元 • 单击＜增加所有无 HW 单元＞按钮
2	单击＜增加所有无 HW 单元＞按钮，系统将一次性增加所有无 HW 的单元，单击＜确定＞按钮增加完成
3	所有的无 HW 的单元增加后，在【已有单元编号】框中列示，从 250 开始由高到低地分配单元编号，如下图所示 • 自动添加所有的电源单元 • 自动添加交换网接口单元 • 自动添加同步时钟单元 • 单元编号从 250 倒序编号 • 添加单元数量与实际插入电路板相关

然后加入其他的功能单元，如数字交换网单元、用户单元、中继单元、模拟信令单元等。

2．增加有 HW 单元

增加有 HW 单元操作：网元属性→子单元配置→HW 线配置→通信端口配置→确定。

增加有 HW 单元配置见表 2.16。

表 2.16   增加有 HW 单元配置

步骤	操　作
1	增加单元：在【单元配置】界面中，单击<增加>按钮，如下图所示。选择【单元编号】和【单元类型】之后，本模块可供分配的单元项将在左侧列表显示。选中某项，单击［>>］按钮分配，分配给此单元的单元项在右侧显示，选中某项，单击［<<］按钮释放 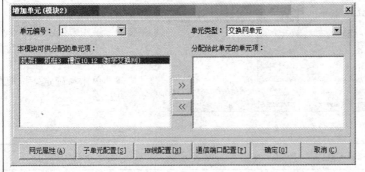 · 单元号：自动给定 · 单元类型：交换网单元 · 本模块可供分配的单元项：系统自动适配对应单元硬件电路板槽位 · 单击［>>］按钮，进入分配单元选项 有 HW 的单元编号从一开始逐渐增加顺序编号，无 HW 的单元编号从 250 开始倒序编号
2	网元属性：单击<网元属性>按钮，仅在配置全交叉 SDH 传输单元和 SDH 传输单元时有效，用于配置 SDH 的网元名称和网元位置，弹出无属性，单击<确定>按钮即可
3	子单元配置：不同类型的单元其需要配置的内容不同。如一个 DT 单元有 4 个子单元，需要根据实际的需要对这些子单元进行功能的初始化。需要注意的是，不是每个单元都有子单元，如交换网单元就没有子单元，此时系统会提示不需要配置。子单元配置好后单击<确认>按钮，回到【增加单元】的界面
4	HW 线配置：单击<HW 线配置［H］>按钮可配置 HW 线，可单击<缺省 HW 配置(F)>按钮采用默认值，也可填入［网号］和［物理 HW 号］ 注意：这里 HW 线的配置必须和实际的 HW 电缆的连接相一致，否则数据制作后发送到前台，该单元将无法正常工作
5	通信端口配置：单击<通信端口配置［P］>按钮可配置通信端口。可单击<使用缺省值(F)>按钮使用默认值，也可在端口号下拉框中直接选择端口号

3. 增加数字交换网单元

增加数字交换网单元步骤见表 2.17。

表 2.17   增加数字交换网单元

步骤	操　作
1	增加单元：在［单元配置］界面中，单击<增加>按钮，弹出［增加单元］界面，［单元编号 7：1］，［单元类型］：交换网单元
2	网元属性：单击<网元属性>按钮，弹出无属性提示框，单击<确定>按钮即可

续表

步骤	操　　作
3	子单元配置：单击＜子单元配置＞按钮，弹出"该单元无需配置"子单元提示框，单击＜确定＞按钮即可  ● 单元号：自动给定 ● 单元类型：交换网单元 ● 子单元配置：无需配置子单元 ● 单击＜确定＞按钮配置完成
4	HW 线配置：单击＜HW 配置＞按钮，弹出无 HW 提示框，单击＜确定＞按钮即可
5	通信端口配置：单击＜通信端口配置［P］＞按钮可配置通信端口界面，可单击＜使用缺省值(F)＞按钮使用默认值，也可在端口号下拉框中直接选择端口号 **端口号设置** 配置交换网单元的端口号 机架1机框3槽位10　　机架1机框3槽位12 端口号1：1　　端口号2：2 ［使用缺省值(F)］［确定(Q)］［取消(C)］［帮助(H)］ ● 端口号：通信板分配的端口编号 ● 单击＜使用缺省值＞按钮 ● 单击＜确定＞按钮配置完成
6	配置完成，如图所示 **单元配置（模块2）** 增加单元　修改单元　删除单元 已有单元编号：　　　　单元属性： 1　（交换网单元） 2　（用户单元）　　　单元类别：　交换网单元 3　（数字中继单元） 4　（数字中继单元）　所属HW组：　HW组1 5　（模拟信令单元） 6　（模拟信令单元）　通信端口：　端口1端口2 242（同步时钟单元） 243（B电源单元）　　HW线配置：　无 244（B电源单元） 245（B电源单元） 246（B电源单元） 247（A电源单元）　　物理配置： 248（交换网接口单元） 249（交换网接口单元）机架1机框 3槽位 10　（数字交换网） 250（交换网接口单元）机架1机框 3槽位 12　（数字交换网） ［网元修改(N)］［子单元修改(S)］［单元HW修改(H)］［Port修改(P)］［返回(R)］

4. 增加用户单元

表 2.18 为增加用户单元步骤。

表 2.18　　　　　　　　　　　　　　　　　增加用户单元

步骤	操　　作
1	增加单元：增加用户单元 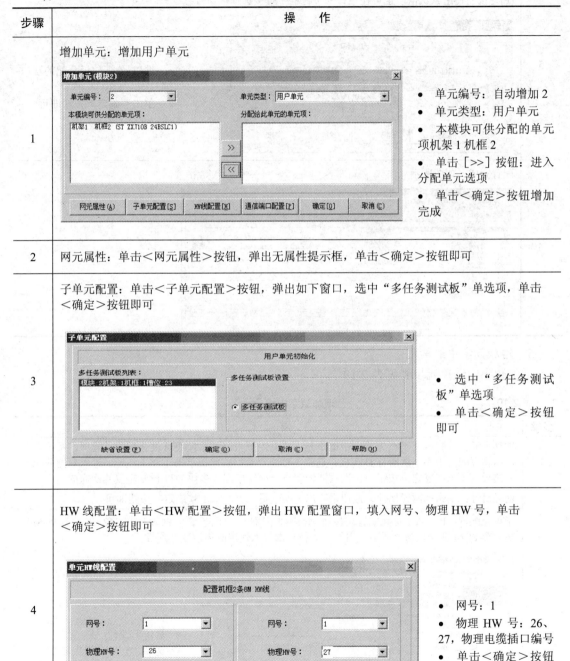 • 单元编号：自动增加 2 • 单元类型：用户单元 • 本模块可供分配的单元项机架 1 机框 2 • 单击［>>］按钮：进入分配单元选项 • 单击＜确定＞按钮增加完成
2	网元属性：单击＜网元属性＞按钮，弹出无属性提示框，单击＜确定＞按钮即可
3	子单元配置：单击＜子单元配置＞按钮，弹出如下窗口，选中"多任务测试板"单选项，单击＜确定＞按钮即可 • 选中"多任务测试板"单选项 • 单击＜确定＞按钮即可
4	HW 线配置：单击＜HW 配置＞按钮，弹出 HW 配置窗口，填入网号、物理 HW 号，单击＜确定＞按钮即可 • 网号：1 • 物理 HW 号：26、27，物理电缆插口编号 • 单击＜确定＞按钮即可

续表

步骤	操 作
5	通信端口配置：单击<通信端口配置［P］>按钮可配置通信端口界面。可单击<使用缺省值(F)>按钮使用默认值，也可在端口号下拉框中直接选择端口号 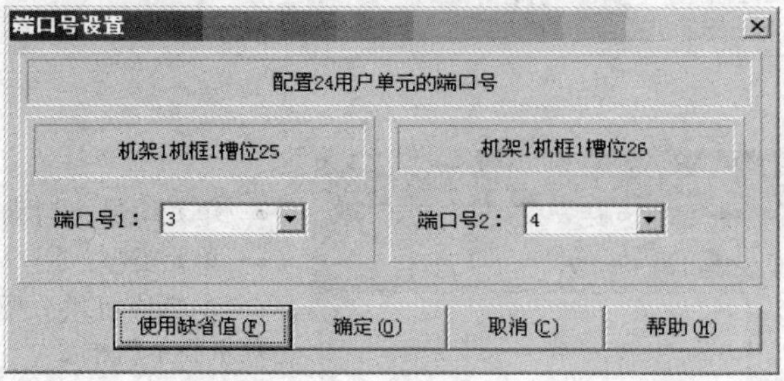 ● 端口号：通信板分配的端口编号 ● 单击<确定>按钮即可
6	配置完成：如图所示 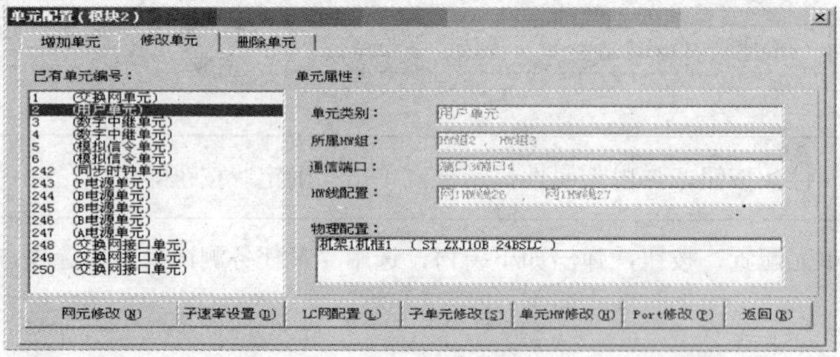

5. 增加数字中继单元

增加数字中继单元步骤见表 2.19。

表 2.19 增加数字中继单元

步骤	操 作
1	增加单元：选择单元类型为数字中继单元，查看左侧窗口的本模块可供分配的单元项，系统自动索引物理配置中添加的所有 DTI 板；选中需要配置数据的单板单击［>>］按钮，进入右侧分配单元选项；单击<确定>按钮，一次只能配置一个中继单元，多块 DTI 板则重复几次完成
2	网元属性：单击<网元属性>按钮，弹出无属性提示框，单击<确定>按钮即可
3	子单元配置：单击<子单元配置>按钮，弹出如下窗口，出现子单元 PCM1、PCM2、PCM3、PCM4，将 4 个 PCM 初始化为"暂不使用"，等待后面投入使用时再改变其属性 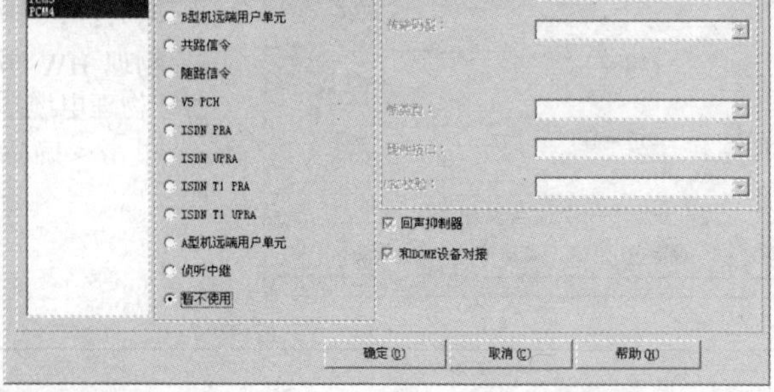 ● 选中 PCM1～4 ● 选中"暂不使用"单选项 ● 单击<确定>按钮即可

步骤	操　作
4	HW 线配置：单击＜HW 配置＞按钮，弹出 HW 配置窗口，填入网号、物理 HW 号，单击＜确定＞按钮即可；两个 DTI 两个数字中继单元，分两次加入中继单元 ● 网号：1 ● 物理 HW 号：22，物理电缆插口编号 ● 单击＜确定＞按钮即可 实验室交换机的数字中继单元 HW 为：HW22 对应于机架 1 机框 5 槽位 6 的 DTI 板，HW23 对应于槽位 7 的 DTI 板，HW 是从硬件机架上电缆获得或工程规划获得
5	通信端口配置：单击＜通信端口配置［P］＞按钮可配置通信端口界面。单击＜使用缺省值(F)＞按钮使用默认值，自动适配通信端口号
6	单击＜确定＞按钮，完成数字中继单元的增加，回到【单元配置】界面。配置完成，如图所示 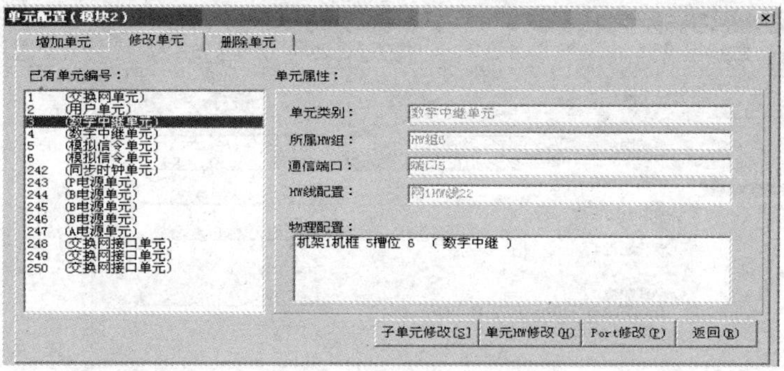

6. 增加模拟信令单元

增加模拟信令单元步骤见表 2.20。

表 2.20　　　　　　　　　　　　增加模拟信令单元

步骤	操　作
1	增加单元：选择单元类型为模拟信令单元
2	网元属性：单击＜网元属性＞按钮，弹出无属性提示框，单击＜确定＞按钮即可
3	子单元配置：将两个 DSP 初始化为规划中的功能，要根据模拟信令板的型号确定，ASIG-1 板设置 DSP1 为 64M 音板，DSP2 为双音多频收号器功能，如果有多个模拟信令板，根据不同局要求灵活配置 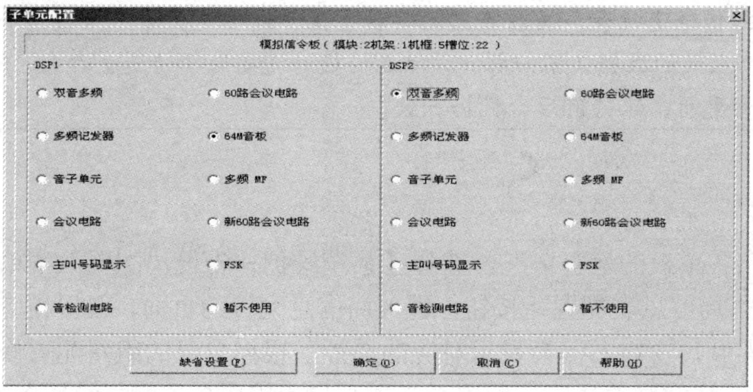 ● DSP1：选中 64M 音板 ● DSP2：选中双音多频 ● 单击＜确定＞按钮即可

续表

步骤	操 作
4	HW 线配置：单击＜HW 配置＞按钮，弹出 HW 配置窗口，填入网号、物理 HW 号，单击＜确定＞按钮即可：两个 ASIG 模拟信令单元，分两次加入模拟信令单元 　• 网号：1 　• 物理 HW 号：20，物理电缆插口编号 　• 单击＜确定＞按钮 实验室交换机 ASIG 的 HW 为：HW20 对应于机架 1 机框 5 槽位 3 的 ASIG 板，HW21 对应于槽位 4 的 ASIG 板，HW 是从硬件机架上电缆或工程规划获得
5	通信端口配置：单击＜通信端口配置［P］＞按钮可配置通信端口界面。单击＜使用缺省值(F)＞按钮使用默认值，自动适配通信端口号
6	单击＜确定＞按钮，完成数字中继单元的增加，回到【单元配置】界面。配置完成，如图所示 单元配置（模块2） 增加单元　修改单元　删除单元 已有单元编号： 1　（交换网单元） 2　（用户单元） 3　（数字中继单元） 4　（数字中继单元） 5　（模拟信令单元） 6　（模拟信令单元） 242　（同步时钟单元） 243　（P电源单元） 244　（B电源单元） 245　（B电源单元） 246　（B电源单元） 247　（B电源单元） 248　（交换网接口单元） 249　（交换网接口单元） 250　（交换网接口单元） 单元属性： 单元类别：　模拟信令单元 所属HW组：　HW组4 通信端口：　端口7 HW线配置：　网1HW线20 物理配置： 机架1机框 5槽位 3 （模拟信令） 子单元修改（S）　单元HW修改（H）　Port修改（P）　返回（R）

整个交换机的硬件配置已经完成，可以将数据加载到设备上进行验证，看看各个物理单元是否能正常工作。

2.5.7　数据传送

数据传送的目的是将后台配置的数据传送到前台 MP 中，选择【数据管理→数据传送】菜单命令，进入【数据传送】界面，选择传送方式为【传送全部表】，单击＜发送＞按钮即可。

注意　交换机提供了两种数据传送的方式：变化表和全部表，通常局内做局部后台数据修改时应选择传送变化表。而在我们的实验室里，通常是由多个人共用一个机架做数据，而每个人做的数据又不一样，所以在轮换时需要选择传送全部表，使得 MP 中的数据表全部更新，保持前后台数据一致。

2.5.8　告警局配置

传送完数据之后，观察各单板的运行情况，选择【系统维护→告警局配置】菜单，进入【配置设定】的页面，单击＜局信息表配置＞按钮，进入局信息配置的页面，双击相应的局名#、地点#、模块#、机架#，窗口右侧会显示对应的属性。根据自己的组网配置修改相应信息后，单击＜写库＞按钮。注意修改局信息配置后必须重启告警服务器和告警服务器代理，新的配置才能生效。再重启告警客户端，就可以看到新的后台告警界面。

2.5.9　告警信息查看

选择【系统维护→后台告警】菜单，进入告警后台客户端，左侧窗口显示以局、模块、机架为节点的配置树，使操作员对本局的配置一目了然。告警可按性质的不同分为紧急、严重、重要和一般，分别对应于 1、2、3、4 级告警。系统以不同的颜色区分不同的告警等级。如果物理配置正确，则在后台告警图上各个单板的状态都应该没有告警，颜色为绿色。

2.6　故障处理分析

（1）现象：后台向前台数据传送失败。

分析：从后台 ping 不到前台 MP，且用 Ctrl+Alt+F12 组合键看不到与前台 MP 的通信情况，证明前后台通信故障。

排除：检查前台和计算机之间的网络是否正常，如果正常，检查维护后台电脑 IP 配置是否正确。

（2）现象：单板配置错误欲删除该单板，但系统不允许。

分析：如果该单板已经分配了子单元或已经分配了 HW 或已经分配了通信口或正在使用中，则系统为保护这些正在使用中的资源，会不允许删除该单板。

排除：先在单元配置/删除单元界面中删除单元，再删除单板。

（3）现象：ASIG 板故障灯亮，两个子单元灯不亮或者一个不亮。

分析：ASIG 一个或两个子单元配置错误时会导致相应的子单元灯不亮。如果两个子单元的配置都正确时，运行灯和两个子单元灯都亮。

排除：戴上防静电手环，在话务量小的时候将 ASIG 板拔出来，查看两个 DSP 上的标签，"CMDRT" 可配成 DTMF 或 MFC 子单元，TONE 只能配成音子单元，CID 只能配成来电显示子单元。根据标签，修改子单元的配置即可。

2.7　总结与思考

1．实训总结

请描述您本单元实习的收获。

2．实训思考

（1）配置过程中遇到的问题，你采取何种方式解决？

（2）硬件规划是否完成，数据配合是否合理，和同学数据比较，互相交流和讨论。

（3）讨论数据加载后，设备出现的各种故障现象分析和解决的思路和方法。

第**3**章 中兴程控交换机号码管理与配置实训

3.1 实训说明

1. 实训目的

本单元实训可以帮助学员掌握以下内容。

（1）如何进行本局用户数据的配置，包括定义用户号码、放号等。

（2）如何进行本局号码分析数据的制作。

（3）如何修改用户属性的数据。

（4）本局用户新业务的使用。

2. 实训仪器

（1）中兴数字程控交换机 ZXJ10 一台。

（2）安装中兴数字程控交换机后台服务器软件的计算机若干台。

（3）TCP/IP 的分组交换机一台。

3. 实训时长

4 学时

4. 实训项目描述

本次实训要求在前期已经完成第 1 章、第 2 章实训的基础上进行。要求完成 ZXJ10 数字程控交换机局容量、交换局属性和物理硬件数据配置，并在相关硬件调测正常后，进行本实训的用户号码管理与配置。实训内容为：首先规划电话号码，要求局号为 5+组号（两位），百号用自己的学号后两位定义，电话数量在 200～300 个之间，其次建立逻辑电话号码和物理接口间的联系，再进行号码分析处理，当完成用户数据配置后，要求交换机内部电话能够互相拨打测试。

在熟悉硬件功能、硬件配置的基础上要求每组学生能够用指定的 ZXJ10 数字程控交换机进行组建用户数据的操作。

3.2 实训环境

（1）实验室网络环境搭建如第 1 章中图 1.1 所示。

（2）操作环境 ZXJ10、PC 维护台设备连接如图 2.1 所示。

（3）ZXJ10 交换机的物理数据配置完成。

（4）ZXJ10 后台维护系统 129 服务器和客户端安装完成。

（5）服务器能够连接到 ZXJ10 程控交换机。

3.3　实训规划

3.3.1　组网硬件规划

硬件规划参照第 2 章，在第 2 章的物理配置基础上进行。

3.3.2　数据规划

表 3.1 为数据规划表。

表 3.1　　　　　　　　　　数据规划表

数据类型	本实训参考值	取　　值
局号	582	
局号索引	2	
号码位长	7	
百号	00、30、31	
放号数量	300	
对应用户板	ASLC(13 块)	
用户话机属性	普通用户	
用户开通属性	开通	
用户对应号码分析子	1	

3.4　实训流程

表 3.2 为操作流程表。

表 3.2　　　　　　　　　　操作流程表

步骤	配置项目	步骤	配置项目
1	号码管理配置	4	分配电话号码
2	增加局号	5	增加号码分析
3	增加百号组	6	开通用户号码（修改用户属性）

3.5　实训操作步骤和内容

3.5.1　号码管理

在 ZXJ10 交换机中，对所有本局局号进行统一编号，称为本局局码（Normal Office Code，

NOC）也称为局号索引，其范围为{1，2，3，…，200}，并且本局局号与本局局码建立一一对应关系。一个本局局号对应的本局电话号码长度是确定的，不同本局局号对应的本局电话号码长度可以不等。号码管理配置操作步骤见表 3.3。

表 3.3   号码管理配置

步骤	操　作
1	选择【数据管理→基本数据管理→号码管理→号码管理】菜单，进入【号码管理】的页面，如下图所示 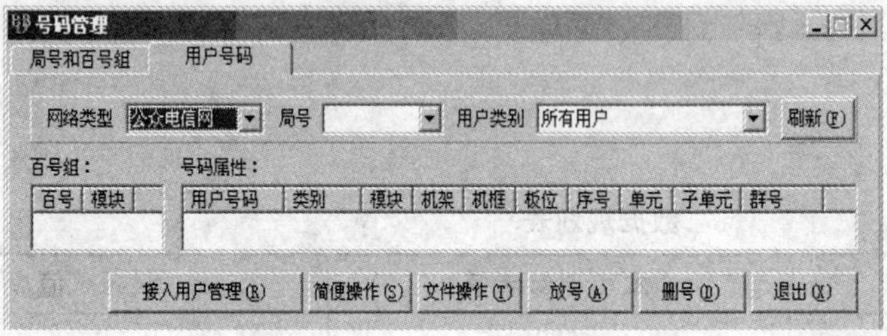 ● 网络类型：公众电信网 ● 局号：空 ● 用户类别：所有用户 ● 百号组：空 ● 号码属性：空
2	在号码管理界面中选择【局号和百号组】子页面，可以进行维护（增加、修改和删除）局号、修改局号描述以及增加和删除百号组等操作。目前没有数据，图片中各项数据为空

3.5.2　局号和百号组

1. 增加局号

增加局号配置步骤见表 3.4。

表 3.4   增加局号配置

步骤	操　作
1	增加局号：在【号码管理】界面中选择【局号和百号组】子界面，选择网络类型，一般是【公众电信网】，单击＜增加局号＞按钮，打开【增加局号】窗口，如下图所示 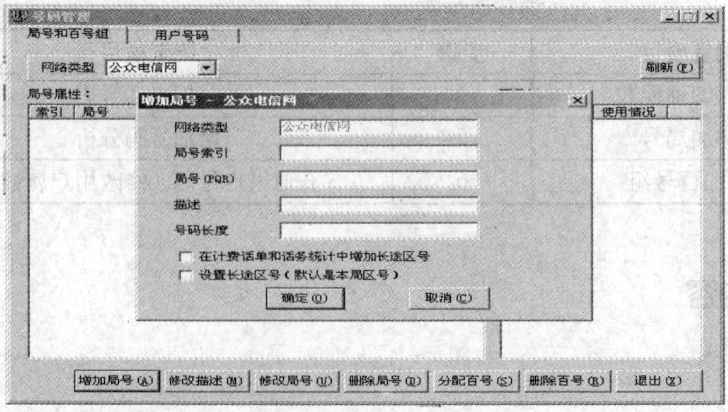 ● 网络类型：公众电信网 ● 局号索引：空 ● 局号（PQR）：空 ● 描述：空 ● 号码长度：空

步骤	操 作
2	在【增加局号】窗口中，配置局号属性数据，如下图所示，参数填入请参看下表 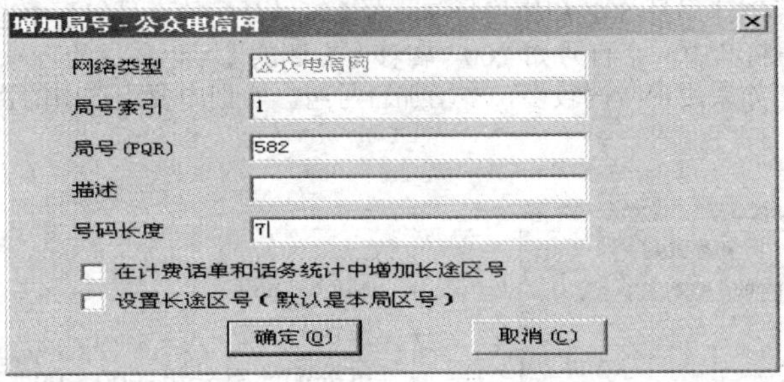 - 网络类型：公众电信网 - 局号索引：1 - 局号（PQR）：582 - 号码长度：7 - 单击<确定>按钮即可 **局号配置参数表** 如果有多个网络，需要放不同网络的局号，则首先要在所示界面的网络类型中选择需要分配局号的网络类型，然后进行局号的增加
3	配置完成后，单击<确定>按钮，返回【号码管理】的页面，如下图所示 - 局号属性 - 局号索引：1 - 局号：582 - 号码长度：7 - 目前未分配百号组：空 - 观察使用情况

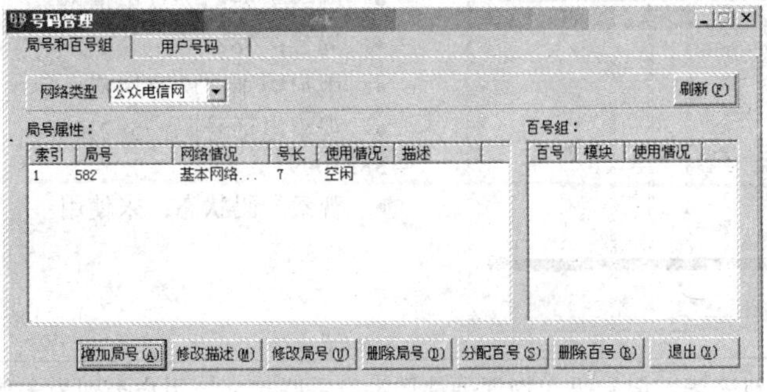

局号配置参数表

项目	说 明
网络类型	一般是[公众电信网]；本局所在网络类型，在交换局配置中定义
局号索引	1（一般从 1 开始编），编码范围为{1，2，3，…，200}；对于本局所有的局号需要进行统一编号，称为局号索引，即局号索引与局号之间是一一对应的关系
局号（PQR）	582，（本实验局的局号设置）。本地局号第一位为 [2~9]，可以有 1 位、2 位、3 位、4 位四种，送到全国和省网络管理中心的本地局号由 [0+长途区号+本地局号] 组成，在同一长途区内设置多个长途交换机时，在长途区号后面不加长途交换局序号，当一个大容量交换局包括几个局号时，设置多个局号
描述	对局号的注释
号码长度	根据实际情况定义。键入 7，表示本局号码的位长为 7 位，在交换机中，本局号码由 3 部分组成：局号、百号以及用户号。电话号码长度：3（582）位+余下 4 位=7

2. 分配百号

分配百号配置步骤见表 3.5。

表 3.5	分配百号配置

步骤	操 作
1	在【号码管理】界面中单击＜分配百号(S)＞按钮，打开【分配百号组】的窗口
2	在[分配百号组]窗口中选择已经创建局号 582 和模块号 2，在【可以分配的百号组】中选取一个或多个百号组，单击 [>>] 按钮将其中一个百号如"00"转移至右侧的【可以释放的百号组】中，每个百号组有 100 个逻辑号码，如果用户号码较多，多增加百号组。实训中要求选中的百号要和同学们的学号尾数两位一致 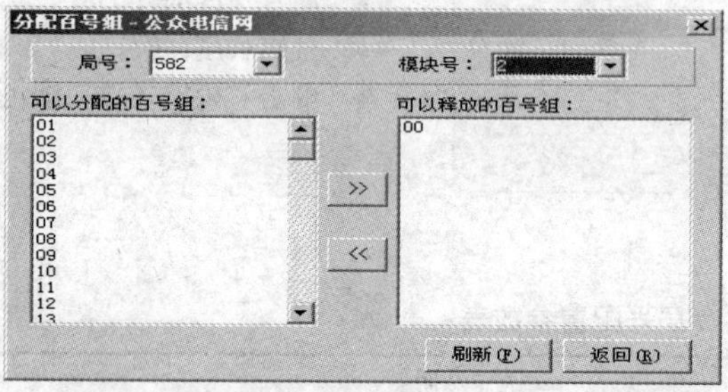 • 局号：582 • 模块号：2 • 可分配的百号组：00～99 • 选中百号组，单击 [>>] 按钮进行分配
3	单击＜返回＞按钮回到号码管理的页面，百号分配完毕，注意此时在【百号组】信息栏中显示该百号的状态为空闲。如下图所示，已经生产 300 个逻辑电话号码 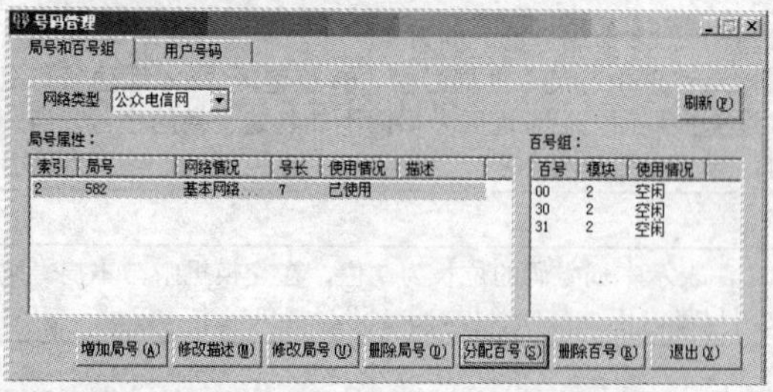 • 局号：582 • 模块号：2 • 已分配的百号组：00 30 31
4	在号码管理界面中，单击【用户号码】，弹出如下图所示，观察用户号码状态  • 网络类型：公众电信网 • 局号：582 • 用户类别：所有用户 • 观察电话号码：5823000-5823099 • 观察号码状态：未使用
5	逻辑电话号码的数据已经创建完毕，但号码和物理硬件还没有关联起来，用户类别为未使用

3.5.3 用户号码放号

放号过程，就是将硬件接口和逻辑的电话号码关联起来。用户号码放号步骤见表 3.6。

表 3.6 用户号码放号

步骤	操　作
1	在【号码管理】的页面，单击＜放号＞按钮，进入【号码分配】的界面，如下图所示  · 局号：电话号码前 3～4 位 · 百号：局号后 2 位 · 模块：模块号，2 · 机架：机架号，1 · 机框：机框号，1、2 · 用户线类型：普通用户 · 放号数目：放号数
2	在【号码范围】选择已增加的局号 582，【百号】选择已分配的百号 30，则在【可用的号码】框中列示出该 5820000 到 5820099 共 100 个逻辑号码。在【用户线范围】域选择【模块、机架、机框】（假设是模块 2，机架 1，机框 1），则【用户线范围】域列示出位于 2 号模块 1 机架 1 机框的用户板所提供的所有可用空闲的用户线  · 局号：582 · 百号：30 · 模块：2 · 机架：1 · 机框：1 · 用户线类型：普通用户 · 放号数目：100 · 单击＜放号＞按钮
3	放号方式有多种，本次自动对应方式放号，可以一次对同个局号同一模块的大量用户放号。在所示界面中单击＜放号(A)＞按钮，弹出如下图所示界面  情况说明： （1）次选【局号、百号、可用号码】，以及【模块、机架、机框、可用用户线】。如果只选到局号而不选百号，放号时该局号下所有已分配的百号可以按先小后大的顺序放出；对于只选到百号或只选模块、机架、机框的情况，也有类似特点。 （2）放号时如果号码与用户线数量不一致，放号数量将以较少一方为准，数量多的一方顺序靠前的部分先放出。如果号码和用户线数量均大于计划放号的数目，可填入实际数目。 （3）也可以输入"放号数目：100"，在 100 个号码中自动适配。 （4）可以手动选中号码和用户线的对应方式，根据需求放号。

步骤	操 作
4	放号完成后单击＜返回＞按钮，弹出如下图所示界面，观察电话号码和物理端口建立了关联  • 注意观察类别 • 号码和电路板关系

3.5.4 号码分析

交换机的一个重要功能就是网络寻址，电话网中用户的网络地址就是电话号码。号码分析主要用来确定某个号码流对应的网络地址和业务处理方式。

ZXJ10（V10.0）交换机提供 8 种号码分析器：新业务号码分析器、CENTREX 号码分析器、专网号码分析器、特服号码分析器、本地网号码分析器、国内长途号码分析器和国际长途号码分析器。

本次实训中，只用到新业务号码分析器（用来提供报号录音业务）和本地网号码分析器（用来分析我们的电话号码）。如何理解交换机的号码分析，就像到商场购物，必须有个入口，这个入口就是号码分析子，不同的分析子引导进入不同的商场，商场的每层楼好像分析器，里面的数据就好像商品，对号入座，不同的号码对应不同的处理方式，这些方式都要求用配置数据来规定。

1. 增加号码分析器

增加号码分析器的步骤见表 3.7。

表 3.7 增加号码分析器

步骤	操 作
1	选择【数据管理→基本数据管理→号码管理→号码分析】菜单，进入【号码分析】的界面如下图所示。该界面包括两个子界面：号码分析选择子和分析器入口 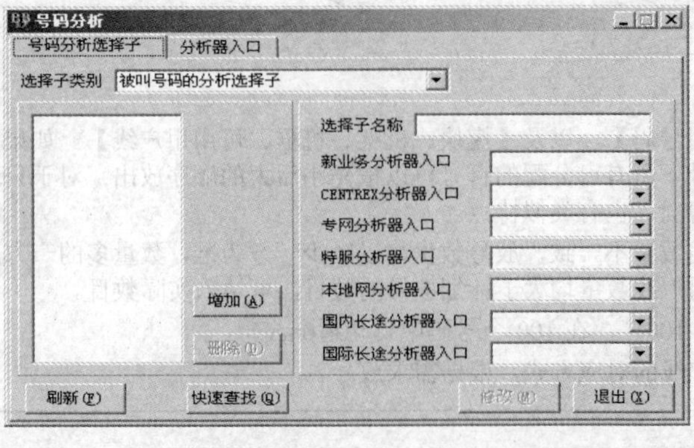

续表

步骤	操　作

2	增加分析器：在【分析器入口】的子页面，单击＜增加＞按钮，进入【创建分析器入口】的窗口，键入分析器名称，选择相应的分析器选项，单击＜确定＞按钮，系统会自动创建该分析器，本次实验我们需要创建两个分析器：新业务分析器和本地网分析器。依次建立需要的分析器入口
	
	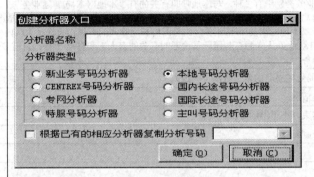
	
	   ● 分析器名称：自行输入
	   ● 分析器类型：选中所需分析器
	   ● 单击＜确定＞按钮

3	增加完成需要的分析器后，依次建立需要的分析器入口，如下图所示
	
	   ● 分析器入口，自动分配
	   ● 分析器类型：步骤2选中

4	选中分析器入口中的【本地网】，单击＜分析号码＞按钮，进入本地网分析器入口。然后单击＜增加＞按钮，增加字冠"582 和 888，"的号码。交换机在收到用户所拨的号码 582****后，才可以此为规则进行号码分析，进而完成接续

续表

步骤	操作	
4	**项 目**	**说 明**
	被分析号码	582
	呼叫业务类别	本地网本局/普通业务。 "呼叫业务类别"有多种，与本地呼叫有关的有"本地网本局/普通业务"、"本地网出局/市话业务"和"本地网出局/农话（网话）业务"共3种。如果是出局，请选择"本地网出局/市话业务"。与国内长途呼叫的有国内长途（大区内/间）人工/自动业务共4种；与国际长途呼叫有关的有人工和自动2种；目前多使用自动业务
	局号索引	1（与局号建立时的索引号保持一致）
	目的网类型	公众电信网
	分析结束标记	分析结束，不再继续分析
	话路复原方式	互不控制复原
	号码流最少位长	7
	号码流最多位长	7

2. 号码分析选择子

增加号码分析选择子的步骤见表3.8。

表 3.8　　　　　　　　　　　　增加号码分析选择子

步骤	操作
1	在【号码分析】界面中选中【号码分析选择子】子页面，当【选择子类别】为被叫号码的分析选择子时，单击＜增加＞按钮，弹出如下窗口  ● 号码分析选择子：1 ● 选择子名称：本局市话 ● 分析器入口：1、5 ● 单击＜增加＞按钮
2	为"0"表示该分析器可以跳过，如果有数字的表示号码进入该分析器中适配数据。适配成功表示号码找到了就给接通，没有适配成功，表示是空号等。"新业务分析器"和"本地分析器"的入口标志分别选择刚刚创建的两个分析器的入口值（如1和5），单击＜确认＞按钮，至此用于本局呼叫接续的号码分析选择子创建完成

3.5.5 修改用户属性

在制作了用户号码数据后，就需要对用户属性进行定义。用户属性数据涉及和用户本身有关的数据及相关业务属性的配置问题。

1. 用户模板定义

在 ZXJ10 交换机中，用户属性由 3 部分组成：基本属性、呼叫权限和普通用户业务。用户模板为方便地定义用户属性提供了一个途径。系统默认有一些默认的模板，如果默认的模板不能满足需要，用户可以自己定义新的模板。用户模板定义步骤见表 3.9。

表 3.9 用户模板定义

步骤	操　作
1	选择【数据管理→基本数据管理→用户属性】菜单，出现如下图所示的界面，选择【用户模板定义】子页面，进行用户模板的定义。该界面包括【用户模板定义、用户属性定义】两个子页面 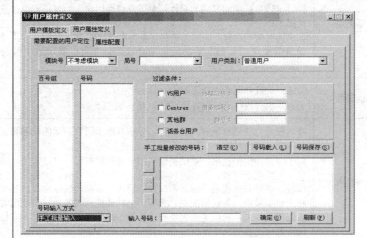 · 号码分析选择子：1 · 选择子名称：本局市话 · 分析器入口：1、5 · 单击＜增加＞按钮
2	定义用户属性模板，选中【普通用户缺省】模板，如下图所示；基本属性包括：用户类别、计费类别、终端类别、号码分析选择子、账号以及其他属性  相应的参数见下表

续表

步骤	操作		
	参数说明表		
	属性	项目	说　明
2	基本属性	用户类别	普通用户
		号码分析子	普通用户号码分析选择子为 1 号码分析选择子有普通号码分析子和监听号码分析子，前者是用户呼叫时的号码分析选择子，后者是作为监听用户时的号码分析选择子，一般不需要设置
		计费类别	定期计费。有定期计费、不计费、立即计费、营业处计费等
		账号	无第三方计费；账号用于设置用户付费的账户的开户行和账号号码，目前未使用，默认选择 [无第三方计费]
		终端类别	模拟话机通常需要勾上音频允许和脉冲允许，数字话机通常需要勾上可以显示主叫号码和 ISDN 话机类型，同时选择 [脉冲允许、音频允许、可以显示主叫号码] 属性；对于反极性用户，如果需要通过反极性提供计费信号，则必须选择 [提供反极性信号]；对于 IC/磁卡话机，如果需要防止盗打，则可以选择 [公用电话（IC/磁卡话机）] 属性；如果需要主叫号码显示功能，则必须选择 [可以显示主叫号码] 属性
		其他属性	勾选：失败呼叫送语音通知 去掉：未开通；号码创建后，默认为未开通状态
	呼叫权限	呼叫权限	呼叫权限分普通权限和欠费权限，分别对应于用户正常的权限和欠费时的呼入呼出权限 对于经常使用的权限，系统提供了相应的权限模板，包括常用权限模板、欠费权限模板、限长途权限模板、市话权限模板、国内长途权限模板、国际长途权限模板、本局权限模板、本模块权限模板以及呼入呼出全限权限模板。默认情况下，普通用户默认模板的普通权限采用常用权限模板，欠费权限采用欠费权限模板。此外，还可以根据局方自己的需要定义新的权限模板
	普通用户业务	普通用户业务	电话用户各种新业务功能；此处可以选择所申请的新业务种类。随着国标要求的新业务的增加和 ZXJ10（V10.0）交换机功能的不断增加，这部分的界面有可能会随之调整。需要说明的是：只有选择了新业务种类中的 [主叫号码显示（被叫方）]，才能选择主叫号码显示的限制方式，否则限制方式不起作用
3	单击＜确定＞按钮，以后在批量修改用户属性时，就可以使用该模板了		

2. 定位用户

定义用户的属性，系统提供了 3 种用户定位的方法，见表 3.10。

表 3.10　　　　　　　　　　　　　　　　定位用户

种类	操作方法
1	手工单个输入：选择【手工输入方式，手工单个输入】，在输入号码域输入需要定义属性的用户号码，单击＜确定＞按钮，系统自动切换到【属性配置】子页面。此时对属性所做的配置是针对该单个用户的。适用于零星新开户的用户和属性需求特殊的用户

种类	操作方法
2	手工批量输入：选择【手工输入，手工批量输入】，选中【模块号、局号、用户类别】为普通用户，则【百号组】域中显示该局号下已分配的百号，【号码】域中显示该百号下已放号用户，选中百号组和其下的一批号码，单击<转移>按钮，将该批号码转移到【需修改属性的用户号码列表】域中，再单击<确定>按钮，系统自动切换到【属性配置】子页面。此时对属性所做的配置是针对该批量用户的。适用于小批量新开户的用户和属性需求相同的用户
3	选择批量输入：选择【选择批量输入】，选中【模块号、局号、用户类别】为普通用户，则【百号组】域中显示该局号下已分配的百号，【号码】域中显示该百号下已放号用户。选中百号组和其下的一批号码，单击<确定>按钮，系统自动切换到【属性配置】的子页面，此时对属性所做的配置是针对该批量用户的。适用于较大批量的新开户用户和属性需求相同的用户 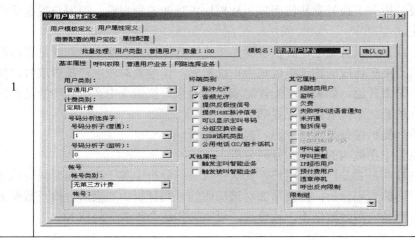

3. 修改用户属性

修改用户属性步骤见表 3.11。

表 3.11　　　　　　　　　　　　　　修改用户属性

步骤	操作方法
1	用户定位后，系统会自动切换到【属性配置】子页面，采用不同的定位方法得到不同的用户数量提示。强烈建议采用模板来定义或修改用户属性，选择【模板名：普通用户缺省】，相应的属性选项也就定义好了。对于属性特殊的单个用户，也可先选择模板，再在模板的选项基础上稍做修改即可

续表

步骤	操作方法
2	在普通用户默认模板的基础上，定义用户属性，如果有特殊要求，在模板基础上修改，单击<确定>按钮。弹出显示更改的用户属性项界面如下图所示，即可把用户属性修改成功 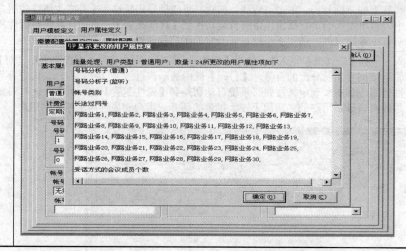

3.5.6 数据传送

数据传送的目的是将后台配置的数据传送到前台 MP 中，选择【数据管理→数据传送】菜单，进入数据传送的界面，选择传送方式为【传送全部表】，单击<发送>即可。

3.5.7 验证测试

等单板都启动起来以后，在相应话机上按##键，得到主叫号码，拨打局内电话进行测试。测试成功，那么祝贺你已经成功地开通了一个小型的本地交换局。

3.6 故障处理

（1）现象：摘机没有拨号音，听忙音或者无音，但是有馈电。

分析：首先有必要分析一下拨号音从何而来。从模块内呼叫流程来看，当用户提起话机时，会有用户环流产生。

排除：没有拨号音或无音只有馈电，解决步骤是①先检查硬件，观察用户外线是否有绞线；②检查数据配置检查用户连线的物理单板是否正确配置，再检查对应用户是否放号，如已放号再检查用户属性是否开通，如果均已配置完成，请检查模拟信令中音信号功能是否配置正确。如果摘机听到忙音，则检查数据配置部分。

（2）现象：本局用户提机拨打某本局号码，提示空号音。

分析：检查的重点集中在被叫的属性和号码分析上。

排除：首先检查该被叫是否是已放号用户，其次检查号码分析中关于被叫的局码分析是否正确，如果没有该局码的号码分析，需要增加对该局码的号码分析。如果后台检查数据无误但问题依然存在，可能是前后台数据不一致导致，可重新传送全部表后复位 MP。

（3）现象：本局个别用户号码无法删除

分析：用户号码无法删除可能是该号码被设成引示线号码、改号用户、多用户号码的附加号码、多用户号码的默认号码、群内用户号码或远端控制用户号码。

排除：在[号码管理]中检查该号码的类别，按号码实际配置情况逐个检查并去除相应的属性，然后进行号码删除即可。

3.7　总结与思考

1．实训总结

请描述本单元实习的收获。

2．实训思考

（1）用户摘机听忙音，如何解决，请分析和记录？

（2）号码分析如果操作不对，拨打电话有什么现象，请仔细观察和分析？

（3）拨打 582 以外的电话号码能否拨通，为什么，如何解决？

（4）在用户配置过程中，放号的目的是什么？

第**4**章 用户新业务操作实训

4.1 实训说明

1. 实训目的

（1）熟悉中兴数字交换机的操作平台。

（2）掌握如何修改用户属性的数据。

（3）掌握如何对用户增加不同的新业务。

（4）熟悉本局用户新业务的使用方法。

2. 实训器材

（1）中兴数字程控交换机 ZXJ10 一台。

（2）中兴数字程控交换机后台服务器软件一台（在线）。

（3）中兴数字程控交换机后台维护客户端计算机（若干计算机，在线）。

（4）TCP/IP 的分组交换机一台。

（5）普通电话机若干。

3. 实训时间

2 学时

4. 实训项目描述

本次实训要求已经完成实训工作和实训内容，即 ZXJ10 设备完成物理硬件和用户数据配置，本局硬件和用户正常通信。在此基础上，本次实训是对各个电话用户实行业务修改，体验运营商为电信用户修改业务的方法和流程。

4.2 实训环境

（1）ZXJ10 前台程控交换机硬件机架安装完成。

（2）计算机中 ZXJ10 后台维护系统 129 服务器和客户端软件安装完成。

（3）程控交换机 ZXJ10、129 服务器计算机及维护台设备连接到 ZXJ10 程控交换机，如图 4.1 所示。

（4）电话（若干）。

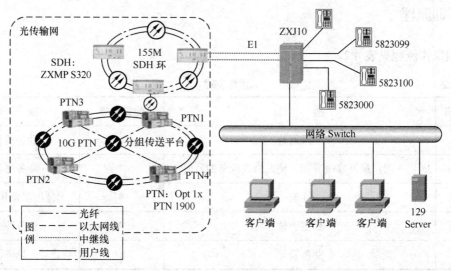

图4.1 实验室组网拓扑图

4.3 实训规划

4.3.1 组网硬件规划

硬件组网如图 2.2 所示，ZXJ10 交换机机架物理硬件配置完成，用户间能够进行正常的通话，程控交换机 ZXJ10、129 服务器计算机及维护台设备如图 4.1 所示，具备用户业务修改操作环境。

4.3.2 数据规划

用户数据规划见表 4.1。

表 4.1 　　　　　　　　　　用户数据规划表

数据类型	取　　值
用户号码 1	
用户号码 2	
用户号码 3	
用户号码 4	
欠费停机号码	
呼叫转移（前转、忙转、无应答转）号码	
限制呼叫（国内、全限的现象）号码	
用户线改号（号码）	
一机多号的号码	

4.4 实训流程

实训操作流程见表 4.2。

表 4.2 操作流程

配置步骤	操 作	配置步骤	操 作
1	登录网管	6	业务验证
2	进入用户属性修改界面，输入修改业务的号码	7	业务撤销
3	注册	8	使用现象和场合
4	数据上传	9	业务冲突
5	业务登记	10	思考

4.5 实训操作步骤和内容

4.5.1 网管登录

进入 ZXJ10 后台维护系统的界面，实训初始数据准备。

表 4.3 登录 ZXJ10 后台管理系统步骤

步骤	操 作
1	在客户端电脑和服务器计算机连接正常情况下，双击桌面上"J10后台维护系统"，启动网管软件，进入"用户登录"对话框
2	在"用户登录"对话框输入用户信息与服务器地址 操作员名：SUPER；　　　口令：无
3	单击<登录>按钮，进入 ZXJ10 后台维护系统的界面
4	请拿起你桌面上的电话，拨"##"，电话录音告诉你本话机的电话号码，并把电话号码记录下来（方便后面改号和欠费停机）
5	选择【数据管理→基本数据管理→号码管理→号码管理】菜单，进入在号码管理界面，找到你的电话号码对应的电路板硬件端口

4.5.2 欠费停机

该项业务主要是对欠费的用户，限制欠费用户继续产生费用，禁止相应的电话呼入和呼出。

1. 注册

欠费停机注册步骤见表 4.4。

表 4.4　　　　　　　　　　　　　　　　　欠费停机注册步骤

步骤	操 作
1	在交换机后台维护系统中，选择【数据管理→基本数据管理→用户属性】菜单，进入用户属性定义界面，如下图所示 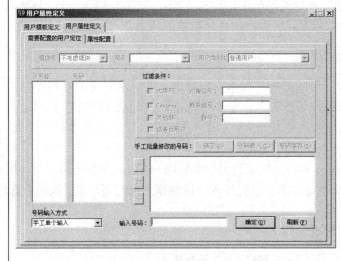 　　　　　　　　　　　　　　　　　　　　　　　• 号码输入方式：可选 　　　　　　　　　　　　　　　　　　　　　　　• 输入号码：欠费用户号码 输入方式：可以是手工单个输入或批量输入，可以选择模块号、局号、用户类别等
2	本次操作在用户属性定义界面中选中【用户属性定义】，在号码输入方式选中【手工单个输入】
3	在输入号码选项中输入要欠费的用户号码，单击<确定>按钮，进入用户属性定义窗口
4	在【属性配置】页面，其中有【基本属性】配置界面，如下图所示，选中【欠费】的复选框，选中欠费停机选项 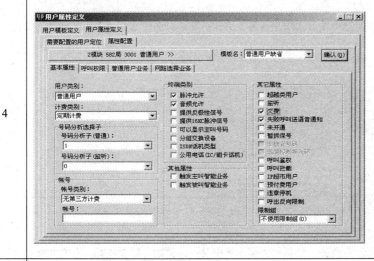
5	选中需要修改的属性后，单击<确认>按钮

2. 上传数据即数据传送

数据传送的目的是将客户端后台计算机配置的数据传送到前台 MP 中，选择【数据管理→数据传送】菜单，进入【数据传送】的界面，选择传送方式为【传送修改表】，选中模块 2 复选框，单击<发送>按钮即可。

3. 业务验证

拿起欠费用户电话机，可以听到欠费的录音。

用其他号码拨打欠费用户，可以听到相应的语音提示。

4. 业务取消

重新对刚才欠费停机的用户进行前面相同的注册步骤，取消选中[欠费停机]复选框，去掉欠费停机选项，然后再次传送数据，将客户端计算机数据传送到交换机，再次拿起电话机，欠费停机录音没有了，用户恢复正常。

5. 思考

（1）欠费停机中，如何让用户既不能呼入也不能呼出，请记录实现方法和现象；

（2）欠费停机中，如何让用户可以呼入，但不能呼出，请记录实现方法和现象。

4.5.3 无条件转移

该项业务允许一个用户将所有的呼入转移到另一个号码，使用此业务时所有对该用户号码的呼叫，无论被叫用户是在什么状态，都可以将呼入转移到预先指定的号码（包括语音信箱）。

1. 注册

无条件转移业务注册步骤见表 4.5。

表 4.5　　　　　　　　　　　　　　无条件转移业务注册步骤

步骤	操　　作
1	在交换机后台维护系统中，选择【数据管理→基本数据管理→用户属性】菜单，进入用户属性定义界面，界面同欠费停机第一步
2	在用户属性定义界面中选中【用户属性定义】，在号码输入方式选中【手工单个输入】
3	在输入号码选项中输入要欠费的用户号码，单击<确定>按钮，进入用户属性定义窗口
4	在【属性配置】页面，选中【普通用户业务】界面，在该页面中选中【无条件转移】复选框。界面如下图所示 从界面上看，有许多的新业务，根据业务需求选中其中需要的，但要注意，有些业务不能同时选取，有的业务属性是冲突的，如闹钟服务和免打扰服务就不能同时选取
5	选中需要修改的属性后，单击<确认>按钮

2. 上传数据

选择【数据管理→数据传送】，进入【数据传送】的界面，选择传送方式为【传送修改表】，选中模块 2 复选框，单击<发送>按钮即可。

3．业务登记

（1）话机操作，登记转移目标号码。在具有无条件转移的电话机权限的话机上按键操作：*57*转移的目标电话号码#。

（2）登记成功后听语音提示"您申请的新业务已登记完毕"。

4．验证

用桌面上其他的电话，拨打具有转移业务的电话号码，看看哪个电话振铃，验证电话转移是否成功。

5．业务撤销

去掉呼叫转移有两步，如下。

第一步，在话机上去掉无条件转移的目标。

撤销方法：在原登记的话机上撤销，在双音多频话机上按键#57#，撤销成功后听语音提示"您申请的新业务已撤销完毕"。

这时候如果要改变无条件转移的目标号码，就再次在话机上操作：*57*转移新的号码#；听到新业务登记成功录音。

第二步，去掉交换机中电话用户业务无条件转移业务权限数据。

将做无条件转移的过程重复来一次，取消选中[无条件]的选项，去掉无条件转移的选项。

6．使用现象和场合

用户 A 申请了无条件呼叫前转后，摘机听语音提示"该机已有新业务登记，请注意"5s后听拨号音。所有呼叫用户 A 的电话自动转移到目标话机上去。

主要解决用户在某个时间段要离开某种场地，而不希望电话没接到情形。

7．冲突关系

（1）缺席用户服务与无条件呼叫前转不能同时申请。

（2）当免打扰服务与前转服务共存时免打扰服务优先。

（3）遇忙回叫与无条件呼叫前转不能同时申请。

（4）闹钟服务与呼叫前转不能同时申请。

（5）用户申请了呼叫前转后对该用户不发生呼叫等待。

（6）无条件呼叫前转服务优先于遇忙呼叫前转和无应答呼叫前转。

（7）与主叫号码显示的关系：如果用户 A 呼叫用户 B，发生无条件呼叫前转到用户 C（即A→B→C）。如果用户 B 和 C 都申请了主叫用户显示服务，则只有前转目的用户 C 能显示用户 A 的主叫线号码。

8．思考

（1）如果用户已经具有无条件转移业务，但未在话机上登记，电话是否会转移？

（2）如果想改变转移的目标号码，如何操作实现？

（3）转移中 3 个号码间如何计费？

4.5.4　遇忙转移

该项业务为申请登记了"遇忙呼叫前转"的用户，在使用此业务时，所有对该用户号码的呼入呼叫在遇忙时都自动转到一个预先指定的号码（包括语音信箱）。

1．注册

步骤同无条件转移业务，在用户属性中选中【遇忙转移】选项，单击<确认>按钮，并进行数据上传。

2. 业务登记

在具有遇忙转移的话机上登记：*40*转移的目标号码#。操作方法同上面无条件转移。

登记成功后听语音提示"您申请的新业务已登记完毕"。

3. 验证

用桌面上其他的电话，打你设置转移业务的号码，看看哪个电话振铃，观察电话转移是否成功。

4. 使用现象

用户申请遇忙呼叫前转后，摘机听语音提示"该机已有新业务登记，请注意"5s后听拨号音，在听语音和拨号音时均可拨号。所有对该用户号码的呼叫在遇忙时都自动转到指定的号码。

5. 业务撤销

有两种撤销方式，如下。

（1）在原登记的话机上撤销。

撤销：#40#。撤销成功后听语音提示"您申请的新业务已撤销完毕"。

（2）在本交换局内的其他话机上撤销。

撤销方式：#40*PQABCD#，其中 PQABCD 是登记本次呼叫转移的电话号码。

6. 冲突关系

（1）缺席用户服务与遇忙呼叫前转不能同时申请。

（2）当免打扰服务与转移服务共存时免打扰服务优先。

（3）闹钟服务与呼叫转移不能同时申请。

（4）无条件呼叫前转服务优先于遇忙呼叫前转和无应答呼叫前转。

（5）与主叫号码显示的关系：如果用户 A 呼叫用户 B，发生遇忙呼叫前转到用户 C（即 A→B→C）。如果用户 B 和用户 C 申请了主叫号码显示服务，则只有用户 C 能显示用户 A 的主叫线号码。

（6）用户如申请遇忙呼叫前转，对该用户不会进行呼叫等待。

7. 思考

（1）观察如果未在话机上进行登记是否遇忙转移？

（2）如果拨打你设置遇忙转移的电话号码，但该用户没有占线，而是空闲的，是否发生呼叫转移？

（3）如果拨打你设置遇忙转移的电话号码，如果该用户处于占线时有什么现象，和该用户空闲时有何不同，为什么？

4.5.5 遇忙回叫

当用户拨叫对方电话遇忙时，使用此项服务可不用再次拨号，在对方空闲时即能自动回叫用户接通。

1. 注册

步骤同无条件转移业务，在用户属性中选中【遇忙回叫】选项，单击<确认>按钮，并进行数据上传。

2. 登记

对于音频话机，拨*59#；登记成功后听语音提示"您申请的新业务已登记完毕"。

3. 使用

用户A呼叫用户B的时候用户B处于忙状态，用户A后拨*59#挂机，用户B如空闲则回叫用户A，如果用户A摘机，则用户B振铃，用户A听回铃音，用户B摘机后双方接通。如果向主叫用户振铃超过一分钟还无人接听，则自动取消。

4. 撤销

对于音频话机，拨#59#；撤销成功后听语音提示"您申请的新业务已撤销完毕"。

5. 冲突关系

缺席用户服务与遇忙回叫不能同时申请；遇忙回叫与免打扰不能同时申请；遇忙回叫与三种呼叫前转不能同时申请。

4.5.6　缺席用户服务

该项业务为当用户外出时，如有电话呼入，可由电话局代答。

1. 注册

步骤同无条件转移业务，在用户属性中选中【缺席用户服务】选项，单击<确认>按钮，并进行数据上传。

2. 登记

对于音频话机，拨*50#；登记成功后听语音提示"您申请的新业务已登记完毕"。

3. 使用

用户申请缺席用户服务后，摘机听语音提示"您的话机已登记了新业务，请注意"，5s后听拨号音，在听语音和拨号音时均可拨号。其他用户拨打此话机时听语音提示"您拨打的用户不在，请稍后再拨"。

4. 撤销

对于音频话机，拨#50#；撤销成功后听语音提示"您申请的新业务已撤销完毕"。

5. 冲突关系

缺席用户服务与遇忙回叫不能同时申请；缺席用户服务与查找恶意呼叫不能同时使用；如果用户申请了缺席用户服务，则对该用户不发生呼叫等待；闹钟服务与缺席用户服务不能同时申请；缺席用户服务与呼叫前转不能同时申请；缺席用户服务与免打扰不能同时申请；秘书服务和作为秘书与缺席用户服务不能同时申请。

4.5.7　免打扰服务

该项业务即"暂时不受话服务"，当用户在一段时间内不希望有来话干扰时，可使用此项服务。使用此项服务时，所有来话将由电话局代答，但用户的呼出不受限制。

1. 注册

步骤同无条件转移业务，在用户属性中选中【免打扰】选项，单击<确认>按钮，并进行数据上传。

2. 登记

登记：*56#，登记成功后听语音提示"您申请的新业务已登记完毕"。

3. 使用

其他用户拨打此话机时听语音"请勿打扰您拨打的用户,谢谢"。用户申请免打扰服务后,摘机听语音提示"该机已有新业务登记,请注意"5s后听拨号音,在听语音和拨号音时均可拨号。

4. 撤销

撤销:#56#,撤销成功后听语音提示"您申请的新业务已撤销完毕"。

5. 冲突关系

(1) 闹钟服务与免打扰不能同时申请。

(2) 用户申请了免打扰服务后无法进行查找恶意呼叫的操作。

(3) 使用免打扰服务时不可有等待的呼叫。

(4) 遇忙回叫与免打扰不能同时申请。

(5) 缺席用户服务与免打扰不能同时申请。

(6) 当免打扰服务与前转服务共存时免打扰服务优先。

4.5.8 呼叫等待服务

该项业务的功能是:当 A 用户与 B 用户正在通话,C 用户试图与 A 用户建立通话,此时系统给 A 用户呼叫等待的指示。

1. 注册

步骤同无条件转移业务,在用户属性中选中【呼叫等待】选项,单击<确认>按钮,并进行数据上传。

2. 登记

对于音频话机,拨*58#;对于脉冲话机,拨 158。登记成功后听语音提示"您申请的新业务已登记完毕"。

3. 使用

用户 A 与用户 B 通话,用户 C 呼叫 A,用户 A 听等待音,用户 C 听回铃音。

用户 A 可进行如下 3 种操作。

(1) 拍叉簧听拨号音后,按 [1] 结束与用户 B 通话,改为与用户 C 进行通话。

(2) 拍叉簧听拨号音后,按 [2] 保留与用户 B 的通话,改为与用户 C 进行通话,并可拍叉簧交替与用户 B、用户 C 进行通话。其中等待方听音乐。

(3) 不进行任何操作,15s 后等待音消失,用户 A 与用户 B 继续通话,用户 C 听忙音。

4. 撤销

对于音频话机,拨#58#;对于脉冲话机,拨 151158。撤销成功后听语音提示"您申请的新业务已撤销完毕"。

5. 冲突关系

如果被叫申请了主叫号码显示,则在听等待音的同时应能显示主叫号码;如果用户申请了呼叫前转,则对该用户不进行呼叫等待。

4.5.9 用户线改号

当用户地方发生改变，或有其他方面要求，该用户号码改号了，该业务可以通过语音通知告诉对方改号，并接通到新的号码上。

1. 注册

用户线改号注册步骤见表4.6。

表4.6 用户线改号注册步骤

步骤	操　作
1	选择【数据管理→基本数据管理→号码管理→号码修改】菜单，进入【号码修改】的界面。该界面包含【用户线改号、用户号改线、一机多号】3个子页面
2	在【用户线改号】页面中选择【更改用户号码】的页面，如下图所示  ● 批量改号：原号码 ● 暂未使用过的用户号码：新号码 改号参数说明如下表。

改号参数说明

项　目		说　明
已使用的用户号码	网络类别	一般选为公网
	用户类别	模拟用户
	局号	582（已经使用的局号）
	百号	30
	已使用的用户号码	列出该局号、百号下已放号的号码
暂未使用的用户号码	局号	582
	百号	00
	暂未使用的用户号码	列出还未放号的号码

续表

步骤	操作
3	在【已使用的用户号码】栏中选中待改号号码，在【暂未使用的用户号码】栏中选中新号码，将要改号的号码和新的电话号码建立对应关系，如下图所示 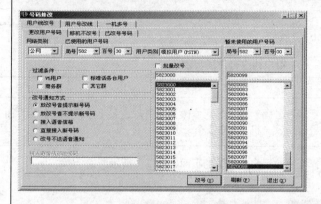
4	从 5 种【改号通知方式】中选择一种，单击<改号>按钮，即可完成用户线改号
5	完成改号后进入【已改号码】子页面，系统自动列示出改号的相关信息，如原号码、新号码、改号通知方式、改号时间等，若选择【清除改号标志】，则【原号码】变成【暂未使用的用户号码】，恢复为未放号资源

2. 上传数据

3. 验证

用其他的电话拨打原号码和新号码，注意听录音通知，并观察其中的变化。

4. 取消业务

取消业务与注册业务过程相反。

4.5.10 用户号改线

当用户地方发生改变，或有其他方面要求，该用户改线但不换号了，该业务可以将原号码接通到新用户线上。

1. 注册

用户号改线的注册步骤见表 4.7。

表 4.7　　　　　　　　　　　　　　　用户号改线注册步骤

步骤	操　作
1	选择【数据管理→基本数据管理→号码管理→号码修改】菜单，进入【号码修改】的界面。该界面包含【用户线改号、用户号改线、一机多号】3 个子页面
2	在【用户号改线】页面中选择【已分配的用户号码】的页面，如下图所示 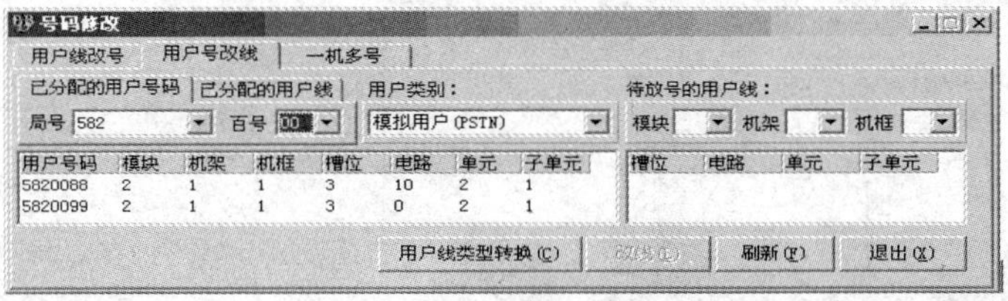
3	在【已分配的用户号码】界面中，选择【局号、百号、用户类别】，则系统列示出已分配的用户号码及所占用的物理电路，再在【待放号的用户线】域选择【模块、机架、机框】，系统列示出待放号的物理电路，在【已分配的号码用户】域选中欲改线的号码，在【待放号的用户线】域选中新的物理电路，单击＜改线＞按钮，则与该用户号码连接的原物理电路得到释放，该用户号码与新的物理电路建立了连接 改线参数参考下表

	项　目	说　明
已分配的用户号码	局号	582（已经使用的局号）
	百号	30
	用户类别	模拟用户
	已分配的用户号码	列出该局号、百号下已放号的号码
待放号的用户线	模块	待改线的模块号
	机架	待改线的机架号
	机框	待改线的机架号
	待放号的用户线	列出还未放号分配号码的物理电路

步骤	操　作
4	完成改线后进入【已分配用户线】页面，选择【模块、机架、机框】和【用户类型】，系统自动列示出已放号用户号码和相应的物理电路。在该页面中选择【用户线类型转换】还可完成普通用户和 V5 用户的互相转换

2. 上传数据

3. 验证

用其他的电话拨打原号码和新号码，注意听录音通知，并观察其中的变化。

4. 取消业务

取消业务与注册业务过程相反。

4.5.11　一机多号

1. 注册

一机多号注册步骤见表 4.8。

表 4.8　　　　　　　　　　　　　　　　　　一机多号注册步骤

步骤	操　作
1	选择【数据管理→基本数据管理→号码管理→号码修改】菜单，进入【号码修改】的界面。该界面包含【用户线改号、用户号改线、一机多号】3 个子页面
2	在【一机多号】页面中选择【已放号用户线】的页面，如下图所示 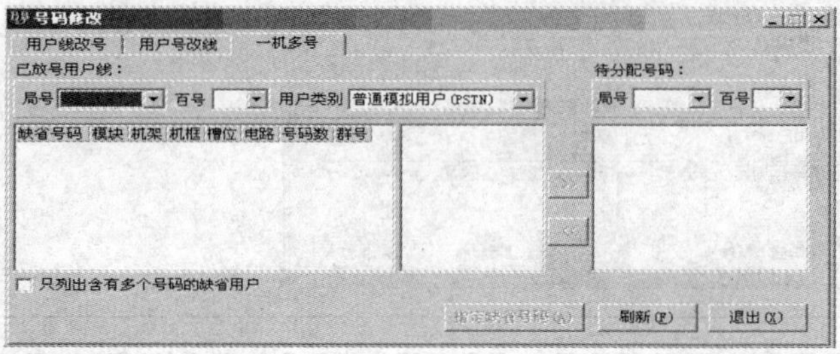
3	在【一机多号】页面中的【已放号用户线域】选择【局号、百号、用户类别】，则列示出已放号的用户号码及所占用的物理电路；再在【待分配号码】域选择【局号、百号】，系统列示出待分配号码 参数说明表如下 参数说明表 参数说明表内容见下
4	在【已放号用户线】域选中欲申请一机多号的号码及其对应物理电路，在【待分配的号码】域选中新的逻辑号码，用转移键将其转移到中间的一机多号栏中即可

参数说明表

项　目		说　明
已放号用户线	局号	582（已经使用的局号）
	百号	30
	用户类别	模拟用户
	已分配的用户号码	列出该局号、百号下已放号的号码
待分配号码	局号	待放号的局号
	百号	待放号的百号
	待分配号码	列出待分配的该局号和百号下未使用的号码

2. 上传数据

3. 验证

用其他的电话拨打原号码和新号码，注意听录音通知，并观察其中的变化。

4. 取消业务

取消业务与注册业务过程相反。

5. 注意事项

用户线改号对于多个资源的占用是暂时的，一旦选择[清除改号标志]则原号码资源就得到了释放，而一机多号意味着一个物理电路同时占用多个宝贵的号码资源，在网络运营中不值得提倡。

4.6　总结与思考

1. 实训总结

请描述本单元实训的收获。

2．实训思考

（1）请测试各种新业务的使用方法（无条件呼叫前转、遇忙呼叫前转、无应答呼叫前转等）。

（2）请说明用户的拨号方式为音频拨号与脉冲拨号时，在 ZXJ10 交换机内部分别由那部分硬件来实现收号的？

（3）主叫号码显示是交换机提供给用户的基本业务之一，在 ZXJ10 交换机中如何给用户开通来电显示的功能？

第5章 程控交换机集团用户群实训

5.1 实训说明

目前很多企业和宾馆酒店，希望组成集团用户，在交换机中可以用商务群来实现，集团内部用户间呼叫用短号，外线进来时通过话务台转接，内部号码可以限制其呼出，或呼出能通过话务台控制，方便结算，内部用户之间互相呼叫不计费。特别宾馆希望对宾馆客户话务情况进行控制。

Centrex 商务群运用公用网的设备实现用户交换机（PABX）的功能，使用 Centrex 业务功能的用户除了可以获得普通用户的所有业务功能外，还可以具有 Centrex 具备的特殊业务功能。

一般来说商务群内号码要比市话号码短些，习惯上，群内的号码叫小号码，相应的市话号码称大号码，在商务群内可对群内的小号码进行管理。

1. 实训目的

通过本单元实训，掌握以下技能。

（1）创建一商务群。

（2）创建一简易话务台。

（3）创建一标准话务台。

（4）体验商务群、简易话务台的功能。

（5）掌握故障分析、处理的能力。

2. 实训器材

（1）中兴数字程控交换机 ZXJ10 一台。

（2）中兴数字程控交换机后台服务器一台。

（3）客户端计算机若干。

（4）电话若干。

3. 实训时长

4 学时

5.2　实训环境

（1）ZXJ10 前台程控交换机硬件机架安装完成。

（2）计算机中 ZXJ10 后台维护系统 129 服务器和客户端软件安装完成。

（3）程控交换机 ZXJ10、129 服务器计算机及维护台设备（见图 4.1）连接到 ZXJ10 程控交换机。

（4）电话（若干）。

5.3　实训规划

5.3.1　组网硬件规划

进行本次实训前必须完成第 2 章和第 3 章的实训内容，ZXJ10 交换机机架物理硬件配置完成，用户能够进行本局正常通话，程控交换机 ZXJ10、129 服务器计算机及维护台设备如图 4.1 所示，具备用户业务修改操作环境。

5.3.2　实训数据规划

（1）本局电话已经开通，充分了解号码资源。

（2）商务群使用的电话号码已确定，含商务群小号的号码段，出群访问码以及话务台号码等。

群数据规划表见表 5.1。

表 5.1　　　　　　　　　　　　　　　群数据规划表

分　　类	号　　码		
群号	组号（每位同学的座位号）		
群名	用自己的姓名，方便检查		
出群字冠	9（拨外线时，先拨出群的号码）		
引示线	5823***（选择一个未分配的号码，总机号码）		
话务台 1	大：	小：	（组内找一个电话）
话务台 2	大：	小：	
话务台 3	大：	小：	
话务台 4	大：	小：	

群内用户数据规划见表 5.2。

表 5.2　　　　　　　　　群内用户数据规划（大小号的对应）

市话号码（大号）	群内号码（小号）

续表

市话号码（大号）	群内号码（小号）

5.4 实训流程

实训流程配置步骤见表 5.3。

表 5.3　　　　　　　　　实训流程配置步骤

配置步骤	操　　作	配置步骤	操　　作
1	登录网管	6	CENTREX 群用户测试
2	增加 CENTREX 分析器	7	创建简易话务台
3	增加 CENTREX 分析子	8	测试简易话务台
4	创建 CENTREX 群	9	创建计算机语音话务台
5	添加群内用户	10	故障处理

5.5 实训操作步骤和内容

5.5.1 网管登录

进入 ZXJ10 后台维护系统的界面，参照 4.5.1 步进行实训初始数据准备。

5.5.2 增加 CENTREX 分析器

增加 CENTREX 分析器步骤见表 5.4。

表 5.4　　　　　　　　　增加 CENTREX 分析器步骤

步骤	操　　作
1	选择【数据管理→基本数据管理→号码管理→号码分析】，弹出【号码分析】菜单，选中【分析器入口】页面，看是否有 CENTREX（商务群）分析器。如果有，转下一步；如果没有请单击 ＜增加（A）＞按钮，在弹出的【创建分析器入口】菜单中选择［CENTREX（商务群）号码分析器］，然后单击＜确定（O）＞按钮 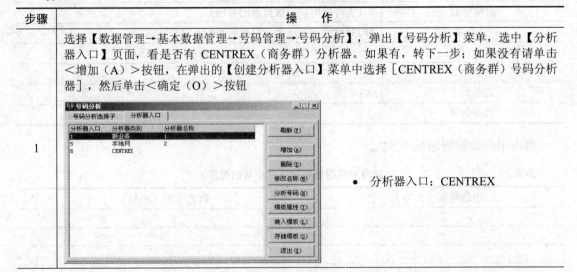 • 分析器入口：CENTREX

续表

步骤	操　作
2	选中【CENTREX】（商务群）分析器，单击<分析号码（N）>按钮，弹出【CENTREX 被分析号码】窗口
3	增加群内小号与出群字冠的被分析号码。在【CENTREX 被分析号码】页面中，单击<增加(A)>按钮，增加字冠 8 和 9，标准做法的参数如下，填入后单击<确定>按钮；如果已经存在，就可以跳过这步  关注： ● 分析号码：8、9 ● 呼叫业务类别 ● 目的网类型 ● 结束标记 ● 话路复原方式 ● 网络业务类型 ● 号码流长度 配置参数参考下表：

项　目	（小号字冠）8	（出群访问码）9
被分析号码	（小号字冠）8	（出群访问码）9
呼叫业务类别	CENTREX 商务组内本局呼叫	CENTREX 商务组内出局呼叫
目的网类型	公众电信网	公众电信网
结束标记	分析结束，不再继续分析	分析结束，余下号码在后续分析
话路复原方式	互不控制复原	互不控制复原
过网类型	无过网缺省（O）	无过网缺省（O）
号码流最少位长	4	1
号码流最多位长	4	1

步骤	操　作
	其中：出群访问码如果想提供二次拨号音，请将标志字中："提供二次拨号音"选中。其余各项均不填
4	在【CENTREX 群的被分析号码】页面，增加完成群内小号字冠 8 和出群字冠 9 后，单击<返回>按钮

5.5.3　增加号码分析子

增加号码分析子步骤见表 5.5。

表 5.5　　　　　　　　　　　　　增加号码分析子步骤

步骤	操　作
1	选择【数据管理→基本数据管理→号码管理→号码分析】菜单，在【号码分析选择子】页面，新增一个群号码分析选择子：2，分析器与普通用户方法一致，但要添加 CENTREX 分析器 ● 号码分析选择子：2 ● 选择子名称：CENTREX 群 ● CENTREX 分析器入口：6（非 0） ● 单击<确定>按钮

续表

步骤	操　作
2	选择【号码分析选择子】页面，修改 CENTREX 分器入口值，将原"0"改为"6"，然后单击＜确定＞按钮
3	单击＜返回＞按钮

　　　　CENTREX 群要专用一个分析选择子，一定要与普通用户分开。因为 CENTREX 群对应的分析选择子比普通用户多一个 CENTREX 分析器。

5.5.4　创建 CENTREX 群

创建 CENTREX 群步骤见表 5.6。

表 5.6　　　　　　　　　　　　　　创建 CENTREX 群步骤

步骤	操　作
1	选择【数据管理→基本数据管理→用户群数据】菜单，弹出【群管理】界面 ● 群管理 ● 增加群
2	在【群管理】界面，单击＜增加群（A）＞按钮，弹出【增加群】的界面 ● 群号：1 ● 选择子：2 ● 群名：自行定义 ● 引示线号码：总机号码 ● 群类别：商务群 ● 出群字冠：9 ● 单击＜确定＞按钮

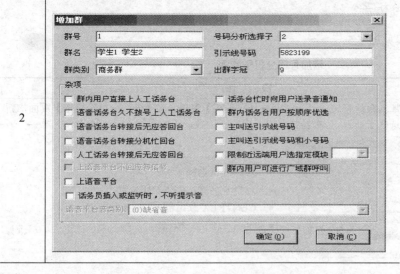

续表

步骤	操　作	
2	**项　目**	**说　明**
	群号	1，特服群的群号应该就是特服号。一般在 100～200 之间。其他类型用户群的群号应该在 1～100、200～8191 之间
	群名	群名可以自由定义，以方便记忆为主
	群类别	群类别有 4 项选择：特服群、小交换机群、商务群、ISPBX 群。在这里，我们应该选择【商务群】
	号码分析选择子	一般是专门做给商务群分配一个全新的分析选择子。号码分析子：2（必须预先做好）
	引示线号码	引示线的号码必须为空号
	出群字冠	9，一般情况下，为了解决商务群大小号号码资源冲突问题，规定：商务群内用户摘机可以直接拨小号，如果要拨打群外电话（市话），必须首先拨打出群访问码（出群字冠），听二次拨号音（也可以不听）再拨大号（市话）。如果能确保大小号之间的号码资源之间不会出现冲突，也可以不要出群字冠
3	单击＜确定＞按钮	

5.5.5　添加群内用户

例如：在 2 号模块分配 8800 到 8899 的小号的号码段。对应的参数操作见表 5.7。

表 5.7　　　　　　　　　　添加群内用户步骤见表 5.7

步骤	操　作
1	在【群管理】界面中，选中已添加的商务群，单击＜群用户管理（G）＞，进入商务群【群用户管理】界面。在该界面上有两个页面：【号码管理、群内组管理】，请选中【号码管理】页面
2	在【号码管理】页面中，单击＜增加百号（A）＞按钮，会弹出【增加百号】窗口，如下图所示，在界面上将相关参数填入，然后单击＜确定（O）＞按钮 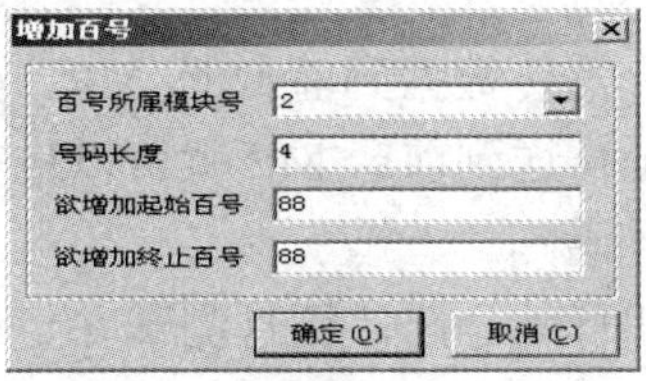 • 模块号：2； • 号码长度：4；（群内小号长度） • 起始百号：88；（百号，群内小号的开始 2 位） • 终止百号：88； • 单击＜确定＞按钮
3	在屏幕左边【已有百号】中选中某一百号（比如 88），就可以看到群内已有用户对应的小号（8800 到 8899），用鼠标选中一个准备放号的小号；再在屏幕右上角，选中【待指派局号、百号】，屏幕右边会显示出相关市话对应的电话号码（仅显示已放号的电话号码），即俗称大号的电话号码，建立对应关系 

续表

步骤	操 作
4	单击选中群内号码（即小号），再选择预先分配好的一个市话号码（即大号）。单击界面上<←>按钮，将选中的电话号码加入左边窗口。即将所选的大号与小号关联起来，也就是该小号放号
5	重复上述步骤，直到所有规划给定的号码全部建立对应关系，得到结果下图所示 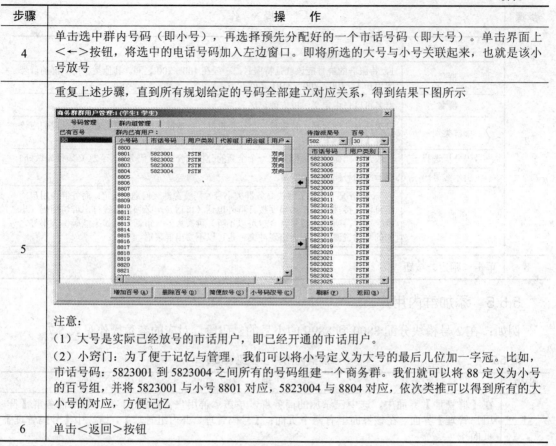 注意： （1）大号是实际已经放号的市话用户，即已经开通的市话用户。 （2）小窍门：为了便于记忆与管理，我们可以将小号定义为大号的最后几位加一字冠。比如，市话号码：5823001 到 5823004 之间所有的号码组建一个商务群。我们就可以将 88 定义为小号的百号组，并将 5823001 与小号 8801 对应，5823004 与 8804 对应，依次类推可以得到所有的大小号的对应，方便记忆
6	单击<返回>按钮

5.5.6 群用户拨号测试

完成上述工作后，商务群的基本数据就已经做完，只需传数据到前台的 MP。如果，前后台连接正常，后台服务器已启动，数据应该可以正确地传送到前台 MP 就可以进行测试，注意此时群内用户在话机上拨"##"听到话机报群内小号码。

群内用小号互拨测试，群外呼叫群内号码，群内呼叫群外号码，拨打测试并记录现象。

5.5.7 创建简易话务台

创建简易话务台的步骤见表 5.8。

表 5.8 创建简易话务台的步骤

步骤	操 作
1	修改局信息表参数（公共数据，只要有一个同学修改后其他同学可以跳过这一步） 【数据管理→其他数据管理→其他选项】，选择【局信息表配置】的子页面，在【局信息类型】的下拉菜单中选择"服务器模块号设置"，单击<增加（A）>按钮，弹出【增加信息】的界面，在【参数类型】的下拉参数中选择"排队机服务器设置"，设置参数为 129（129 服务器），返回到【局信息表配置】的页面，单击<修改>按钮，弹出【修改信息参数】的界面，将【综合排队机所在的模块号设置】设置为 2

步骤	操　　作
1	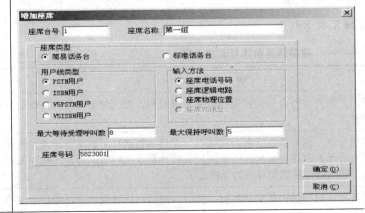 注意： 多模块组网时各个模块都可能开通的话务台用户，综合排队机的模块通常设置在话务台用户集中的模块
2	座席设置：选择屏幕上方下拉式菜单【数据管理→其他数据管理→综合话务台设置】，弹出【综合话务台配置】菜单，选择【座席设置】的子页面 ● 座席设置 ● 座席号 ● 座席属性 ● 座席号码
3	增加座席：单击＜增加（A）＞按钮后，弹出【增加座席】界面，分别填入［座席台号］、［座席名称］、［座席号码］的内容（其中［座席台号］按顺序填写，［座席名称］只是为了记忆方便，［座席号码］就是话务台对应的大号），选择［座席类型］为简易话务台，单击＜确定（O）＞按钮 ● 座席台号：1 ● 座席名称：自定义 ● 座席类型：简易话务台 ● 用户线类型：PSTN 用户 ● 座席号码：5823001

续表

步骤	操 作
4	业务组设置：选择［业务组设置］的子页面，单击＜增加（A）＞按钮后，弹出［增加业务组］界面，在［业务组号］的下拉选项中选择需要增加话务台的商务群群号（注意业务组号就是用户群群号），其余参数根据需要可以修改，单击＜确定（O）＞按钮  • 业务组号：1 • 业务组名称 • 业务等级
5	设置坐席业务：进入［坐席业务］的子页面，做坐席与业务组的对应关系，选择坐席号，在［待分配业务组］选择屏幕里选择业务组号，单击转移按钮，将业务组分配给该话务台坐席 • 座席号：1 • 座席已有业务组号：1 • 优先级：自行设置
6	上传数据，传送数据到前台 MP
7	登记简易话务台：在被设成简易话务台的用户号码对应的电话机上摘机。拨号：*14#登记简易话务台，应该可以听到语音提示："您申请的新业务已登记完毕"。注意：*14#只可登记一次，如果重复登记将听到忙音

5.5.8　简易话务台拨号测试

简易话务台拨号测试步骤见表 5.9。

表 5.9　　　　　　　　　　　　简易话务台拨号测试步骤

步骤	操 作
1	登记成功后，如果有用户拨打话务台号码或商务群引示线号码，对应的话机话务台就会振铃。摘机即可受理用户呼叫
2	如果有呼叫需转接其他分机。话务员在话务台接听后，在话务台话机上拍叉簧（或按收线）听到拨号音（主叫用户听音乐），拨分机号，听到回铃音后挂机（主叫听回铃音，被叫振铃，话务台退出本次呼叫）。呼叫就被转移到对应的分机上了
3	登记成功后可以通过拨号：#14#撤销简易话务台，此时，应该可以听到语音提示："您申请的新业务已撤销完毕"

5.5.9　创建计算机语音话务台

计算机语音话务台是在简易话务台或者标准话务台的基础上生成的，所以制作计算机语音话务台步骤见表 5.10。

表 5.10　　　　　　　　　　　　　　创建计算机语音话务台

步骤	操　作
1	话务台的前提是已经制作成功了简易话务台或者标准话务台
2	简易话务台生成计算机语音话务台，【数据管理→其他数据管理→综合话务台设置】菜单，进入【业务组设置】的界面，选业务组，单击＜修改＞按钮，选择"允许激活语音话务台"复选框，单击＜确定（O）＞按钮
3	传送数据到前台 MP
4	在话机上拨 17#激活计算机语音话务台（18#撤销），注意，要保证该话机使用的号码分析选择子中包含对 17#、18#的号码分析
5	标准话务台生成的计算机语音话务台，选中该业务组"允许激货语音话务台"复选框，同前，传送数据到前台 MP。登录标准话务台的客户端，在客户端"拨"17#激活

　　　　　激活语音话务台还可以采用人机命令的方式，在【数据管理→动态数据管理→行式人机命令】中，打开【命令集】，选择相应的命令，修改参数，执行即可。

5.6　故障处理

（1）现象：用户拨打商务群引示线号码听忙音。

排除：商务群内无登录成功的话务台。

（2）现象：登记简易话务台时，拨完*14#后，话机无音，再次拨打时听忙音。

排除：音板中的 FLASH 不是标准的交换机语音，特别是在智能网局（比如：联通的 IP 前置交换机）容易出现。解决办法：将一个子单元的语音文件重新加载。

（3）现象：登记简易话务台时，第一次拨完*14#后，就听忙音。

排除：

① 对应的话机未设成简易话务台；

② 数据未传送到前台。

（4）现象：登记简易话务台时，拨完*14#后，话机提示："您拨打的电话号码尚未启用，请查证后再拨。"

排除：

① 号码分析的数据未做；

② 数据未传送到前台。

5.7 总结与思考

1．实训总结

请描述您本单元实训的收获。

2．实训思考

（1）电脑语音话务台和简易话务台有什么区别？

（2）商务群用在什么场合，有哪些方便之处？

（3）操作业务过程中，你遇到哪些问题，如何解决？

（4）群内用户与群外用户号码分析的流程有什么不同？

（5）如何实现群内各种新业务操作？

第 6 章　No.7 信令系统配置与管理实训

6.1　实训说明

1．实训目的

通过本单元实训，掌握以下技能。

（1）No.7 信令（TUP/ISUP）数据配置。

（2）观察、判断 No.7 信令系统工作状态。

（3）使用 No.7 信令跟踪工具进行信令分析和故障定位。

2．实训仪器

（1）中兴数字程控交换机 ZXJ10 一台。

（2）安装中兴数字程控交换机后台服务器软件的计算机若干台。

（3）TCP/IP 的分组交换机一台。

（4）电话机若干。

3．实训时长

　　4 学时

4．实训项目描述

本实训要求已经完成第 2 章和第 3 章的 ZXJ10 设备的物理硬件配置，本局内电话业务开通，同时对端交换也必须完成本局内部通信。在此基础上，再开始对接数据准备，完成两局间传输电缆连接，端口协商，并进行物理测试。

本次实训重点是实现交换机与其他交换局对接，通过 No.7 和中继数据配置实现真正通信网中设备的互联互通的通信网的工程实训。

注意　　开通七号信令系统是维护人员最经常接到的任务，遇到的问题也最多。顺利开通七号信令系统，首先必须明确三点：信令点编码设置正确；信令链路编码（SLC）与对端局一致；CIC 编码与对端局一致。

6.2　实训环境

（1）实验室网络环境搭建如图 6.1 所示。

（2）操作环境 ZXJ10、PC 维护台设备已连接。

（3）ZXJ10 前台机架安装完成、物理配置完成、本局电话业务已开通。

（4）ZXJ10 后台维护系统 129 服务器和客户端安装完成。

（5）服务器能够连接到 ZXJ10 程控交换机。

6.3 实训规划

6.3.1 组网硬件规划

（1）两局间的传输缆线连接完成，并进行物理测试，双方协调硬件接口已完成。

（2）程控交换机 ZXJ10、对端设备如 TDSCDMA 设备、S120 设备等完成实训网络环境搭建，操作环境交换机、服务器等如图 6.1 连接完成。

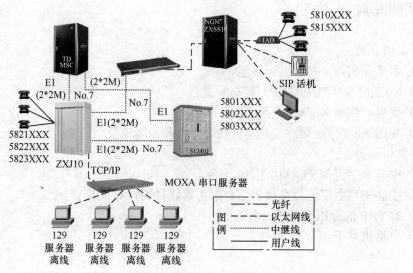

图 6.1 交换局组网图

6.3.2 数据规划

1. 邻接局数据规划

邻接局数据规划见表 6.1。

表 6.1 　　　　　　　　　　邻接局数据规划

数据类型	MTG-软交换 ZXSS10	TD-SCDMA
局向	2	3
局名	MTG-众方	TD-SCDMA
局码	581	130
信令点编码	0-1-18	0-1-19
出局路由链组	2	4

2. 中继组数据规划-中继组和中继电路

中继组数据规划见表 6.2。

表 6.2　　　　　　　　　　　中继组数据规划

数据类型	MTG-软交换 ZXSS10	TD-SCDMA
局向	2	3
中继组名称	MTG	TD-SCDMA
信令方式	ISUP	ISUP
分配的中继电路	62（1-5-6，PCM1，PCM2）	31（1-5-7，PCM1）

3. 中继数据规划—出局路由—路由组—路由链—路由链组

中继数据规划见表 6.3。

表 6.3　　　　　　　　　　中继数据规划

数据类型	MTG-软交换 ZXSS10	TD-SCDMA
出局路由	2	4
路由对应的中继组	2	4
出局路由组号	2	4
出局路由链	2	4
出局路由链组	2	4

4. 信令数据规划—信令链路组—信令链路—信令路由—信令局向—PCM 系统

信令数据规划见表 6.4。

表 6.4　　　　　　　　　　信令数据规划

数据类型	MTG-软交换 ZXSS10	TD-SCDMA
信令链路组	1	3
信令链路号	1、2	5
信令链路编码	0、1	1
信令局向	2（直连）	3（直连）
信令链路对应 STB 板的通路号	1-4-24　信道号 1 1-4-24　信道号 2	1-4-24　信道号 5
信令链路对应 DTI 的时隙号	1-5-6 PCM1 TS16 1-5-6 PCM2 TS16	1-5-7 PCM1 TS16
信令路由	1	3
PCM 标识	0、1	1
CIC	0-31 33-63	33-63

6.4　实训流程

实训流程见表 6.5。

表 6.5   实训流程

配置步骤	操　作	配置步骤	操　作
1	物理连线	5	中继数据配置
2	物理硬件配置	6	号码分析数据配置
3	邻接交换局配置	7	观察链路状态
4	信令数据制作	8	七号信令跟踪

6.5 实训操作步骤和内容

6.5.1 物理连线

首先将本局用于对接的 PCM 的 "IN" 与对端局用于对接的 PCM 的 "OUT" 可靠连接；本局用于对接的 PCM 的 "OUT" 与对端局用于对接的 PCM 的 "IN" 可靠连接。按硬件组网规划要求将交换机间的物理电缆正常连接。

6.5.2 物理硬件配置

物理硬件配置见表 6.6。

表 6.6   物理硬件配置

步骤	操　作
1	选择【数据管理→基本数据管理→物理配置→物理配置】，单击<单元配置>按钮，进入【单元配置】界面
2	选中规划中的数字中继单元，进行<子单元修改>，将 4 个 PCM 初始化为共路信令，如下图所示 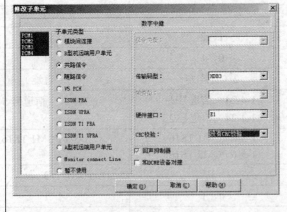 ● 子单元：PCM1～PCM4 ● 子单元类型：共路信令 ● 传输码型：HDB3 ● 硬件接口：E1 ● CRC 校验：没有 CRC 校验 注意：CRC 校验需要硬件的支持，不是所有的产品都支持这一功能。ZXJ10 支持 CRC 校验，但在实际对接时一定要与对端局协商好，采取一致的选择

6.5.3 邻接交换局配置

邻接交换局配置见表 6.7。

表 6.7　　　　　　　　　　　　　　邻接交换局配置

步骤	操　作
1	选择【数据管理→基本数据管理→交换局配置】菜单，在【交换局配置】界面选中【邻接交换局配置】
2	选择【邻接交换局】子页面，单击＜增加（A）＞按钮，进入【增加邻接交换局】界面
3	选择【邻接交换局局向】，从 1 开始，最大到 255；键入【交换局名称】，配置邻接交换局 MTG-众方 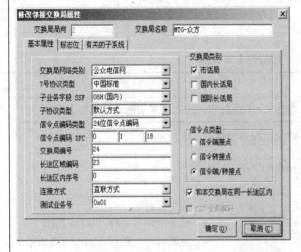 • 交换局名称：MTG-众方 • 交换局网络类别：公众电信网 • 7 号协议类型：中国标准 • 子业务字段 SSF：08H（国内） • 子协议类型：默认方式 • 信令点编码类型：24 位信令点编码 • 信令点编码 DPC：0-1-18 • 交换局编号：自定义 • 长途区内序号：在有中兴网管时，"交换局编号"和"长途区内序号"有效 • 长途区域编码：23 邻接局区域编码 • 连接方式：直联方式 • 测试业务号：0X01（国内用） • 交换局类别：本地交换局 • 信令点类型：信令端/转接点" • CIC 全局编码：不选
4	选择【邻接交换局局向】，从 1 开始，最大到 255；键入【交换局名称】，配置邻接交换局 TD-SCDMA 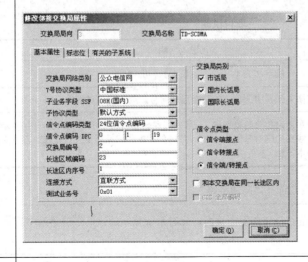 • 交换局名称：TD-SCDMA • 交换局网络类别：公众电信网 • 7 号协议类型：中国标准 • 子业务字段 SSF：08H（国内） • 子协议类型：默认方式 • 信令点编码类型：24 位信令点编码 • 信令点编码 DPC：0-1-19 • 交换局编号：自定义 • 长途区内序号：0 • 长途区域编码：23 • 连接方式：直联方式 • 测试业务号：0X01（国内用） • 交换局类别：本地交换局 • 信令点类型：信令端/转接点"
5	单击＜确认＞按钮完成邻接局配置

　　如有多个邻接局，上述步骤重复配置。但需注意如果该邻接局与本局有直联的信令链路时连接方式选择直联方式；如果该邻接局与本局通过 STP 转接信令，则做该邻接局配置时需

选择准直联方式。

6.5.4 信令数据制作

选择【数据管理→七号数据管理→共路 MTP 数据】菜单，进入【七号信令 MTP 管理】页面。该页面包括【信令链路组、信令链路、信令路由、信令簇、信令局向、PCM 系统】共 6 个子页面，其中信令簇为北美信令网所用，国内没有使用。

信令数据制作步骤如下

1. 增加信令链路组

增加信令链路组步骤见表 6.8。

表 6.8 增加信令链路组

步骤	操　作
1	在【信令链路组】子页面单击<增加（A）>按钮，进入【增加信令链路组】页面
2	在【增加信令链路组】界面中，填入相应的参数 • 信令链路组号：1 • 信令链路组名称：MTG-ISUP • 直联局向：根据上面的邻接局选 2 • 差错校正方法：基本方法 项目说明 <table><tr><td>项　目</td><td>说　明</td></tr><tr><td>信令链路组号</td><td>选择链路组号，一般首次为 1，后面选择区分即可</td></tr><tr><td>直联局向</td><td>列示出邻接交换局配置中所创建的交换局局向号，选择七号对接的局向</td></tr><tr><td>差错校正方法</td><td>根据局方要求和链路传输时延选取，一般在线路传输时延小于 15ms 时，使用基本误差校正方法；线路传输时延大于 15ms 时选择 PCR 预防循环重发校正法。没有卫星电路时可选基本方法</td></tr></table> 如果配置了 STB32 板，需在该页面选择"高速链路"
3	单击<增加（A）>按钮回到【信令链路组】子页面，此时系统显示的该信令链路组中的信令链路数为 0

2. 增加信令链路

增加信令链路步骤见表 6.9。

表 6.9　　　　　　　　　　　　　　　　增加信令链路

步骤	操　作
1	在【信令链路】子页面单击<增加（A）>按钮，进入【增加信令链路】页面
2	增加信令链路：选择【信令链路号】为 1，【链路组号】为 1，【链路编码】为 0，【模块号】为 2，则系统列示出【信令链路可用的通信信道】和【信令链路可用的中继电路】。选择 STB 板提供的信道 1 和 DT 板第一个子单元 PCM1 的 TS16，单击<增加（A）>按钮，即在信令链路组 1 中增加了一条信令链路，如图所示  • 信令链路号：1 • 链路组号：1 • 链路编码：0 • 模块号：2 注意：信令链路编码（SLC）是交换局间信令链路的标识，在做对接时要求与对端局必须一致
3	增加后的结果如下图所示 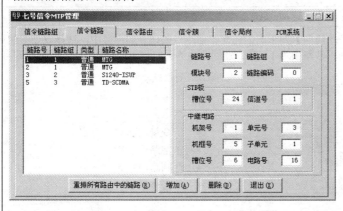
4	如果需要多个链路，和不同局向的链路，就需要多增加几次，由于与 MTG 间有两条信令链路，因此需要在该信令链路组中再增加一条信令链路。选择 STB 板提供的信道 2 和 DT 板第二个子单元 PCM2 的 TS16，系统自动将 [信令链路号] 置为 2，[链路编码] 置为 1，单击<增加（A）>按钮，则又在信令链路组 1 中增加了一条信令链路
5	回到信令链路子页面，单击相应的链路号，确认链路编码和中继电路号是否正确

3. 增加信令路由

增加信令路由步骤见表 6.10。

表 6.10 增加信令路由

步骤	操　作
1	在【信令路由】子页面单击<增加（A）>按钮，进入【增加信令路由】页面
2	增加信令路由：选择【信令路由号】为 1，在路由属性中选择【信令链路组 1】为刚刚配置的信令链路组 1，【信令链路组 2】为无。由于该信令路由中只有一个信令链路组，所以链路排列方式无效。单击<增加（A）>按钮 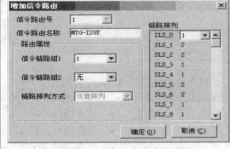 • 信令路由号：1 • 信令路由名称：自定义 • 信令链路组 1：1 • 信令链路组 2：无 • 注意链路排列方式 如果一个信令路由中有两个信令链路组，则需要选择链路排列方式，可任意排列，也可按照 SLS 的某一位来选择信令链路组，或者人工指定
3	单击<确定>按钮

4. 增加信令局向

增加信令局向步骤见表 6.11。

表 6.11 增加信令局向

步骤	操　作
1	在【信令局向】子页面单击<增加（A）>按钮，进入【增加信令局向】页面
2	增加信令局向：在【信令局向】列示出的已配置信令点的信令局向号中，选择规划中的局向 2；在信令局向路由中选择正常路由为 1，第一迂回路由为无，单击<增加（A）>按钮即可  • 信令局向：2 • 信令局向名称：自定义 • 正常路由：1 • 迂回路由：无 • 单击<增加>按钮 注意：如果 ZXJ10 机通过信令转接点与对端局相连，则在制作信令数据时，需要创建一个信令链路组：本局到 STP；一个信令路由：本局到 STP；两个信令局向：本局到 STP 和本局到对端局，其中本局到 STP 为直联形式，本局到对端局为准直联形式
3	单击<增加>按钮，完成配置

5. 增加 PCM 系统

增加 PCM 系统步骤见表 6.12。

表 6.12　　　　　　　　　　　　　　　　增加 PCM 系统

步骤	操　作
1	在【PCM 系统】子页面单击＜增加（A）＞按钮，进入【增加 PCM 系统】页面
2	增加 PCM 系统：在【信令局向】域列示出已配置信令点的信令局向号中，选择 2；在【PCM 系统编号】域选择 0，系统会列示出【PCM 系统连接到本局的子单元】的列表，选中其中的第一个 PCM，单击＜增加（A）＞按钮 （增加 PCM 系统对话框：信令局向 2，PCM 系统编号 0，PCM 系统名称 PCM1，PCM 系统连接到本局的子单元列表，含模块、机架、机框、槽位、单元、子单元各列，增加（A）、返回（R）按钮） • 信令局向：2 • PCM 系统编号：0 • PCM 系统名称：自定义 • 选择关联的 PCM 子单元 • 单击＜增加＞按钮
3	如果需要多个 PCM，就要增加多个累加 PCM 系统编号，和修改对应的 PCM 系统名称进行对应，本次实训规划中有两个 PCM，需要在同一信令局向下再增加一个 PCM 系统即 PCM 系统编号 1，方法同上。增加完成规划数据的界面如图所示 （七号信令 MTP 管理界面，PCM 系统标签页，含信令局向号、PCM 系统编号、连接模块、连接单元、连接子单元、PCM 系统名称等列；刷新、修改电路编码、增加、删除、退出按钮）

说明

　　七号信令系统中采用电路识别码（CIC）的来标识中继电路。2M 系统的电路识别码由 12 比特组成，分为高 7 位和低 5 位，其中高 7 位标识相连的两个局之间的 PCM 2M 口的序号，即［PCM 系统编号］，低 5 位标识每个 PCM 中 2M 口内的时隙号，共 32 个。对接时必须保证相连的两个局的每一条局间中继电路的 CIC 相同，即 PCM 系统编码相同和其下的 32 个电路编号一致。

　　例如［PCM 系统编号］若为 0，则该 PCM 2M 口的各个时隙的 CIC 值的编号就从 0（对应时隙 0）开始到 31（对应时隙 31）结束。［PCM 系统编号］若为 1，则该 PCM 2M 口的各个时隙的 CIC 值的编号就从 32（对应时隙 0）开始到 63（对应时隙 31）结束。值得注意的是 CIC 编码是针对话路的，系统在此处只是给出了时隙 0 和信令时隙的编码，实际是不会使用的。

6.5.5　中继数据制作

七号中继数据制作步骤如下（下面步骤中以 MTG 数据制作为例）。

1. 增加中继电路组

选择【数据管理→基本数据管理→中继管理】菜单，进入【中继电路组】子页面，包括【基本属性、标志位、PRA、入局号码流变换、发码控制方式、主叫号码流变换】等 6 部分。

表 6.13   登记中继电路组

步骤	操　作
1	选择【基本属性】子页面，单击＜增加＞按钮，进入【增加中继组】界面
2	选择模块号为 2、输入数据规划中的中继组号，对于单模块成局，系统支持最多 250 个中继组

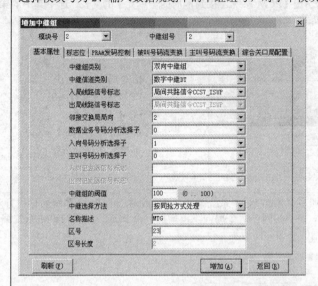

- 模块号：2
- 中继组号：2
- 中继组类别：双向中继组
- 中继信道类别：数字中继 DT
- 入局线路信号标志：CCS7_ISUP
- 邻接交换局局向：2
- 入向号码分析选择子：1
- 中继选择方法：同抢方式
- 名称描述：自行给定
- 区号：23（重庆）
- 单击＜增加＞按钮

中继组参数说明表

项　目	说　明
中继组类别	双向中继组
中继信道类别	数字中继 DT
入局线路信号标志	局间共路信令 CCS7_TUP（TUP 协议）/CCS7_ISUP（ISUP 协议）
出局线路信号标志	局间共路信令 CCS7_TUP（TUP 协议）/CCS7_ISUP（ISUP 协议）
邻接交换局局向	2；即邻接交换局配置中所设
数据业务号码分析选择子	0；七号信令没有数据业务，不需要号码分析
入向号码分析选择子	1；对入向中继有效，分析落地本局或经本局汇接的局码
主叫号码分析选择子	0；不分析主叫
中继组的阈值	100
中继选择方法	循环选择/按同抢方式
名称描述	根据个人记忆方便设置
区号	长途区号
区号长度	不填，自动填入

步骤	操　作
3	单击＜增加＞按钮，则完成了共路中继组 2 的创建

2. 中继电路分配

中继电路分配步骤见表 6.14。

表 6.14　　　　　　　　　　　　　　中继电路分配

步骤	操作
1	进入【中继电路分配】子页面，选中前述步骤中增加的中继组组号 2
2	单击＜修改（M）＞按钮，进入【中继电路分配】界面，在【供分配的中继电路】子页面中选中数据规划中要分配给该中继组的中继电路。规划中本链路组有 2 个 PCM 中继电路 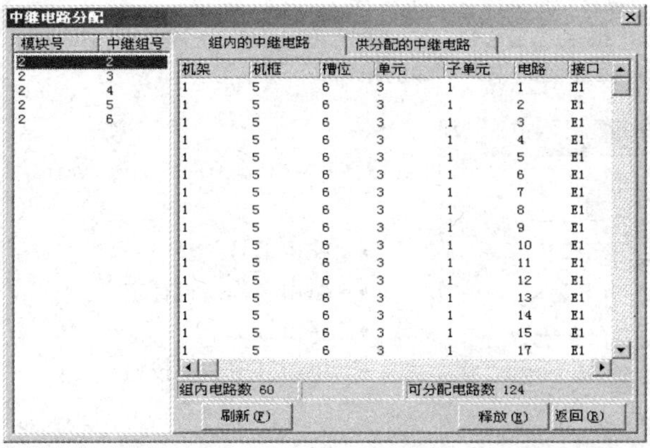 • 模块号：2 • 中继组号：2 • 供分配的中继电路：PCM 的时隙 • 选中需要分配的时隙 • 单击＜分配＞按钮
3	单击＜分配（A）＞按钮，则组内的中继电路界面中显示出刚刚分配的电路

3. 增加出局路由

增加出局路由见表 6.15。

表 6.15　　　　　　　　　　　　　　增加出局路由

步骤	操作
1	进入【出局路由】子页面，单击＜增加（A）＞按钮，进入【增加出局路由】界面
2	系统顺序给出【路由编号】，根据前期数据规划此处选 2，选择【模块号】2，单击【中继组号】选择域的下拉箭头，系统显示出所有的双向中继组号，选择刚才建立的中继组 2
3	选择双向中继组号，单击＜增加（A）＞按钮，则增加一条出局路由 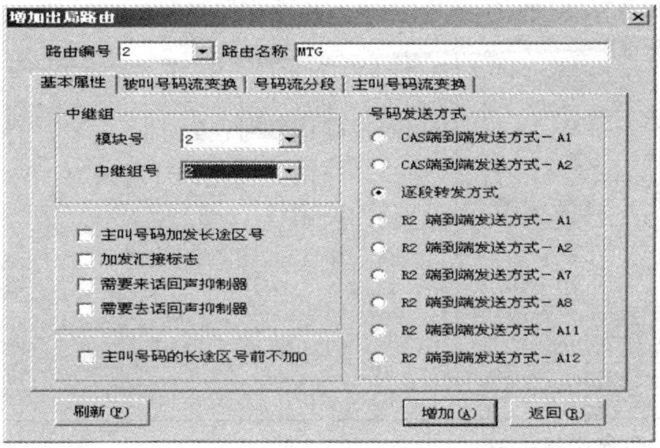 • 路由编号：2 • 路由名称：自行定义 • 模块号：2 • 中继组号：2 • 单击＜增加＞按钮

在 ZXJ10 系统中，一个出局路由一定对应着一个中继组，但一个中继组可以出现在多个出局路由中，而 No.7 信令链路组与信令路由的关系与此不同，系统默认[号码发送方式]为逐段转发方式。

4. 增加出局路由组

增加出局路由组步骤见表 6.16。

表 6.16   登记出局路由组

步骤	操作
1	选择【出局路由组】子页面，单击<增加（A）>按钮，进入【增加出局路由组】界面
2	系统顺序给出【路由组编号】，根据规划选择 2。一个路由组最多由 12 个路由组成。在"路由号 1"的选择域点击下拉箭头，选择前面步骤增加的路由 2 ● 路由编号：2 ● 路由名称：自行定义 ● 路由号 1：2 ● 单击<增加>按钮
3	单击<增加（A）>按钮，则一个路由组创建成功

5. 增加出局路由链

增加出局路由链步骤见表 6.17

表 6.17   增加出局路由链

步骤	操作
1	选择出局路由链子页面，单击<增加（A）>按钮，进入[增加出局路由链]界面
2	系统顺序给出[路由链编号]，此处为 1，一个路由链最多由 12 个路由组组成。在[路由组 1]的选择域点击下拉箭头，选择前面步骤增加的路由组 ● 路由编号：2 ● 路由名称：自行定义 ● 路由组 1：2 ● 单击<增加>按钮
3	单击<增加（A）>按钮，则一个路由链创建成功

6. 增加出局路由链组

增加出局路由链组步骤见表 6.18。

表 6.18　　　　　　　　　　　　　增加出局路由链组

步骤	操　　作
1	选择【路由链组】子页面，单击<增加（A）>按钮，进入【增加路由链组】界面
2	系统最大支持 512 个出局路由链组，此处选择【路由链组】为 1，一个路由链组最多由 20 个路由链组成。在【路由链 1】的选择域单击下拉箭头，选择前面步骤增加的路由链 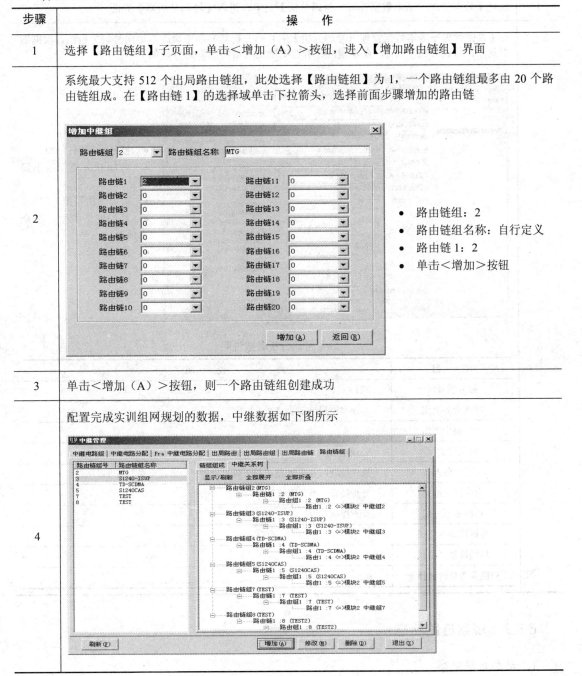 • 路由链组：2 • 路由链组名称：自行定义 • 路由链 1：2 • 单击<增加>按钮
3	单击<增加（A）>按钮，则一个路由链组创建成功
4	配置完成实训组网规划的数据，中继数据如下图所示

6.5.6　号码分析数据制作

号码分析数据配置步骤见表 6.19。

表 6.19   号码分析数据配置

步骤	操 作
1	选择【数据管理→基本数据管理→号码分析】菜单，进入［号码分析器］界面
2	在【数据管理→基本数据管理→号码分析】中号码分析器界面中修改本地网号码分析器，根据数据规划，号码分析子为 1，在本地网分析器中增加对端局的局码分析如下 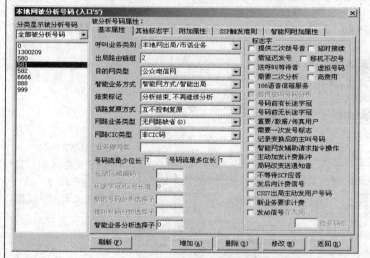 • 被分析号码：581 • 呼叫业务类别：出局市话 • 出局路由链组：2 • 目的网络类型：公众电信网 • 号码位长：7

号码分析参数说明

项 目	说 明
被分析号码	581
呼叫业务类别	本地网出局/市话业务
出局路由链组	2
目的网类型	公众电信网
智能业务方式	选"智能网方式/智能出局"或"智能平台方式出局"都可以
分析结束标记	分析结束，不再继续分析
话路复原方式	互不控制复原
号码流最少位长	7
号码流最多位长	7
智能业务分析选择子	0

6.5.7 观察链路状态

1. 动态数据观察

选择【数据管理→动态数据管理→动态数据管理】菜单，进入 No.7 管理接口，该子页面包括【电路（群）管理、No.7 自环请求、MTP3 人机命令】，分别实现电路群的解闭、No.7 信令和话路的自环申请，和 No.7 信令链路和路由的状态查看。

2. MTP3 人机命令

MTP3 人机命令步骤见表 6.20。

表 6.20　　　　　　　　　　　　　　MTP3 人机命令操作

步骤	操　　作
1	进入【MTP3 人机命令】子页面，在【链路操作】域分别选中【链路序号 1】和【链路序号 2】，单击＜激活此链路（A）＞按钮 系统会在【返回结果】：域显示链路 1/2 激活成功 此时观察 STB 板，可看到运行灯快闪
2	单击＜查看链路状态（Q）＞按钮，若在【返回结果】域显示： ① 1 路的状态如下：服务状态、业务状态，则说明链路 1 确实被激活 ② 1 路的状态如下：非服务状态、非业务状态、紧急定位、告警，则可以初步判定链路 1 处于假活状态或未激活 说明： 如果相应的物理链路号的状态不停地在［启动状态］、［非服务状态］和［服务状态］之间切换，则可确认信令处于假活的状态。假活通常是由数据配置中的某个小问题造成或者硬件连线的故障造成，因此需要一方面检查修正数据配置，另一方面检查硬件连线，方可排除故障
3	待链路操作正常后，在【链路组操作】域选择【链路组序号】1 后单击＜查看链路组状态（G）＞按钮，如果【返回结果】域显示： 链路组 1 状态如下： 此链路组所属的局向号：1 当前处于服务状态的链路数 2 处于服务状态的链路如下：链路 1、链路 2
4	待链路组操作正常后，在【路由局向观察】域选中【路由局向号】为 1，单击＜查看状态（R）＞按钮，如果【返回结果】域显示： 路由组 1 状态如下：路由可达、优先级别为 0 负荷分担的链路组如下：链路组 1 当前负荷分担链路表如下：链路 1、链路 2 则说明该路由局向状态正常

6.5.8　七号信令跟踪

七号信令跟踪步骤见表 6.21。

表 6.21　　　　　　　　　　　　　　七号信令跟踪

步骤	操　　作
1	选择【业务管理→七号信令跟踪】菜单，进入【七号、V5 维护】页面
2	选择【信令跟踪→七号跟踪设置→根据号码】菜单，进入【TUP, ISUP 跟踪设置】界面，选择【号码类型】为主叫用户号码，并在【用户号码】域键入该号码，单击＜确认（O）＞按钮，完成信令跟踪设置，再单击绿色开始跟踪图标，即进入跟踪状态
3	拨打出局号码，可看到信令跟踪窗口出现一系列信令消息，根据这些信令消息也可以判断信令对接的情况

6.5.9　故障排除

1. 现象：七号信令链路无法激活

排除：

（1）通信 HW 或话路 HW 连接不正确。检查网层背板话路 HW 的对应关系。

（2）七号信令部分数据制作错误。检查七号信令数据制作。

（3）信令链路占用的中继电路时隙闭塞，解闭对应中继电路。

如果上述步骤都已检查并纠正完毕，七号链路仍然不能激活，可以采取下列措施。

（1）反复激活，激活方法：动态数据管理/No.7 管理/MTP3 中选择的链路，激活。

（2）复位相应单板。可在话务量小的时候，首先复位 DTI 板。如果问题仍不能得到解决，可考虑复位 STB 板、STB 板对应的 DSNI-C 和 DTI 对应的 DSNI-S 板。如果问题依旧，可考虑切换 T 网、MP。

（3）如果问题依旧。可重新制作七号链路数据，必要时可以改变链路占用的中继电路时隙。

（4）如果问题仍不能得到解决，在话务量小的时候传全部表，重启 MP，具体做法：先重启备用 MP，等其工作正常（工作在备用状态）；然后切换主用 MP 到备用状态；最后再重启原来为主用、现在为备用的 MP。

（5）经过上述步骤，问题应该得到解决。如果情况依旧，请删除所有相关数据，重新制作七号数据。

2. 现象：七号信令链路已被激活，话路闭塞

通常话路闭塞分两种情况：信令闭塞和出向中继闭塞，可以在动态数据管理中解闭。如果动态管理中显示信令解闭失败，则证明现象中所述七号信令链路已被激活是个假象，是假活。通常话路闭塞是由中继数据制作不正确和其他不明原因造成的。

解决办法：

（1）检查物理连线，确保物理连接正确。等待几分钟，信令激活到话路解闭常常要延迟一段时间。

（2）检查并修改中继数据。

（3）检查 CIC 是否与对端局一致。

（4）在话务量小的时候首先复位 DTI 板。

（5）如果问题仍不能得到解决，可将七号链路去激活，检查链路数据与交换局配置数据，然后激活信令链路。

（6）如果问题仍不能得到解决，传全部表，等两分钟，切换 MP。必要时，可考虑重启 MP。

6.6 总结与思考

1. 实训总结

请总结实训过程中出现的各种故障，已经排除故障中的的思考和收获。

2. 实训思考

（1）ZXJ10 选择出局路由链、出局路由组、出局路由、中继电路的方法分别是什么？

（2）什么情况下应该慎用信令跟踪？

第 7 章　PRA（30B+D）配置与管理实训

7.1　实训说明

ISDN 基群速率接口 PRA 是 ITU-TI.412 建议为用户-网络接口规定的两种 ISDN 接口结构之一，是用来满足大量通信需求的用户，例如用来支持具有 ISDN 功能的用户小交换机 PBX 或者 LAN 等，IP 语音业务（VoIP）经常采用大量的基群速率接口 PRA 和网关设备组网。

1. 实训目的

通过 PRA 实习自环和对接实习，掌握以下技能。

（1）PRA 中继数据配置。

（2）观察、判断 PRA 信令系统工作状态。

（3）使用 ISDN 信令分析工具进行信令跟踪和故障定位。

（4）比较 PRA 和 No.7 信令的不同。

2. 实训器材

（1）中兴数字程控交换机 ZXJ10 一台。

（2）中兴数字程控交换机后台服务器一台。

（3）客户端计算机若干。

（4）电话若干。

3. 实训时间

　4 学时

4. 实训项目描述

本实训要求在完成第 2 章和第 3 章的实训内容后，交换机已完成物理配置、用户数据配置，交换机已经能正常本局通信。在此基础上，硬件和软件上具备开通 No.7 信令的条件。

本次实训目的仍然是实现交换机与其他交换局对接，接测试，但区别是这些采用的中继是 PRA 中继，要求出局电话采用 PRA 中继相连的交换局，体验通信网中多种协议方式的互联互通的通信网的工程实训。

7.2 实训环境

（1）实验室网络环境搭建如图 7.1 所示。
（2）操作环境 ZXJ10、PC 维护台设备连接正常。
（3）ZXJ10 前台机架安装完成、物理配置完成、本局电话业务已开通。
（4）ZXJ10 后台维护系统 129 服务器和客户端安装完成。
（5）服务器能够连接到 ZXJ10 程控交换机。

7.3 实训规划

7.3.1 组网硬件规划

硬件组网图如图 7.1 所示。硬件接口规划表见表 7.1。

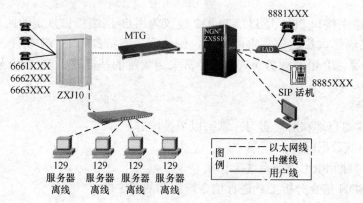

图 7.1　硬件组网图

表 7.1　　　　　　　　　　　　　　硬件接口规划表

接口类型	
硬件位置	

7.3.2 数据规划

1. 邻接局数据规划

邻接局数据规划见表 7.2。

表 7.2　　　　　　　　　　　　邻接局数据规划表

数据类型	实例参数说明		实训规划数据	
	本局	邻接局		
局向	0	1		
局名		Lingjie		

续表

数据类型	实例参数说明		实训规划数据	
	本局	邻接局		
局码	666	888		
信令点编码	1-1-1	2-2-1		
出局路由链组		1		

2. 中继数据规划—中继组—出局路由—路由组—路由链—路由链组

中继数据规划表见表7.3。

表7.3　　　　　　　　　　　　　　中继数据规划表

数据类型	规划取值	
	案例数据	实训数据规划
邻接局向	1	
中继组名称	ISDN	
信令方式	PRA	
中继组号	1	
分配的中继电路	62（1-5-6，PCM1，PCM2）	
D通道时隙	TS16，TS16	
出局路由组	1	
出局路由链	1	
出局路由链组	1	

7.4　实训流程

实训流程见表7.4。

表7.4　　　　　　　　　　　　　　实训流程

配置步骤	操　作	配置步骤	操　作
1	物理连线	5	号码分析数据制作
2	物理硬件PRA接口数据配置	6	自环号码变换数据配置
3	交换局配置	7	观察链路状态
4	PRA中继数据配置	8	ISDN信令跟踪

7.5　实训操作步骤和内容

本次实训要求已完成第2章和第3章的本局设备规划、物理硬件配置、单元配置、用户开通等，本局内部电话业务开通。而且对端交换机已经完成内部局业务开通，并做好对接数据准备；完成两局间的传输缆线连接，并进行物理测试，双方协调硬件接口等细节，其中本局和对端就都具有 No.7 的软硬件条件。

7.5.1 物理连线

首先将硬件规划中本局中继接口用于对接的 PCM 的"IN"与对端局用于对接的 PCM 的"OUT"可靠连接；本局用于对接的 PCM 的"OUT"与对端局用于对接的 PCM 的"IN"可靠连接。按硬件组网规划要求将交换机间的物理电缆正常连接。

7.5.2 物理硬件 PRA 接口数据配置

ZXJ10 使用数字中继板 DTI 提供 PRA 接口功能，每块 DTI 提供 4 个 PCM 的 PRA 接口。在配置 PRA 中继数据之前，需要准备好以下信息。物理硬件 PRA 接口数据配置见表 7.5。

7.5.3 交换局配置

如果本局数据和邻接局数据配置前面已经完成可以跳过本步，如果没有，可以参照下面进行配置。交换局配置见表 7.6。

表 7.5 物理硬件 PRA 接口数据配置

步骤	操 作
1	双方协商数据：本局是用户侧还是网络侧，本次实训本局采用的是用户侧，邻接局采用的是网络侧
2	规划中中继是采用 E1 口而不是 T1 口方式，D 通道占用的时隙 TS16，则本局和邻接局均要使用 TS16
3	在【数据管理→基本数据管理→物理配置→物理配置】界面中，选中规划中的数字中继单元，单击＜单元配置＞按钮，进入【单元配置】界面
4	选中规划中的数字中继单元 PCM1，进行＜子单元修改＞，将 PCM 初始化为 ISDN PRA 接口 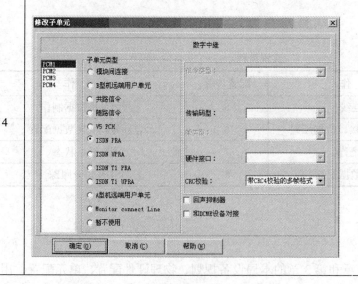 ● 子单元：PCM1 ● 子单元类型：ISDN PRA ● 传输码型：HDB3 ● 硬件接口：E1 ● CRC 校验：没 CRC 校验 ● 单击＜确定＞按钮

续表

步骤	操　作
5	为测试，本次实训可以先做自环测试，自环中邻接局选中其中数字中继单元 PCM2，进行＜子单元修改＞，将 PCM 初始化为 ISDN UPRA 接口 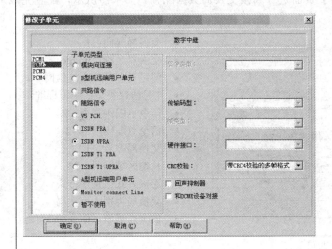 • 子单元：PCM2 • 子单元类型：ISDN UPRA • 传输码型：HDB3 • 硬件接口：E1 • CRC 校验：没 CRC 校验 • 单击＜确定＞按钮 **数字化中继 PRA 端口参数说明表** <table><tr><td>项　目</td><td>说　明</td></tr><tr><td>ISDN PRA</td><td>表示网络侧/E1 口方式</td></tr><tr><td>ISDN UPRA</td><td>表示用户侧/E1 口方式</td></tr><tr><td>ISDN T1 PRA</td><td>表示网络侧/T1 口方式</td></tr><tr><td>ISDN T1 UPRA</td><td>表示用户侧/T1 口方式</td></tr></table>

表 7.6　　　　　　　　　　　　　　　　交换局配置

步骤	操　作
1	本交换局配置：选择菜单【数据管理→基本数据管理→交换局配置】，在【交换局配置】界面的【本交换局】页面进行本交换局信令点配置数据。如下图所示，根据规划情况填写信令点类型。实验局信令点类型可随意选择，但实际通信网按网络规划填写 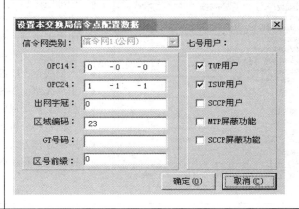 • OPC24：1-1-1 • 出网字冠：0 • 区域编码：23 • 七号用户：TUP 用户、ISUP 用户 • 单击＜确定＞按钮

步骤	操　作
2	邻接交换局的数据配置：选择【数据管理→基本数据管理→交换局配置】菜单，在【交换局配置】界面的【邻接交换局】页面进行邻接交换局数据配置。如下图所示，配置完成单击＜确定＞按钮即可 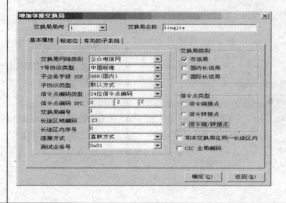 · 交换局局向：1 · 交换局名称：lingjie · 网络类型：公众电信网 · 7 号协议类型：中国标准 · 信令点编码类型：24 位 · 信令点编码：2-2-2 · 交换局编号：1 · 长途区域编码：23 · 连接方式：直连方式 · 交换局类别：市话局 · 信令点类型：信令端/转接点
3	配置完成单击＜确定＞按钮即可

7.5.4　PRA 中继数据配置

1. 增加中继电路组

增加中继电路组步骤见表 7.7。

表 7.7　　　　　　　　　　　　　　增加中继电路组

步骤	操　作
1	选择【数据管理→基本数据管理→中继管理】菜单，在【中继管理】界面选择【中继电路组】
2	选择【基本属性】子页面，单击＜增加＞按钮，进入【增加中继组】界面，如下图所示 · 模块号：2 · 中继组：1 · 中级组名称：ISDN · 中继组类别：双向 · 中继信道类别：PRA · 入局线路：DSS1 信令 · 出局线路：DSS1 信令 · 邻接交换局局向：1 · 入向号码分析子：1 · 中继选择方式：同抢 · 中级组名称：ISDN

续表

步骤	操 作
2	**中继组参数说明表** 表格如下： <table><tr><td>项 目</td><td>说 明</td></tr><tr><td>中继组类别</td><td>双向中继组</td></tr><tr><td>中继信道类别</td><td>PRA 中继</td></tr><tr><td>入局线路信号标志</td><td>DSS1 信令</td></tr><tr><td>出局线路信号标志</td><td>DSS1 信令</td></tr><tr><td>邻接交换局局向</td><td>1；即邻接交换局配置中所设</td></tr><tr><td>数据业务号码分析 选择子</td><td>0；汇接时如需要在出局路由上把数据业务和其他业务分开，可使用此分析子</td></tr><tr><td>入向号码分析选择子</td><td>1；对入向中继有效，该群入局呼叫时的号码分析子</td></tr><tr><td>主叫号码分析选择子</td><td>0；可以根据不同的主叫来寻找相应的号码分析子。不使用时填"0"</td></tr><tr><td>中继组的阈值</td><td>100</td></tr><tr><td>中继选择方法</td><td>需要和对方约定，通常采用循环方式/按同抢方式</td></tr><tr><td>名称描述</td><td>ISDN 根据个人记忆方便设置</td></tr><tr><td>区号</td><td>长途区号</td></tr><tr><td>区号长度</td><td>不填，自动填入</td></tr></table>

中继组参数说明表

项 目	说 明
中继组类别	双向中继组
中继信道类别	PRA 中继
入局线路信号标志	DSS1 信令
出局线路信号标志	DSS1 信令
邻接交换局局向	1；即邻接交换局配置中所设
数据业务号码分析选择子	0；汇接时如需要在出局路由上把数据业务和其他业务分开，可使用此分析子
入向号码分析选择子	1；对入向中继有效，该群入局呼叫时的号码分析子
主叫号码分析选择子	0；可以根据不同的主叫来寻找相应的号码分析子。不使用时填"0"
中继组的阈值	100
中继选择方法	需要和对方约定，通常采用循环方式/按同抢方式
名称描述	ISDN 根据个人记忆方便设置
区号	长途区号
区号长度	不填，自动填入

步骤 3

在【中继管理】界面中选择【标志位】子界面中，一般选默认即可，在不明白修改理由的情况下不要随便改动

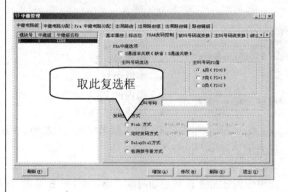

取此复选框

- 选中 PRA 发码控制
- 取消选中缺省的主叫号码复选框

D PRA 中继选项参数说明表

项 目	参数说明
D 通道非关联	该选项多用于海外版本，即当多个 PRA 中继使用一个共同的 D 通道时选用该选项，否则采用默认方式（D 通道关联） 选中 [D 通道非关联] 标志时，可使中继组的两条 D 通道变为主备用关系
主叫号码发送	定义用于设置发送主叫号码的方式，有一直发送、从不发送和正常发送 3 种方式，根据要求选择
主叫号码 PI 值	即限制主叫号码显示的设置，A 类表示允许提供、P 类表示限制提供、O 类表示地址不可用
默认的主叫号码	当对端为提供主叫号码时我局代为提供的主叫号码可以不设置

4	单击<增加>按钮，则完成了 PRA 中继组的创建

2. 分配中继电路

分配中继电路步骤见表 7.8。

表 7.8 分配中继电路

步骤	操 作
1	在【中继管理】界面选择【PRA 中继电路分配】子页面。选中上一步增加的中继组然后单击<分配>按钮，弹出 PRA 电路分配界面
2	在 PRA 电路分配界面中，【组内的 PRA 电路】为空，【供分配的 PRA 电路】如下图所示，现在将需要分配的电路加入中继组 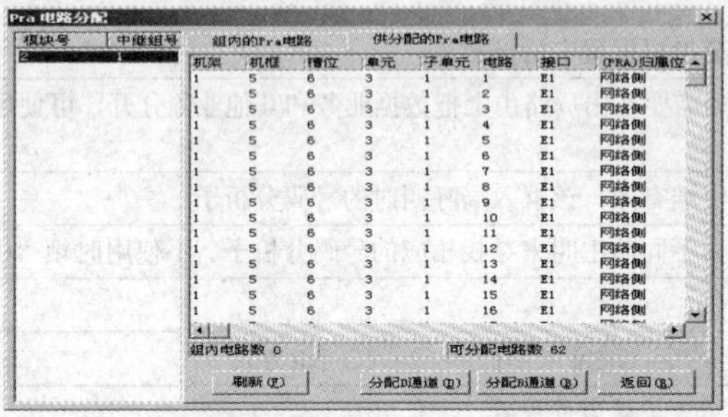 • 模块号：2 • 中继组号：1 • 组内的 PRA 电路：空 • 供分配的 PRA 电路：若干
3	分配时注意 B 通道和 D 通道要分别进行分配，其中 D 通道占用哪个时隙需要对接双方共同协商，本次为 TS16
4	在【供分配的 PRA 电路】界面中选中规划分配给 D 通道的时隙为 TS16，单击<分配 D 通道>按钮，即将规划的时隙映射到 D 通道的界面，如下图所示；因为自环测试，必须选中 PCM1、PCM2 的 TS16 均为 D 通道 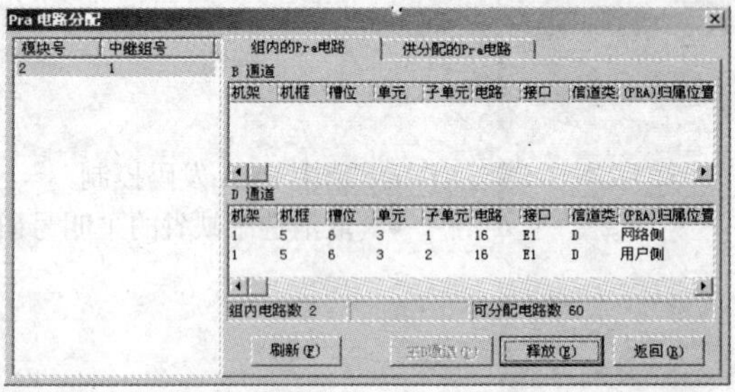 • 模块号：2 • 中继组号：1 • 组内的 PRA 电路 • D 通道：TS16 • PRA 归属位置：网络侧、用户侧
5	在【供分配的 PRA 电路】界面中选中规划分配给 B 通道的时隙，单击<分配 B 通道>按钮，即将规划的时隙映射到 B 通道的界面；因为自环测试，必须选中 PCM1、PCM2 的其他时隙均为 B 通道，让本局和邻接局时隙对应 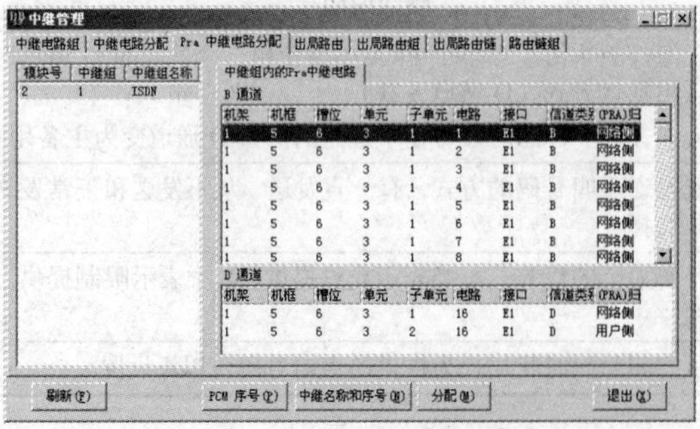 • 模块号：2 • 中继组：1 • 中继组名称：ISDN • B 通道：余下所有时隙 • PRA 归属位置：网络侧、用户侧
6	分配完成后则完成了 PRA 中继电路分配，单击<退出>按钮

3．增加出局路由

增加出局路由步骤见表 7.9。

表 7.9　　　　　　　　　　　　　　　增加出局路由

步骤	操　作
1	在【中继管理】界面选择【出局路由】页面，单击＜增加＞按钮，进入【增加出局路由】界面
2	系统顺序给出【路由编号】，根据数据规划此处选 1，选择【模块号】2，单击【中继组号】选择域的下拉箭头，选择刚才建立的中继组 1。如果自环可以进行出局号码流的变换 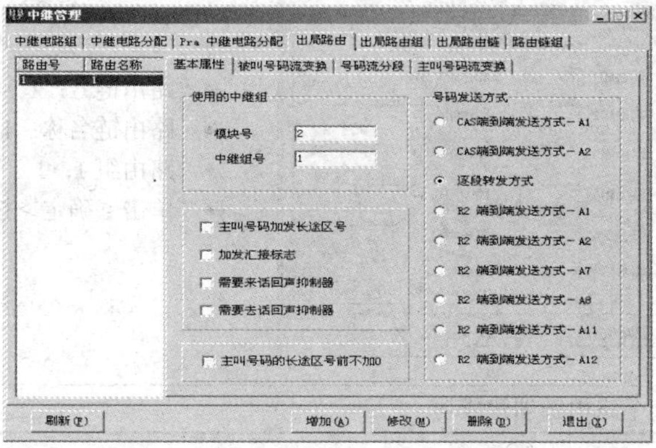 · 模块号：2 · 中继组号：1 · 路由号：1 · 路由名称：1
3	单击＜增加（A）＞按钮，则增加一条出局路由

4．增加出局路由组

增加出局路由组步骤见表 7.10。

表 7.10　　　　　　　　　　　　　　　增加出局路由组

步骤	操　作
1	选择【出局路由组】子页面，单击＜增加（A）＞按钮，进入【增加出局路由组】界面
2	系统顺序给出【路由组编号】根据规划选择 1。一个路由组最多由 12 个路由组成。在"路由号 1"的选择域点击下拉箭头，选择前面步骤增加的路由 1 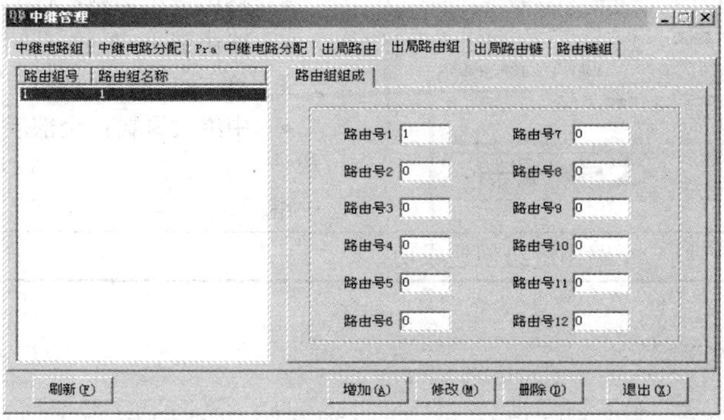 · 路由组号：1 · 路由组名称：1 · 路由号 1：1 · 单击＜确定＞按钮
3	单击＜增加（A）＞按钮，则一个路由组创建成功

5. 增加出局路由链

增加出局路由链步骤见表 7.11。

表 7.11 增加出局路由链

步骤	操　作
1	选择【出局路由链】子页面，单击＜增加（A）＞按钮，进入增加【出局路由链】界面
2	系统顺序给出【路由链编号】为 1，一个路由链最多由 12 个路由组组成。在【路由组 1】的选择域单击下拉箭头，选择前面步骤增加的路由组 1 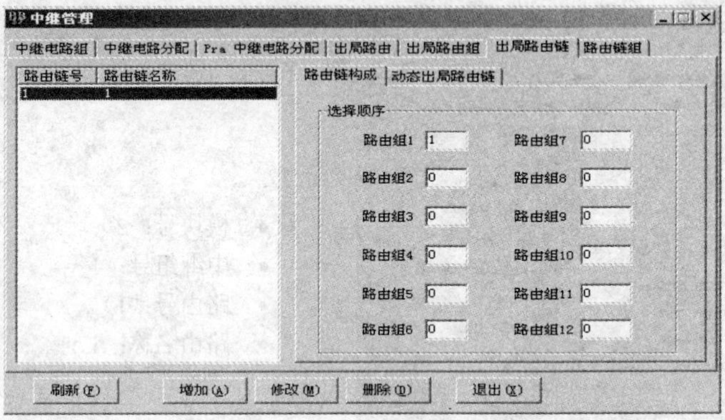 ● 路由链号：1 ● 路由链名称：1 ● 路由组 1：1 ● 单击＜确定＞按钮
3	单击＜增加（A）＞按钮，则一个路由链创建成功

6. 增加路由链组

增加路由链组步骤见表 7.12。

表 7.12 增加路由链组

步骤	操　作
1	选择【路由链组】子页面，单击＜增加（A）＞按钮，进入【增加路由链组】界面
2	系统最大支持 512 个出局路由链组，此处选择【路由链组】为 1，一个路由链组最多由 20 个路由链组成。在【路由链 1】的选择域单击下拉箭头，选择前面步骤增加的路由链编号 1 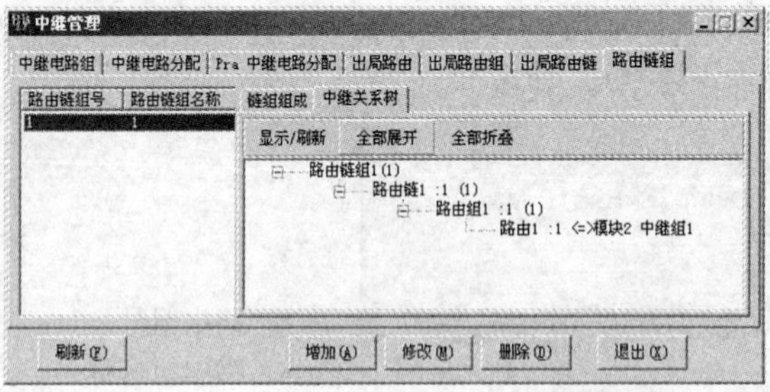 ● 路由链组号：1 ● 路由链组名称：1 ● 路由链 1：1 ● 单击＜确定＞按钮 ● 中继关系树：全部展开
3	单击＜增加（A）＞按钮，则一个路由链组创建成功

7.5.5　号码分析数据制作

当我们把中继数据配置完成后，将交换机的 E1 接口和传输设备对接起来，同时把网管计算机的数据上传到交换机中，我们就可以拨电话测试了。如果本局呼叫和出交换局的呼叫均能成功，则表示我们的任务完成；如果拨打号码为"空号"，这表示你的号码分析完成，交换机认为你拨打的电话为空号，则补做以下内容。号码分析数据配置步骤参见6.5.6 步号码分析操作。

7.6 总结与思考

1．实训总结

总结实习过程中出现出现的各种故障，已经排除故障中的思考和收获。

2．实训思考

（1）比较 No.7 和 ISDN 的区别；

（2）进行 ISDN 信令跟踪分析。

第二篇

NGN 网络软交换组合实训

第**8**章 认识软交换网络体系架构实训

8.1 实训说明

实训目的：通过本单元实习，熟练掌握以下内容。

（1）掌握 NGN 以及软交换网络的基本概念。

（2）掌握软交换网络的体系架构。

（3）掌握软交换网络中的协议体系。

（4）掌握中兴 SS1 软交换设备基本功能，软、硬件结构及工作原理。

8.2 NGN 与软交换

下一代网络（next generation network, NGN）是一个内涵广泛的概念，针对不同的技术专业可以赋予不同的含义。从广义来讲，下一代网络泛指一个不同于现有网络，大量采用当前已经公认的新技术，可以提供语音、数据及多媒体业务，能够实现各种网络终端用户之间的业务互通及共享的融合网络；从狭义来讲，下一代网络特指以软交换设备为控制核心，能够实现业务与控制、接入与承载彼此分离，各功能部件之间用标准的协议进行互通，兼容各业务网（PSTN 网、IP 网和移动网等）技术，能够提供丰富的用户接入手段，支持标准的业务开放接口，以便第三方可以独立于网络开发业务，采用统一的分组网络进行传送，能够实现语音、数据及多媒体业务开放的、分层的体系架构。所以，下一代网络不是简单的交换设备的更新，它所涉及的不是某一单项节点技术和网络技术，而是整个网络框架，是一种整体网络的解决方案。

本书依托中兴通讯股份有限公司基于软交换网络——系列产品及解决方案，主要介绍狭义上的"NGN"，即软交换网络。

8.3 软交换体系架构

传统程控交换一直采用电路交换的方式，电路交换是最早和最传统的交换技术，PSTN通话双方从开始通话到通话完毕，一直占用一条具有固定带宽的电路。并且在电路的建立和释放的过程中都有相应的信令和协议。电路交换方式实时性强，时延小，有 QoS 保证，交换设备成本较低，但缺点是网络的带宽利用率不高。

随着现代通信技术的发展，PSTN 面临着移动通信和 IP 网络电话的激烈竞争，PSTN 网络面临着以下几个问题。

（1）对增值业务的支持日益显出力不从心。

（2）对多媒体业务实现困难、运营维护管理要求高。

（3）投资收益正在下降。

对于运营商来说，由于同时维护数据网和 PSTN 网，网络分离、运维分立，使得网络的整体运维成本居高不下，而且难以提供逻辑功能强大的融合业务。

运营商的网络建设必须要考虑资源利用以及投资效率的问题，一方面要紧跟最新技术，另一方面，要尽量利用已有技术和资源，在尽量不涉及大规模网络改造的前提下，经济、迅捷地为用户提供大量业务，以实现利润的最大化。

以 Internet 技术为代表的分组网络，以开放的架构、低廉的成本以及庞大的规模等优势构建基于 IP/ATM 的 VoIP 语音和多媒体网络成为下一代融合网络的基础架构，在现有分组网的基础上构建下一代网络已是业界共识。面对严峻的市场形式，固网运营商纷纷开始对现有的 PSTN 网络进行改造。目前有两种主要改造方式，一种是在 PSTN 的基础上，进行网络智能化改造，希望能够在 PSTN 网络上提供更多的智能业务；另外一种就是向 NGN 网络转型，NGN 网络采用了业务、呼叫控制、承载层三者分离的网络模式。以分组承载网络为基础，接入现有 PSTN 网络成为运营商网络改造的主要模式，图 8.1 所示为语音、数据、多媒体三网合一的下一代网络。

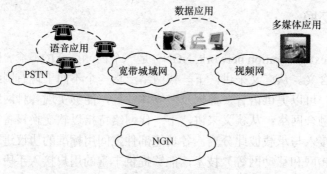

图 8.1 三网合一的 NGN 网络

因此，从现有网络向下一代网络平滑过渡的方案成为解决问题的关键，基于软交换技术的 SoftSwitch 解决方案就是解决网络平滑演变的一种主流方案。

软交换网络是一个可以同时向用户提供语音、数据及视频等业务的开放的网络，它采用功能模型分层的体系架构，从而对各种功能做不同程度的集成，使得业务与控制、控制与承载分离开来，通过各种接口协议，使业务提供者可以非常灵活地将业务传送和控制协议结合起来，实现业务融合和业务转移，非常适合于不同网络并存互通的需要，也适用于语音网络向多业务和多媒体网的演进。

软交换网络一共分为 4 层，从下往上依次为接入层、承载层、控制层和业务层，如图 8.2 所示。不同的设备制造商在开发自己的 NGN 网络产品的时候，都是围绕着这个网络模型进行的，层与层之间采用标准的协议互通，随着这些标准协议的成熟，不同厂家的产品能够容易地互通。运营商在选择产品的时候能有更多的选择余地，这也促进了 NGN 网络产品的开发竞争，有利于技术的发展。

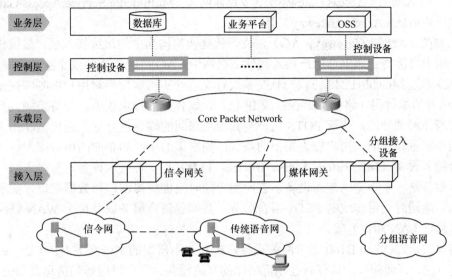

图 8.2　下一代网络的标准体系架构

8.4　各层功能

8.4.1　接入层

接入层主要指与现有网络相关的各种接入网关和新型接入终端设备，完成与现有各种类型的通信网络的互通并提供各类通信终端（如模拟话机、SIP Phone、PC Phone 可视终端、智能终端等）到 IP 核心层的接入。接入层的主要设备有 MSG 9000、MSG 7200、MSG 5200、IAD、SIP phone、BGW、Vedio Phone 等。

接入层的设备作为分离的网元设备独立发展，它的功能、性能、容量都可以灵活设置，以满足不同用户和环境的需要。

信令网关（Signaling Gateway，SG），它的作用是通过电路与 No.7 信令网相连，将窄带的 No.7 信令转换为可以分组网上传送的信令，并传递给控制层设备进行处理。目前主要指 No.7 信令网关设备，传统的 No.7 信令系统是基于电路交换的，所有应用部分都是由 MTP 承载的，在软交换体系中则需要由 IP 来承载。

中继网关（Trunking Gateway，TG），它的作用是一侧与传统电话网的交换局相连，另一侧与分组网相连，通过与控制层设备配合，在分组网上实现语音业务的转换和传送。它是 NGN 解决方案的重要组成部分，它位于 NGN 网络的边缘接入层，连接 PSTN 和 NGN 网络，实现 IP 包转 TDM 的功能。

媒体网关（Media Gateway，MGW），一个连接不同类型网络的单元，完成媒体流的转换处理功能。执行全异网络之间的转换，例如 PSTN 基于 IP 或 ATM 的数据网络；2.5G 和 3G 网络等。媒体网关由一个媒体网关控制器（也叫做呼叫代理或软交换机）控制，它提供呼叫控制和信令功能。媒体网关和呼叫代理之间的通信依靠一些协议完成，例如 MGCP 或 Megaco 或 H.248。按照其所在位置和所处理媒体流的不同可分为中继网关（Trucking Gateway）、接入网关（Access Gateway）、多媒体网关（Multimedia Service Access Gateway）、无线网关（Wireless Access Gateway）等。

接入网关（Access Gateway，AG），位于软交换架构当中的边缘接入层，提供模拟用户线接口，用于直接将普通电话用户接入到软交换网中。AG 放置于小区或企业数据网接入侧，AG 或 IAD 通过 MGCP/H.248 协议与软交换进行交互，实现软交换对用户的呼叫控制，同时 AG 实现语音的编解码（将模拟语音打成 IP 包）、媒体流的打包压缩、静音检测、基本的放音收号等媒体网关功能，实现 POTS 用户与其他用户间的媒体流互通。采用 AG 作为接入方式，适用于容量较大的，用户较为集中的场合，如密集的小区和企业的语音接入。

综合接入设备（Integrated Access Device，IAD）是一种接入设备，与接入网关相比，综合接入设备是一个小型的接入设备，它向用户同时提供模拟端口和数据端口，实现用户的综合接入。能同时交付传统的 PSTN 语音服务、数据包语音服务以及单个 WAN 链路上的数据服务（通过 LAN 端口）等。

宽带网关，ZXSS10 B100 宽带网关设备，ZTE 自主研发的宽带网关 B100 是一款组网灵活、安装方便、开通简单，具有高性能价格比的互通设备，它可以缓解当前运营商公网 IP 地址资源严重不足的组网难题。运营商业务网采用公网 IP 地址（即 Softswitch 控制设备、网关设备、业务服务器等配置为公网 IP 地址），用户驻地网采用私网 IP 地址（即 Softswitch 系统用户终端接入设备配置为私网 IP 地址）。

IP 终端，目前主要指 H.323 终端和 SIP 终端两种，如 IP PBX、IP Phone、PC 等。

8.4.2　承载层

承载层是 NGN 统一的业务传送平台，是一个基于 IP/ATM 的分组交换网络，是软交换网络的承载基础。软交换体系网络通过不同类型的网关将各种不同种类的业务媒体转换成统一格式的 IP 分组或 ATM 信元，利用 IP 路由器或 ATM 交换机等骨干传输设备，由分组交换网络实现传送。所以承载层既要满足未来语音、视频和数据通信业务的需求，又要保证数据通信的可靠性，又要向视频等实时业务提供 QoS 保证。承载层设备主要由 IP 路由器或宽带 ATM 交换机等骨干传输设备组成。以 IP 网作为软交换体系的承载网成为发展的趋势。

8.4.3　控制层

控制层是整个软交换网络架构的核心，主要指软交换控制设备，即 SS（SoftSwitch 软交换制控单元）。完成基本的实时呼叫控制和连接功能，支配网络资源，进行业务流的处理，并能够提供开放的、标准的接口和协议。

软交换主要功能有：完成呼叫的处理控制、接入协议适配、业务接口提供、互连互通等综合控制处理功能，提供全网络应用支持平台。控制层主要设备：SS1A/1B。

8.4.4　业务层

软交换网络采取业务与控制相分离的思想，将业务相关的部分独立出来，形成业务层。应用服务器提供 API，运营商、业务开发商、用户可以通过标准化的接口，开放各种实时性业务，而不用考虑承载业务的网络形式、终端类型，以及所采用的协议细节。业务层为网络提供各种应用和服务，提供面向客户的综合智能业务，提供业务的客户化定制。业务层主要设备有 SHLR、APP Server、NMS、SCP、AAA Server。

其中，层与层之间通过标准接口进行通信，在核心设备 SoftSwitch 软交换控制设备的控制下，相关网元设备分工协作，共同实现系统的各种业务功能。

8.5　典型概念设备介绍

8.5.1　节点的概念

节点是指 IP 网络中与本 SS 系统有关的网关设备，主要包括以下 3 种：本 SS 所控制的各个媒体网关设备，如 AG、TG 等；网络上可达的有连接关系的其他 SS；有关的信令网关 SG。

8.5.2　簇的概念

网关簇是具有某些相同属性的网关节点的集合，主要应用于网关容量偏小，从而造成节点过多，系统难以管理的情况。在划分网关簇时需遵循以下规则。

（1）同一个网关簇中的网关节点应具有相同的设备类型。

（2）同一个网关簇中的网关节点应处于同一个网络中。

（3）整个网关簇的容量要适中，不能过大。

对于 AG，TG 等容量比较大的网关来说，其本身可以作为一个簇，而对于 Softswitch 的综合接入设备（Integrate Access Device，IAD）等小容量的网关，需要多个网关节点来构成一个簇。

一个簇的容量大小是依据系统协议处理板（System Protocol Control，SPC）的处理能力确定的，SPC 负责进行各类协议的处理转换，并将维护信息上报 SC 或从 SC 接收控制信息。在建立簇时通过配置簇与处理板的关系，使得相应的 SPC 处理相应的簇，这个簇的容量将会和 SPC 的处理容量有关。

8.5.3　软交换控制域的概念

SS 控制域是指本 SS 系统和所有受控设备组成的域。由于软交换基于 IP 网络，所以，SS 的呼叫方向分为本 SS 内呼叫；中继出 SS 呼叫；IP 出 SS 呼叫。

8.5.4　逻辑处理板编号的概念

逻辑处理板编号（Logical Sequence，LSQ），LSQ 是由系统统一配置给每块处理板的一个逻辑号，LSQ 计算公式为：LSQ=40×（机框号-1）＋槽位号。例如，第二框 3 号槽位 SPC 板的逻辑板号是 43。

8.5.5　模块号的概念

模块号是 SS 内部设计时的一些内部变量。在 ZXSS10 SS1B 中，一块单板即为一个模块。模块的计算公式为：SC 的模块号是 0，备用 SC 板没有模块号，其他单板的模块号等于其板位号减 2。如果是多框级联情况，从框的模块号为 40×（机框号-1）＋槽位号-2。

8.6 软交换典型协议

国际多个组织对软交换及协议的研究工作一直起着积极的主导作用，这些软交换协议将规范整个软交换的研发工作，使产品使用共同标准协议，实现软交换提供一个标准、开放的系统结构，下面对几个主要软交换部分典型协议做一个简单介绍。

8.6.1 媒体网关控制协议

媒体网关控制协议（MGCP）是由 IEFT 提出来的，是最早的媒体网关控制协议，应用在媒体网关和 MGCP 终端与软交换设备之间，用于完成软交换对各种 MG 的控制，处理软交换与媒体网关的交互，控制媒体网关或 MGCP 终端上的媒体/控制流的连接、建立、释放。

MGCP 协议可以说是一个比较成熟的软交换协议，协议的内容与 MEGACO 协议比较相似，后被 H.248/MEGACO 协议所取代。

8.6.2 H.248/MEGACO

H.248 和 MEGACO 协议均称为媒体网关控制协议，应用在媒体网关和 H.248/MEGACO 与软交换设备之间。两个协议的内容基本相同，只是 H.248 是由 ITU 提出来的，而 MEGACO 是由 IEFT 提出来的，且是双方共同推荐的软交换协议。

H.248 协议继承了 MGCP 所有的有点，并在业务提供高可靠性、QoS、维护等方面进行很多改进；用于传递软交换对媒体网关的各种行为，如业务接入、媒体转换、会话连接等进行控制和监视的消息。为了更好地描述软交换对 MG 的控制，H.248 引入了网关连接模型。

H.248/MEGACO 它们引入了 Termination（终端）和 Context（关联）两个抽象概念。在终端中，封装了媒体流的参数和承载能力参数，而 Context 关联则表明了在一些终端之间的相互连接关系，H.248/MEGACO 通过 Add、Modify、Subtract、Move 等 8 个命令完成对终端和关联之间的操作，从而完成了呼叫的建立和释放。

8.6.3 会话初始协议

会话初始协议（SIP）是 IETF 提出的在 IP 网上进行多媒体通信的应用层控制协议，以 Internet 协议（HTTP）为基础，遵循 Internet 的设计原则，基于对等工作模式。利用 SIP 可实现会话的连接、建立和释放。SIP 如果与 SDP 配合使用，可以动态地调整和修改会话属性。

在软交换系统中，SIP 主要应用于软交换与 SIP 终端之间，也有的厂家将 SIP 应用于软交换与应用服务器之间，提供基于 SIP 实现的增值业务。总的来说，SIP 协议主要应用于语音和数据相结合的业务以及多媒体业务之间的呼叫建立与释放。

8.6.4 SCTP

SCTP 是由 IETF 提出的一种关于流控制传送协议。为在 IP 网上传输 PSTN 信令消息而设计的一种面向连接的可靠传输协议，与 TCP、UDP 处于同层位置，该协议可以在 IP 网上提供可靠的数据传输，SCTP 可以在确认方式下，无差错、无重复地传送用户数据。把多个用户的消息复制到 SCTP 的数据块中，利用 SCTP 偶连的机制来保证网络级的部分故障自处理，SCTP 还具有避免拥塞和避免遭受匿名攻击的特点，SCTP 协议在软交换中起着控制软交换协议的主要承载者的作用。

8.6.5　SIGTRAN

信令传输适配协议简称 SIGTRAN 协议，是将在传统的电路交换网中传送的信令消息转换成在 IP 网络上传送的信令消息时所用的适配协议的总称。它支持标准的原语接口，不需要对现有的电路交换网络中信令的应用部分进行任何修改，从而保证已有的电路交换网络的信令应用可以不必修改而直接使用。主要的 SIGTRAN 协议包括 No.7 信令的传输层协议 SCTP 及适配协议：M2PA、M2UA、M3UA、SUA/IUA/V5UA 等。

以上协议中，MGCP、H.248/MEGACO、SIP、SCTP、SIGTRAN 协议是软交换网络中几个典型协议，主要传送的均是控制类信息，不包含任何用户之间的通信信息。媒体网关和媒体网关之间采用 RTP/IP 通信，RTP/IP 传送的则是用户之间的通信信息。

8.7　总结与思考

1．实训总结

请描述您本单元实习的收获。

2．实训思考

（1）软交换分层结构，其中软交换起什么作用；

（2）普通的模拟用户可以通过哪些方式接入软交换网络；

（3）软交换网络和电路交换网络区别有哪些？

（4）下一代网络有什么优点；

第9章 认识 ZXSS10 软交换设备硬件结构

9.1 实训说明

通过本单元实习,熟练掌握以下内容。

(1) 了解 ZXSS10 SS1a/1b 软交换控制设备系统结构、工作原理及功能。

(2) 掌握软交换控制设备单板的种类及结构。

(3) 掌握各类电路板的功能原理、面板等内容。

9.2 ZXSS10 系统架构

ZXSS10 系统是中兴通讯公司提供的软交换网络的解决方案,包含了中兴公司的软交换网络各功能层的系列产品及相关的组网、业务实现等解决方案。ZXSS10 是一个开放的、标准化的软件系统,能够在开放的计算机平台上执行分布式通信功能,能够合成语音、数据和视频,并在此基础上提供综合网络业务。典型设备有 ZXSS10 SS1a/b。

ZXSS10 SS1a/1b 软交换控制设备是中兴软交换系统中的核心控制设备,其中 ZXSS10 SS1a 是中等容量的软交换控制设备,可以提供十万数量级的用户处理能力;ZXSS10 SS1b 是大容量的软交换控制设备,可以提供百万数量级的用户处理能力。ZXSS10 SS1a/1b 均为电信级的产品,在可靠性、可用性等方面充分满足电信运营的要求。

ZXSS10 SS1a/b 设备,主要完成呼叫控制、媒体网关接入控制、资源分配、协议处理、路由、认证、计费等主要功能。

9.3 软交换核心控制设备——ZXSS10 SS1a

1. ZXSS10 SS1a 机框结构

ZXSS10 SS1a 是一款中等容量的软交换控制设备,可以提供十万数量级的呼叫处理能力;ZXSS10 SS1a 机框采用 19″ 标准 4U 插箱,高度为 4U。插箱结构为前后对插方式。这种方式可以将连有线缆的接口板从后面插上背板,避免了前走线方式。整个插箱由标准插箱、PCB 插板,电源插箱等部分组成;提供 6 个横卧插板的板位,12 块单板可前后对插在同一块厚3.2mm 的背板上。插箱前视图如图 9.1 所示,后视图如图 9.2 所示。

图 9.1　SS1a 机框前视图

图 9.2　SS1a 机框后视图

外形尺寸为：482.6mm×175mm×466mm（宽×高×深），重 21.5kg。

2．机框配置

ZXSS10 SS1a 机框的背板是 BSSA，安装于机框的中间，两面均可插入单板。

可装配的单板有：●SC　●SPC　●NIC　●TIC　●SSN　●SSNI，具体电路板英文简称与名称对照见表 9.1。

表 9.1　　　　　　　　　电路板英文简称与名称对照表

电路板英文简称	电路板名称	电路板英文简称	电路板名称
SC	系统控制板	SSNI	系统交换接口板
SPC	系统协议处理板	SPWAP	SS1a 馈电盒
NIC	网络接口板	SPWAF	SS1a 风扇盒
TIC	传输接口板	SPOWA	SS1a 电源板
SSN	系统交换板	SPOWB	SS1b 电源盒

插箱中各单板的板位示意图如图 9.3 和图 9.4 所示。除了以上所述的单板外，SPWAL、SPWAR、SPWAP、SPWAF 组成了 SS1a 机框的电源系统。SPWAL 和 SPWAR 为电源插箱，SPWAP 为馈电盒，SPWAF 为风扇盒。

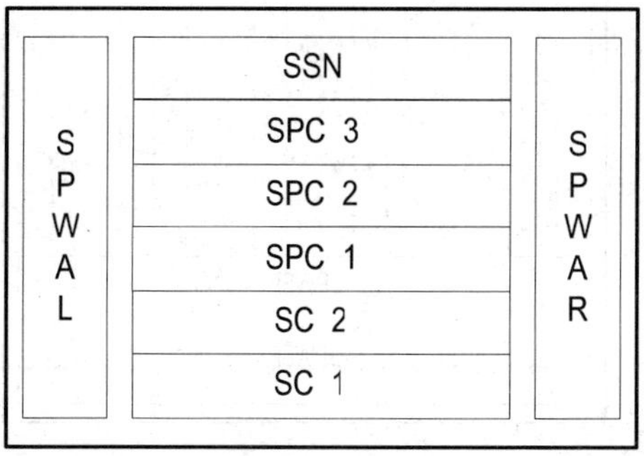

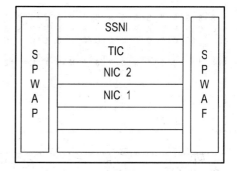

图 9.3　ZXSS10 SS1a 板位图（4U 插箱，正面）

图 9.4　ZXSS10 SS1a 板位图（4U 插箱，背面）

9.4　软交换核心控制设备——ZXSS10 SS1b

1．ZXSS10 SS1b 机框结构

ZXSS10 SS1b 采用 19 " 标准 12U 插箱，高度为 12U。整个插箱由标准插箱整件、PCB

插板、两个电源插箱、电源分配盒、风扇盒组成；提供 17 个板位，27 块单板前后对插在同一块厚 4.8mm 的背板上。

插箱前视图如图 9.5 所示，插箱后视图如图 9.6 所示。

外形尺寸为：482.6mm×531mm×545mm（宽×高×深），重 56kg。

图 9.5　12U 插箱前视图

图 9.6　12U 插箱后视图

2. 机框配置

ZXSS10　SS1b 软交换控制设备 12U 插箱中的单板采用符合 CompactPCI 标准、高度 6U、板位间距为 25.4mm 的插件。单板插件的具体内容请参考电路板部分的内容。ZXSS10 SS1b 机框的背板是 BSSB，可装配的单板有：●SC　●SPC　●NIC　●TIC　●SSN　●SSNI；

板位示意图如图 9.7 和图 9.8 所示，除了以上所述的单板外，SPWOB、SPWBP、SPWBF 组成了 SS1a 机框的电源系统。SPOWB 为电源插箱，SPWBP 为电源分配盒，SPWBF 为风扇盒。

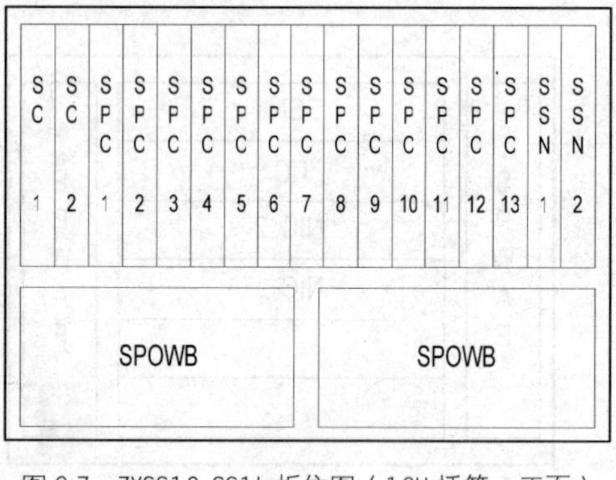

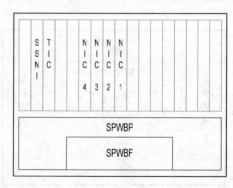

图 9.7　ZXSS10 SS1b 板位图（12U 插箱，正面）

图 9.8　ZXSS10 SS1b 板位图（12U 插箱，背面）

机框一般配置情况见表 9.2。

表 9.2　　　　　　　　　　　　　　　　机框配置表

槽位号	板类型	备份方式	配置说明	单板功能
1	SC	1+1 备份	必配	系统控制板。控制其他单板，实现与后台的信息交互
2	SC	1+1 备份	必配	系统控制板。控制其他单板，实现与后台的信息交互

续表

槽位号	板类型	备份方式	配置说明	单板功能
3	SPC	N+1 备份	选配	协议处理板。进行各种协议的处理转换
4～15	SPC	N+1 备份	选配	协议处理板。进行各种协议的处理转换
16	SSN	无	必配	系统交换板。为系统提供以太网交换平台
17	SSN	无	必配	系统交换板。为系统提供以太网交换平台
26～29	NIC	1+1 备份	必配	网络接口板。提供对外的以太网接口，具有路由功能
32	TIC	无	必配	传输接口板。提供与系统内连接的各类接口
33	SSNI	无	必配	系统交换接口板。进行以太网信号转接，提供与系统内部以太网相连的接口
—	SPOWB	1+1 备份	必配	电源盒。插箱方式，为系统提供+3.3V 和+5V 电源
—	SPOWB	1+1 备份	必配	电源盒。插箱方式，为系统提供+3.3V 和+5V 电源
—	SPWBP	自备份	必配	电源分配盒。接入两路-48V 电源，提供滤波保护
—	SPWBF	无	必配	风扇盒。提供通风

SS1b 机框满配置时 SC 为 2 块，与 SC 配合使用的 SCI 为 2 块，SPC 为 13 块，NIC 为 4 块，SSN 为 2 块，SSNI、TIC 各 1 块。

9.5　实验室机框实物图

下面两个图片是实验室机框图，通过网管界面进入，可以看到机框配置——前板图，如图 9.9 所示，若需要查看第一框背板图，请单击＜背板图＞按钮，背板图界面，如图 9.10 所示。

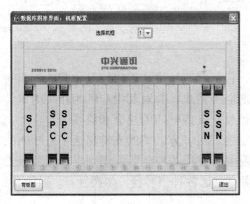

图 9.9　机框配置——前板图

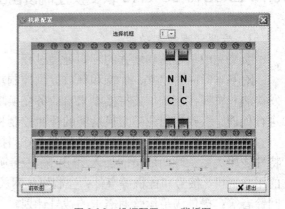

图 9.10　机框配置——背板图

9.6　ZXSS10 SS1b 内部连接原理

ZXSS10 SS1b 背板 BSSB 板为系统各单板提供+3.3V 和+5V 电源，以及一套内部以太网总线和热插拔控制总线、485 总线到各单板，如图 9.11 所示。内部以太网总线是各单板之间通信和数据交换的主要通道，也是系统控制板 SC 控制其他单板的主要信息通道。热插拔控制总线为系统控制板 SC 监控系统其他单板在位、上电、复位等状态的通道。485 总线为系统控制板 SC 提供了一条辅助的通信控制通道。

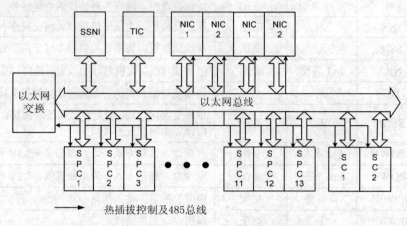

图 9.11 ZXSS10 SS1b 背板信号连接原理图

　　ZXSS10 SS1b 机框采用单板前后插的方式，背板不直接提供对外的接口，系统的所有接口都由后插板提供。电路板是指能够完成某种特定功能的集成电路板。ZXSS10 SS1a/1b 机框的单板种类相同，具体电路板名称参见表 9.1。
　　以上单板都插在机框的背板上。SC 板和 SCI 板需要配合使用，对应槽位的 SC 板和 SCI 板结合使用，当使用 SSC 板时，系统中不需要 SCI 板，系统中所有电路板都支持热插拔。

9.7 ZXSS10 SS1a/1b 软交换控制设备的主要功能

　　1. 呼叫处理控制功能
　　负责完成基本的和增强的呼叫处理过程。
　　对基本呼叫的建立、保持和释放提供控制功能，包括呼叫处理、连接控制、智能呼叫触发检测和资源控制等。支持接收来自业务交换功能的监视请求，并对其中与呼叫相关的事件进行处理。接收来自业务交换功能的呼叫控制相关信息，支持呼叫的建立和监视。
　　支持基本的两方呼叫控制功能和多方呼叫控制功能，对多方功能的支持包括多方呼叫的特殊逻辑关系、呼叫成员的加入/退出/隔离/旁听以及混音过程的控制等。识别媒体网关报告的用户摘机、拨号和挂机等事件；控制媒体网关向用户发送各种信号音，如拨号音、振铃音、回铃音等；提供满足运营商需求的拨号计划。
　　ZXSS10 SS1a/1b 软交换控制设备与信令网关配合，完成整个呼叫的建立和释放功能。ZXSS10 SS1a/1b 软交换控制设备可以直接与 H.248 终端、MGCP 终端、SIP 客户终端、H.323 终端和 NCS 终端进行连接，提供相应业务。
　　当 ZXSS10 SS1a/1b 软交换控制设备位于 PSTN/ISDN 本地网时，具有本地电话交换设备的呼叫处理功能。当软交换控制设备位于 PSTN/ISDN 长途网时，具有长途电话交换设备的呼叫处理功能。

2. 接入协议适配功能

负责完成各种接入协议（信令）的适配处理过程。

ZXSS10 SS1a/1b 软交换控制设备是一个开放的、多协议的实体，采用标准协议与各种媒体网关、终端和网络进行通信，这些协议包括 H.248，SCTP，ISUP/IP，TUP/IP，INAP/IP，H.323，NCS，RADIUS，SNMP，SIP，M3UA，MGCP，SIP-T，Q.931，V5UA，IUA，BICC 等。

3. 业务提供/接口功能

负责完成向业务平台提供开放的标准接口。

ZXSS10 SS1a/1b 软交换控制设备可以提供 PSTN/ISDN 交换机提供的业务，包括基本业务和补充业务；可以与现有智能网 SCP 配合提供现有智能网提供的业务；可以与应用服务器合作，提供多种增值业务。

ZXSS10 SS1a/1b 提供与智能网的标准 INAP 接口；提供与应用服务器的接口，便于第三方业务提供商的业务开发。

4. 互连互通功能

负责完成与其他对等实体互连互通。

ZXSS10 SS1a/1b 软交换控制设备负责与其他对等实体互连互通。ZXSS10 SS1a/1b 软交换控制设备通过信令网关实现分组网与现有七号信令网的互通。ZXSS10 SS1a/1b 软交换控制设备通过信令网关与现有智能网互通，可以为用户提供多种智能业务。对于智能业务所需要的 IVR 等功能，由 ZXSS10 SS1a/1b 软交换控制设备控制的 Media Server 和媒体网关实现。

通过 ZXSS10 SS1a/1b 软交换控制设备中的互通模块，采用 H.323 协议与现有 H.323 体系的 IP 电话网互通；提供 IP 网内 H.248 终端、MGCP 终端、H.323 终端、SIP 终端之间的互通；采用 SIP 协议与未来 SIP 网络体系互通；采用 SIP-T 协议实现软交换控制域之间互通互连；采用 V5 协议与中继网关配合可以接入接入网。

5. 应用支持功能

负责完成计费、认证、操作维护等功能。ZXSS10 SS1a/1b 提供计费、认证、操作维护等应用支持功能。

ZXSS10 SS1a/1b 软交换控制设备本身不提供计费系统，它只负责生成呼叫详细记录（CDR）或计次表话单，每次通话结束即可以输出相应的计费数据，对于长时间通话还可以在通话中输出计费数据。

ZXSS10 SS1a/1b 软交换控制设备可以通过标准协议与计费中心连接，传送计费数据，即 CDR。其中，对于普通业务，计费中心可以采用 FTP 协议定时采集软交换设备提供的计费数据，定时数据采集的最小周期为 5min。对于记账卡或预付费业务，软交换控制设备采用 Radius 协议向计费中心实时传送计费数据，并具有实时断线的功能。

ZXSS10 SS1a/1b 软交换控制设备可以与营账系统之间通过标准的 XML 接口或 MML 接口传送用户开户、销户、业务属性修改等用户信息。ZXSS10 SS1a/1b 软交换控制设备支持对用户和网关设备进行接入认证功能，防止非法用户/设备的接入。

ZXSS10 SS1a/1b 软交换控制设备提供完善的操作维护功能，支持本地维护管理；另外，ZXSS10 SS1a/1b 软交换控制设备支持基于 SNMP 的网管机制，支持远程的集中网络管理，可以与系统的其他网元设备一起纳入网管中心进行统一管理。

6. 地址解析功能

负责完成 E.164 地址至 IP 地址的转换，提供地址解析功能。

ZXSS10 SS1a/1b 软交换控制设备负责完成 E.164 地址至 IP 地址的转换，提供地址解析功能。

7. 语音处理功能

负责控制媒体网关采用的语音编码方式、回声抵消、语音缓存区等。

ZXSS10 SS1a/1b 软交换控制设备可以控制媒体网关，确定是否采用语音压缩，并提供可以选择的语音压缩算法，如 G.711，G.723，G.729。ZXSS10 SS1a/1b 软交换控制设备可以灵活控制媒体网关，确定是否采用回声抵消技术。

ZXSS10 SS1a/1b 软交换控制设备还可以灵活调节媒体网关语音包缓存区的大小，减少抖动对语音质量的影响。

8. 资源控制功能

负责对网络中的各类资源进行集中管理。

ZXSS10 SS1a/1b 软交换控制设备提供资源管理功能，对系统中的各种资源进行集中的管理，如音资源的分配、释放和控制等。

9. 游牧管理功能

负责软交换域内终端设备的游牧管理。

ZXSS10 SS1a/1b 软交换控制设备提供一个软交换设备控制下的终端游牧管理功能，根据终端 IP 地址的变化判断其是否游牧，对用户进行区别管理。

9.8 电路板功能介绍

9.8.1 系统控制板 SC

1. 主要功能

系统控制板 SC 是软交换控制设备的控制核心，控制和监控系统内其他单板的工作状态，并分担一部分协议处理工作；另外还提供系统所必需的外部设备接口，如硬盘、后台数据库等。

系统控制板 SC 是一对互为主备，具有从硬件结构到软件支持提供高可靠性（HA）的主备倒换和冗余功能，可靠性可达 99.999%。

作为系统控制的核心，SC 板具备以下功能。

① 提供强大的处理能力和大容量的内存，并能分担一部分协议处理工作。

② 提供系统所必需的外部设备接口，硬盘、串行口、后台数据库接口。

③ 作为系统的控制核心，控制和监控系统内其他单板的工作状态，提供热插拔功能。

④ SC 提供与系统交换板之间的通信接口。

⑤ 提供主备控制和通信信号，实现 SC/SSC 的互为主备功能。

⑥ 提供电源监测的接口及状态信号。

⑦ 提供板位和机框号信号。

2. SC 电路板面板图

SC 板的面板示意图如图 9.12 所示。面板两侧是黑色塑料扳手，中间是主用和备用的指示灯，往右依次是主备切换按键，一个 RJ45 插座，运行指示灯和错误指示灯，复位按键和一个串行口的 RJ11 插座，最右侧是热插拔指示灯。由于 SC 板使用的逻辑板名为"SC"，其物理板名为"SSC"，故两个扳手的标签上为"SSC"。

图 9.12　SC 板面板示意图

9.8.2　系统交换板 SSN

1. 主要功能

系统交换板是软交换控制设备中数据交换的枢纽，提供系统内部用于模块互联的以太网。

在软交换控制设备的硬件平台中，以太网交换部分由两块单板组成，完成以太网交换功能的 SSN 板和完成 100M 和 1G 以太网口备份功能的 SSNI 板。其中 SSN 板主要由 CPU 单元、以太网交换单元、百兆以太网口主备开关控制单元、本板主备控制单元和后插板控制单元组成。SSN 有 3 种物理单板，分别是 SSNA、SSNB 和 SSNC，方案不同但功能相同。

系统交换板 SSN 作为系统数据交换的枢纽，主要实现以下功能。

① 提供一套以太网交换机制。

② 提供 24 个 100M 以太网口，其中 15 个 100M 以太网口作为本层前插 13 块 SPC 板与两块 SC 板的通信总线，4 个 100M 以太网口作为后插的 4 块 NIC 板的通信总线，实现系统的控制、监控和告警信息的交互，另外 5 个 100M 以太网口则作为系统跨机框或跨机架扩展的通信通道。预留两个 1000M 以太网口作为对外的网络接口。1000M 以太网利用 5 类铜线技术传输距离可以达到 100m。

③ 提供一条 RS485 总线作为 SC 控制 SSN 的辅助通信通道。

④ 提供板位和机框号信号。

2. SSN 电路板面板图

图 9.13 所示为 SSNA 电路板的面板图，面板的两端是扳手，最中间是两个主备用的指示灯，往右依次是主备手动倒换按键、一个 RJ45 插座（调试网口）、运行指示灯和错误指示灯、复位按键、一个 RS-232 插座（调试串口），一个热插拔指示灯。图 9.14 所示为 SSNB 电路板的面板图。

图 9.13　SSNA 面板示意图

图 9.14　SSNB 面板示意图

SSNC 板的面板和 SSNA、SSNB 相比，少了一个 RJ45 插座，两侧扳手上的标识为"SSNC"，如图 9.15 所示。

图 9.15　SSNC 面板示意图

重庆邮电大学的 SSN 板采用的 SSNC 类型的单板。

9.8.3　网络交换接口板 SSNI

1. 主要功能

SSNI 板完成 100M 和 1G 以太网口主备复用功能,主要由百兆网口变压器和高频继电器组成。

SSNI 具备如下功能。

① 完成 100M 以太网口的输出和 1G 以太网口的主备输出。

② 实现 SSN 与 SC,SPC 以及 NIC 板之间的连接。

③ 提供 5 路 100M 和 2 路 1G 以太网口出口。

④ 提供机框号给机框内其他单板。

2. SSNI 电路板面板图

图 9.16 所示为 SSNI 面板示意图,左侧是一个电路板电源指示灯,中间为 3 个 RJ45 插座,提供 3 个扩展用的 10/100M 以太网口。

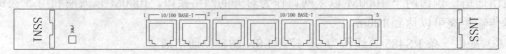

图 9.16　SSNI 面板示意图

9.8.4　网络接口板 NIC

1. 主要功能

提供系统对外的网络出口。

网络接口板 NIC 提供基于以太网的网络接口,并且提供路由功能。网络接口板 NIC 位于与 SPC 板对插的位置,但从逻辑上与 SPC 板无关。网络接口板 NIC 为软交换控制设备提供对外的网络出口,具备如下功能。

① 提供强大的处理能力和大容量的内存,处理 SoftSwitch 的相关出口路由协议。

② 提供与系统内部其他单板通信和数据转发用的一套 100MBase-T 接口。

③ 提供热插拔功能,提供与 SC 板配合实现 HA 功能的软硬件接口。

④ 一套 RS485 通信总线作为与 SC 通信的另一个接口。

⑤ 提供一套 100MBase-T 接口作为网络出口。

⑥ 提供板位和机框号信号。

2. 电路板面板图

图 9.17 所示为 SPC 电路板的面板图,面板的两端是扳手,最中间是主备用指示灯,往左依次是主备倒换按键、一个 RJ45 插座(调试网口)、运行指示灯和错误指示灯、复位按键、一个 RS-232 插座(调试串口),一个热插拔指示灯。

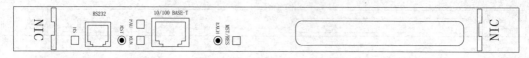

图 9.17　NIC 电路板面板示意图

9.8.5　传输接口转接板 TIC

1. 主要功能

传输接口板 TIC 提供主控板 SC 到后台的 10/100M 以太网口和主备 NIC 的 100M 以太网口，以及 3 路 RS232 和 2 路 RS485 串行接口，预留一路 1G 以太网口的主备输出。TIC 位于与 SPC 板对插的位置，具备如下功能。

（1）将三对 NIC 板的主备 100M 以太网出口引入并转换输出。

（2）将一对 SCI 的主备 100M 以太网信号引入并转换输出。

（3）预留一路 1G 以太网口的主备输出。

（4）提供对外的 3 路 RS232 和 2 路 RS485 串行接口。

2. TIC 电路板面板图

图 9.18 所示为 TIC 电路板的面板图，面板的两端是扳手，最左侧是电源指示灯，往右是 5 个 RJ45 插座，分别提供一路千兆以太网（预留），4 路百兆以太网。右侧 5 个 RJ11 提供从主控板（SC/SSC）来的 5 路串行口，其中 2 路 RS-485 信号，3 路 RS-232 信号。

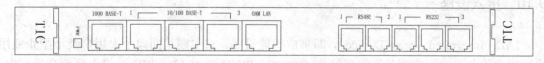

图 9.18　TIC 单板原理框图

9.8.6　系统协议处理板 SPC

1. 主要功能

软交换控制设备中协议处理的主要处理部分。

系统协议处理板 SPC 负责进行各类协议的处理转换，并将维护信息上报 SC 或从 SC 接收控制信息。系统协议处理板 SPC 作为软交换控制设备中协议处理的主要部分，具备如下功能。

（1）提供强大的处理能力和大容量的内存，处理软交换的相关协议。

（2）提供与系统内其他单板通信和数据转发用的一套百兆以太网接口。

（3）提供热插拔功能，提供与 SC 板配合实现 HA 功能的软硬件接口。

（4）提供一套 RS485 通信总线作为与 SC 通信的另一个接口。

（5）提供板位和机框号信号。

2. SPC 电路板面板图

图 9.19 所示为 SPC 电路板的面板图，面板的两端是扳手，最中间是一个 RJ45 插座（调试网口），往右依次是运行指示灯和错误指示灯、复位按键、一个 RS-232 插座（调试串口）、一个热插拔指示灯。

图 9.19　SPC 电路板面板示意图

9.9　数据服务器

1．功能说明

数据服务器作为系统后台数据库，为系统前台提供呼叫、协议、业务等数据。

2．机框配置

服务器采用 SUN Netra T1 系列服务器，基本配置为：512M 内存，两块 18G SCSI 硬盘，Sparc IIe 500MHz，CD-ROM。服务器分直流供电和交流供电两种。需要注意的是，由于在不同的应用场合，数据服务器的配置不完全相同，因此需以实际配置为准。

3．接口说明

SUN Netra T1 系列数据服务器提供了多种外部接口，用于配置、监控以及数据传输等功能。接口有以下几种。

（1）电源接口，直流或者交流接口；●串行接口，2 个；●百兆以太网接口，2 个。

（2）USB 接口，2 个；●SCSI 接口，1 个。

9.10　接入设备

IAD（Integrated Access Device），即集成智能设备，它主要是面向个人用户及小型企业用户的网关设备，将用户端各类终端设备（如 PC、PHONE、FAX，PBX）接入到包交换网中，如图 9.20 所示，ZXSS10 IAD 系列产品主要包括 I500，I600，I700 三个系列产品，基于 IP 网的 IAD 完成如下功能。

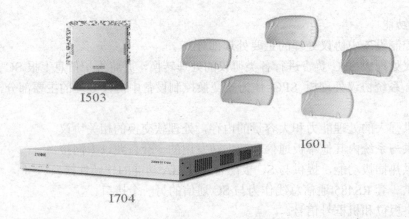

I503

I601

I704

图 9.20　不同型号 IAD 外观图

（1）对数据业务进行透传。

（2）对语音提供 VoIP 处理。

（3）接入 PBX 交换机。

不同型号 IAD 提供的接口。

（1）ZXSS10 I500 下行提供 RJ11 接口（Z 接口），上行提供 RJ45 接口（10/100M 自适应以太网接口），用于接入普通模拟电话。

（2）ZXSS10 I600 下行提供 RJ11 和 RJ45 接口（10 Base-T），上行提供 RJ45 接口（10/100M 自适应以太网接口），可以同时连接电话和 PC 计算机，提供语音和数据业务。

（3）ZXSS10 I700 下行提供多个 E1 接口，上行提供 RJ45 接口（10/100M 自适应以太网接口），用于连接 PBX 交换机。

9.11　ZXSS10 NMS 网络管理系统

ZXNM01-V4.0 网管系统是一个综合的网络管理系统，目前所管理的设备包括中兴通讯生产的处于控制层、核心层、边缘层的各种设备。其维护界面如图 9.21 所示，具体可以维护的设备如下。

（1）软交换系列（ZXSS10）：SSB 型、ZXMSG7200、A200、I704。

（2）媒体网关设备：ZXMSG5200。

（3）路由器（ZXR10）系列。

（4）接入设备。

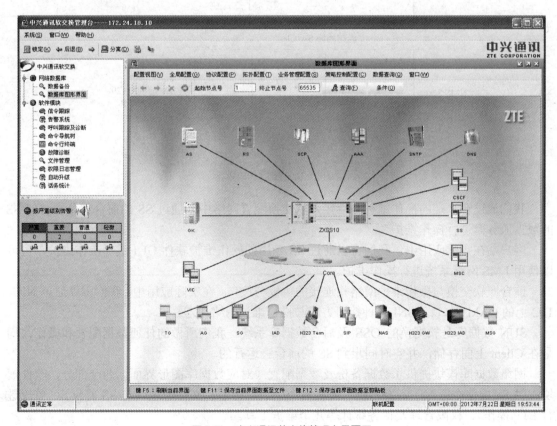

图 9.21　中兴通讯软交换管理台界面图

9.12　实验室 SS 的组网环境

实验室 SS 的配置组网环境如图 9.22 所示。

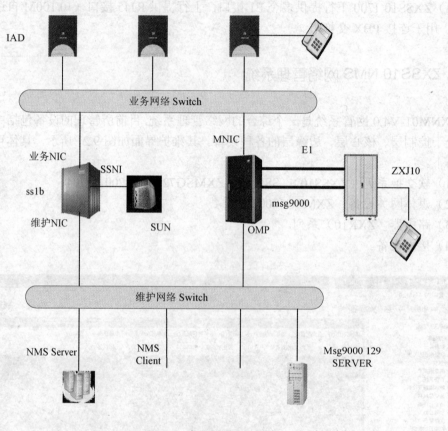

图 9.22　实验室 SS 组网拓扑

我们通过客户端的操作维护终端接入软交换配置网络中，通过 SS 的前台部分，访问 SS 的数据服务器进行操作维护。

客户端在实际应用中，我们可以通过 SS 专用的操作维护软件 GUI 进行操作维护，也可以使用 EMS 网管系统进行操作维护。

前台即软交换与操作维护网络相连接的单板与接口。在实际应用中，我们可以通过 NIC、TIC 上的 OAM 网口、SSNI 三种接口方式与操作维护网络相连。

SUN 数据库是软交换的 OSS 及后台数据库系统，我们所做的任何数据配置和操作，均是在 Client 上面存储，并实时同步到 SS 的前台去运行的。

网络数据库模块提供了数据备份及数据配置（对应数据库图形界面）两个部分，软件模块提供 SS 的信令跟踪、告警系统、人机命令、故障诊断、文件管理（与 SS 前台 SC 单板进行 FTP 操作）、权限管理及话务统计等几个维护工具。

我们可以通过鼠标点击相应的目录，进入配置与维护界面。

9.13　总结与思考

1．实训总结

请描述您本单元实习的收获。

2．实训思考

（1）软交换设备的功能有哪些；

（2）思考各电路板的功能和它们之间的关联；

第 10 章　软交换设备系统数据配置

10.1　实训说明

1. 实训目的

通过本单元实习，熟练掌握以下内容。

（1）熟悉软交换系统架构、设备硬件结构。

（2）掌握 SS 的属性、容量等配置、协商 SS 所属网络编码。

（3）根据需求设计 SS 设备，包括机架、机框、单板、板位等硬件设计。

（4）完成机架、机框、单板等数据规划和配置。

（5）调测中，观察各功能单元及单板的运行情况。

2. 实训时长

　4 学时

3. 实训项目描述

10.2　实训环境

（1）SS1B、IAD、PC 维护台设备连接如图 9.22 所示。

（2）SS 前后台安装完成。

（3）综合网管服务器和客户端安装完成。

（4）从客户端能够连接到服务器，以及软交换的 NIC 接口。

10.3　实训规划

图 10.1 和图 10.2 所示为实验室 ZXSS1B 软交换设备机框图，通过网管界面进入前板图、背板图。

ZXSS1B 软交换设备硬件单板表见表 10.1。

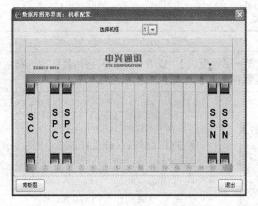
图 10.1 机框配置——前板图

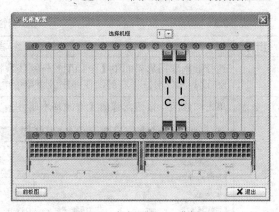
图 10.2 机框配置——背板图

表 10.1 ZXSS1B 软交换设备硬件单板表

电路板类型	数 量	板 位
SC	1	1
SPC	2	3、4
CSN	0	
SSN	2	16、17
NIC	2	28、29

10.4 实训流程

实训流程见表 10.2。

表 10.2 实训流程

配置步骤	操 作	配置步骤	操 作
1	SS 的属性配置	4	SS 系统容量数据配置
2	SS 网络属性配置	5	机框配置
3	SoftSwitch 静态属性配置	6	单板配置

10.5 实训操作步骤和内容

10.5.1 SoftSwitch 全局配置

1. SS 的属性配置

SS 基本属性要配置 SS 标识符、域名、网络 IP 地址、网络类型、常用本地长途区域号 LATA 以及智能网数据等。SS 属性配置步骤见表 10.3。

表 10.3   SS 属性配置

步骤	操　作
1	选择数据库图形界面中【全局配置→系统数据配置→属性配置】，或者在 SS 网络拓扑图中选择 SS 设备，单击鼠标右键，在弹出的菜单中单击【属性配置】，弹出【属性配置】界面
2	单击<修改>按钮，弹出【修改基本属性】界面

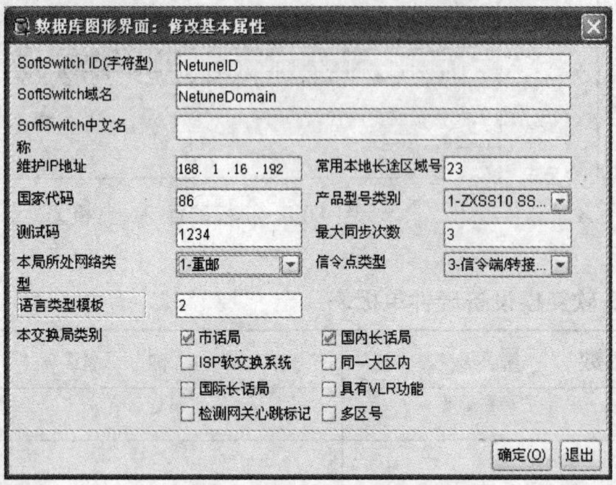

- 维护 IP 地址：168.1.16.192
- 长途区域号：23
- 国家代码：86
- 产品型号类别：ZXSS10 SS1B
- 测试码：1234
- 本局所处网络类型：1-重邮
- 信令点类型：信令端/转接点
- 语言类型模板：2
- 本交换局类别：市话、国内长话局
- 单击<确定>按钮

SS 标识符与域名根据实际分配需要来配置，在此界面中，系统自身提供了部分默认配置，应根据当前 SS 系统的实际情况对各种数据重新进行配置，具体参数说明表如下

参数说明表

配置项	说　明
SoftSwitch 域名	填写 SS 的域名，不能出现中文
SoftSwitch 中文名称	说明对 SS 的命名
维护 IP 地址	暂时没有用
常用本地长区域	填写本地区号，如重庆为地区，则填入 23
国家代码	中国国家代码为 86
产品型号类别	系统默认值为 [1-ZXSS10 1a]，需要修改成 [2-ZXSS10 SS1b]
测试码	七号信令消息中的测试码，可填"1234"
最大同步次数	若后台向前台同步数据失败后，可重复同步的最大次数，超过最大同步次数后，后台不再进行数据同步
本局所处网络类型	选择对应的网络类型，在 SS 的网络属性配置中可以修改
信令点类型	一般选择成 [3-信令端/转节点]
智能网实现方式	[0-智能网 TCP 方式]表示通过 APP 等方式实现智能业务，[1-智能网方式]表示通过传统的 INAP、CAP 等协议实现智能业务，根据实际智能网接入方式进行选择
时区	选择 [东八区]
语言类别	选择 [中英文]
本局交换类别	根据本交换局实际情况进行选择

（步骤 3）

步骤	操作
4	修改完毕，单击<确定>按钮，确认修改并退出修改界面，按<退出>键放弃修改

2. SS 网络属性配置

网络属性主要配置 SS 控制设备处于不同网络的标识以及选路的方式。选路有两种方式：GT 和 DPC＋SSN。

GT：GT 是 Global Title 的缩写，是一种全球唯一的标识，不受网络类型、地域等限制。

DPC＋SSN：DPC，目的点信令点编码；SSN，子系统号。DPC＋SSN 为局部寻址。

SS 引入智能网和移动网业务时，系统要通过 SS7 信令网络与这些网络进行通信，我们采用网络内的信令点编码来寻找源或目的信令点。SS 网络属性配置见表 10.4。

表 10.4　　　　　　　　　　　　　　　　SS 网络属性配置

步骤	操　　作
1	选择数据库图形界面中【全局配置→系统数据配置→网络属性配置】，或者在 SS 网络拓扑图中选择 SS 设备，单击鼠标右键，在弹出的菜单中单击【网络属性配置】，弹出【网络属性配置】界面
2	单击＜增加＞按钮，进入【新增网络属性】界面 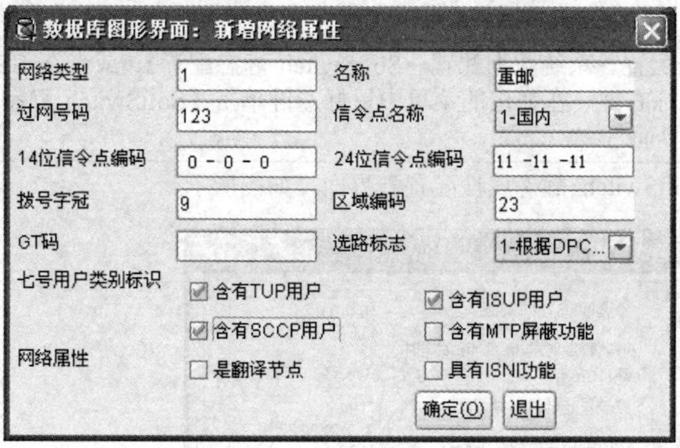 数据库图形界面：新增网络属性 网络类型：1 名称：重邮 过网号码：123 14位信令点编码：0-0-0 拨号字冠：9 GT码： 七号用户类别标识：☑含有TUP用户　☑含有ISUP用户　☑含有SCCP用户　□含有MTP屏蔽功能 网络属性：□是翻译节点　□具有ISNI功能 信令点名称：1-国内 24位信令点编码：11-11-11 区域编码：23 选路标志：1-根据DPC... • 网络类型：1 • 名称：重邮 • 过网号码：123 • 信令点名称：1-国内 • 区域编码：23 • 24 位信令点编码：11-11-11 • 拨号字冠：9 • 七号用户类别标识：TUP、ISUP 等 新增网络属性参数参考下表说明。 **参数说明表** 详见下表

参数说明表

配置项	配置说明
网络类型	从 1 开始顺序编号
过网号码	填写相应运营商的过网号，但不能不填写
24 位信令点编码	看电信 OPC 规划和按照实际分配的输入，表示本局信令点编码的信息
拨号字冠	填 9
区域编码	本 SS 所属区域的区号，一般去除 0
七号用户类别标识	根据所用的信令类型可选择：[TUP 用户、ISUP 用户、SCCP 用户]
网络属性	若具有 GT 翻译功能，选择 [是翻译节点]，反之不选择
名称	描述本 SS 所属的运营商网络类型（如中国电信等），若是关口局，则可能会设置多信令点，多网络类型的情况
GT 码	按照实际规划的填写正确的 GT 码
选路标志	根据实际情况进行选择

步骤	操 作
3	单击＜确定＞按钮，即可看到下图的结果 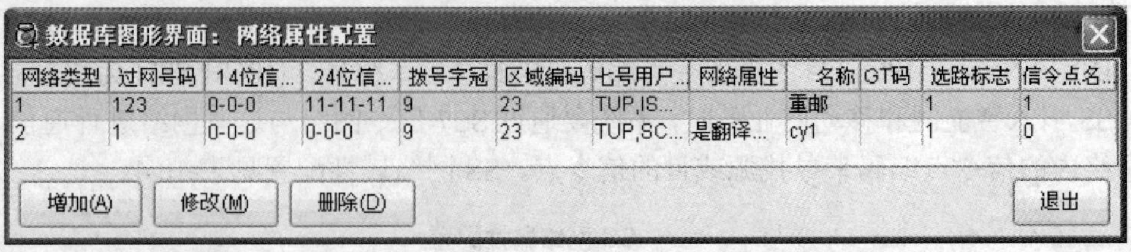 **数据库图形界面：网络属性配置** 网络类型 | 过网号码 | 14位信… | 24位信… | 拨号字冠 | 区域编码 | 七号用户 | 网络属性 | 名称 | GT码 | 选路标志 | 信令点名… 1 | 123 | 0-0-0 | 11-11-11 | 9 | 23 | TUP,IS… | | 重邮 | | 1 | 1 2 | 1 | 0-0-0 | 0-0-0 | 9 | 23 | TUP,SC… | 是翻译… | cy1 | | 1 | 0 增加(A)　修改(M)　删除(D)　　　　　　　退出

3. SoftSwitch 静态属性配置

SoftSwitch 静态属性是指 SS 作为媒体网关控制器（MGC）所需的一些属性值，包括协议版本号，协议中涉及的定时器值和重传次数等。SoftSwitch 静态属性配置见表 10.5。

表 10.5　　　　　　　　　　　　　　　SoftSwitch 静态属性

步骤	操 作
1	选择数据库图形界面中【全局配置→系统数据配置→SoftSwitch 静态配置】，或者在 SS 网络拓扑图中选择 SS 设备，单击鼠标右键，在弹出的菜单中鼠标左键单击【SoftSwitch 静态配置】，弹出【SoftSwitch 静态配置】界面
2	单击＜修改＞按钮，进入【SoftSwitch 静态属性配置】界面，如图所示 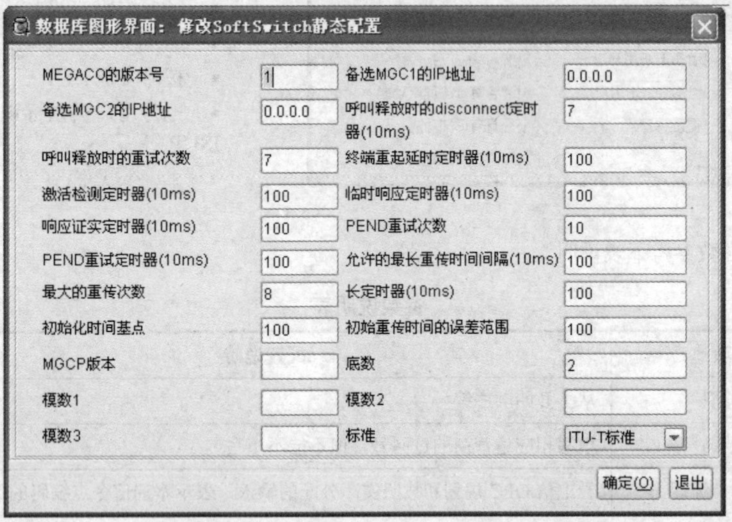 **数据库图形界面：修改SoftSwitch静态配置** MEGACO的版本号 [1]　备选MGC1的IP地址 [0.0.0.0] 备选MGC2的IP地址 [0.0.0.0]　呼叫释放时的disconnect定时器(10ms) [7] 呼叫释放时的重试次数 [7]　终端重起延时定时器(10ms) [100] 激活检测定时器(10ms) [100]　临时响应定时器(10ms) [100] 响应证实定时器(10ms) [100]　PEND重试次数 [10] PEND重试定时器(10ms) [100]　允许的最长重传时间间隔(10ms) [100] 最大的重传次数 [8]　长定时器(10ms) [100] 初始化时间基点 [100]　初始重传时间的误差范围 [100] MGCP版本 [ ]　底数 [2] 模数1 [ ]　模数2 [ ] 模数3 [ ]　标准 [ITU-T标准 ▼] 　　　　　　　　　　　　　　　确定(O)　退出 ● MGCP 版本：1.0 ● 其余参数使用系统默认值
3	在【修改 MGC 静态配置】界面中，［MGCP 版本］中填入［1.0］，其余参数使用系统默认值
4	单击＜确定＞按钮，退出［SoftSwitch 静态属性配置］界面
5	单击＜退出＞按钮，完成 SoftSwitch 静态属性的修改

4. SS 系统容量配置

SS 系统容量配置是对 SS 系统的整体规划，包括对域内节点、网关、处理板、路由、中继、号码、网络类型、黑白名单等的容量进行配置。由于系统容量表是为系统分配内存，并为将来的扩容提供方便的一种手段。所以，在配置系统容量的时候，必须根据实际情况，合理地进行配置，达到最优化地使用系统内存的目的。SS 系统容量配置见表 10.6。

修改系统容量时请注意，由于涉及系统重要数据，请谨慎操作！并在修改后要重启单板才能生效。

表 10.6　　　　　　　　　　　　　　　SS 系统容量配置

步骤	操　　作
1	选择数据库图形界面中【全局配置→系统数据配置→容量配置】，弹出【SoftSwitch 系统容量配置】界面
2	单击<修改>按钮，进入【SoftSwitch 静态属性配置】界面，如图所示

数据库图形界面：修改SoftSwitch系统容量配置

容量1　容量2　容量3

最大机框数	1	处理板最大数	40
域内节点最大数	5000	网关簇最大值	20
最大信令网关数	2	路由链组容量	100
路由链容量	100	路由组容量	128
路由容量	128	中继群容量	200
交换网络类型最大值	4	邻接交换局最大值	50
可达SoftSwitch最大数	10	系统中继容量	10000
号码分析最大值	8000	局码容量	1024

确定(O)　退出

• 参数使用系统默认值

数据库图形界面：修改SoftSwitch系统容量配置

容量1　容量2　容量3

黑白名单容量	2000	用户分布例外表容量	2000
号码分析选择子最大值	164	号码类用户容量	1000
一机多号用户容量	2000	改号用户容量	1000
V5口的最大容量	0	联选群容量	100
用户附加业务提供的最大百分比	10	混合放号用户容量	0
鉴权容量	0	CENTREX群容量	2048
认证服务器ID最大值	10	H323终端最大值	2000
认证服务器数据区最大个数	1000	所有服务器ID最大值	30

确定(O)　退出

• 参数使用系统默认值

数据库图形界面：修改SoftSwitch系统容量配置

容量1　容量2　容量3

监听号码段容量	0	特通监听用户容量	0
Centrex群附加业务提供的最大百分比	10	SCF呼叫数据区数量	0
8位H码表容量	0	监听数据区占呼叫数据区的百分比	0
TIDMASK容量	10000	号码分析平均局码长度	5

确定(O)　退出

• 参数使用系统默认值

续表

步骤	操作				

系统容量配置说明表

容量内容	使用说明	最小值	最大值	推荐值
域内节点最大数	最大控制网关的数量，包括 TG/AG/IAD/终端	0	65535	根据工程情况确定
最大信令网关数	最大可用信令网关数	0	65535	128
处理板最大数	本局最大处理单板数	1	511	根据工程情况确定
路由链组容量	最大路由链组	0	65535	128
路由链容量	最大路由链	0	65535	128
路由组容量	最大路由组	0	65535	128
路由容量	最大路由数	0	65535	256
中继群容量	本局中最大的中继群	0	10000	256
号码分析容量	号码分析节点的容量	4096	65535	12000
交换网络类型容量	系统中支持的最大网络类型	1	32	2
邻接交换局容量	本局支持最大邻接局，最大数与本软交换有邻接关系的同级软交换容量	0	65535	128
最大网关簇数目	网关簇：处理能力集合的数量，一般根据单板数量区分	1	512	32
黑白名单容量	最大支持黑白名单号码分析节点数	0	65535	1000
用户分布例外表容量	单个用户与百号组不在同一个网关簇容量	1	65535	2000
号码分析选择子容量	本 SS 可配置的号码分析子的最大值	1	65535	1024
号码类用户容量	当需要对外局用户进行鉴权时，可以鉴权的最大数量	0	2000000	0
SCF 呼叫数据区容量	INAP 协议使用的全局数据区，当使用该协议时需要配置	0	无限制	0
H323 终端容量	本地 GK 板能接受最大终端注册数	0	65535	根据终端数而定
认证服务器 ID 最大值	AAA 服务器的数量，一般用于话吧服务器以及少量其他用途	0	65535	1
认证服务器数据区最大个数	所有计费服务器等待缓冲区的最大容量	0	65535	5000
所有服务器 ID 最大值	包含认证服务器的所有服务器数量总和	20	65535	认证服务器数＋20
一机多号用户容量	使用一机多号用户的容量	0	4294967295	2000
改号用户容量	号码改入用户的最大数量	0	4294967295	0
V5 口最大容量	V5 接口最大数量	0	256	
V5 用户容量	V5 用户的最大数量，根据实际情况确定	0	4294967295	0
联选群容量	最大联选群的数量	0	10000	256
附加业务提供的最大百分比	附加业务提供量最大百分比量	0	100	10
最大机框数	机框数的最大值	1	8	根据工程情况确定
混合放号用户容量	固网 3G 混合放号用户的最大值	0		40000
8 位 H 码表容量	H 码表容量最大值	0	4294967295	根据工程情况确定
鉴权容量	复合鉴权配置记录容量	0	4294967295	根据工程情况确定
系统中继容量	系统总的 CIC 容量	0	4294967295	根据工程情况确定
局码容量	本局局码容量	0	65535	根据工程情况确定
CENTREX 群容量	CENTREX 群容量	0	65535	根据工程情况确定
监听号码段容量	要进行监听的用户容量	0	4294967295	根据工程情况确定

步骤	操作
3	修改完毕，单击＜确定＞按钮

10.5.2 机框配置

1. 查看 SS 机框

在新开局时，在机框配置界面通常只会在 1 号机框 1 号槽位有一块 SC 板，其余单板根据需要进行增加。

表 10.7 查看 SS 机框

步骤	操 作
1	数据库图形界面中，选择【全局配置→系统数据配置→机框配置】菜单，进入【机框配置】界面，【机框配置】界面默认显示的是第 1 框前板图，下图为满配置情况，作为参考 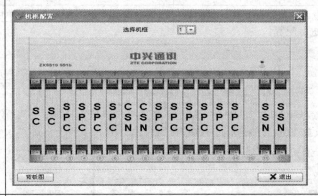
2	在机框槽位上单击鼠标右键，增加单板，实际中根据机架具体情况添加相应电路板，重邮机框配置前板图 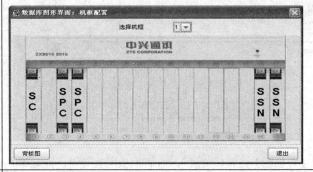 ● 注意观察电路板类型和板位
3	若需要查看第一框背板图，请单击<背板图>按钮，背板图界面如图所示 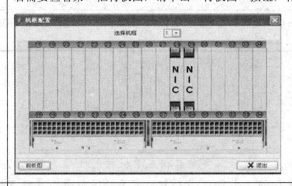
4	若需要查看其他机框，请在【选择机框】下拉框中进行选择
5	查看结束，单击<退出>按钮

2. 机框配置

机框配置是对 SS 控制设备各处理板进行数据配置，配置步骤见表 10.8。要根据 SS 机框的实际情况进行增加或删除处理板，修改处理板属性、修改处理板容量和数据区容量等操作。

表 10.8　　　　　　　　　　　　　　　　机框配置

步骤	操　　作
1	在 ZXSS10 数据库图形界面菜单中，选择菜单【全局配置→系统数据配置→机框配置】，或者在 SS 网络拓扑图中选择 SS 设备，单击鼠标右键，在弹出菜单中鼠标左键单击【机框配置】，弹出机框配置界面
2	机框配置界面为 SS 控制设备的机框面板图，选中槽位，单击鼠标右键，在弹出的菜单中选择配置项，即可对该处理板进行配置 此界面对 SS 前面板上的 SC、SPC 和 SSN 板进行配置
3	单击机框面板图左下方的【背板图】按钮，将进入 SS 背面板配置界面，可对 NIC 板进行配置
4	在背面板配置界面图中单击背面板图下方的【前板图】按钮，回到前面板配置界面，单击"退出"按钮，将退出机框配置

10.5.3　单板配置

1. 配置 SC 板基本属性

SC（System Contol）作为系统的控制核心，控制和监控系统内其他单板的工作状态。

注意　　单板属性配置数据设定完成后需要重启相应单板才能生效。确定需要增加 SC 板的槽位，SC 板在每框的 1 号和 2 号槽位。配置 SC 板基本属性步骤见表 10.9。

表 10.9　　　　　　　　　　　　　　　　配置 SC 板基本属性

步骤	操　作
1	选中需要增加 SC 板的槽位，单击鼠标右键新增 SC 板
	选中 SPC 板，单击鼠标右键，选择【基本属性配置】菜单，SC 板的【属性配置】界面如图所示 · 选中 SC 板 · NIC 处理板：26 · 处理范围：呼叫
2	SC 板属性配置，请参见下表。 配置属性说明 下表
3	配置完成，单击<确定>按钮
4	主备 SC 板的属性配置需要相同，选择备用 SC 槽位，重复 1～3 步骤

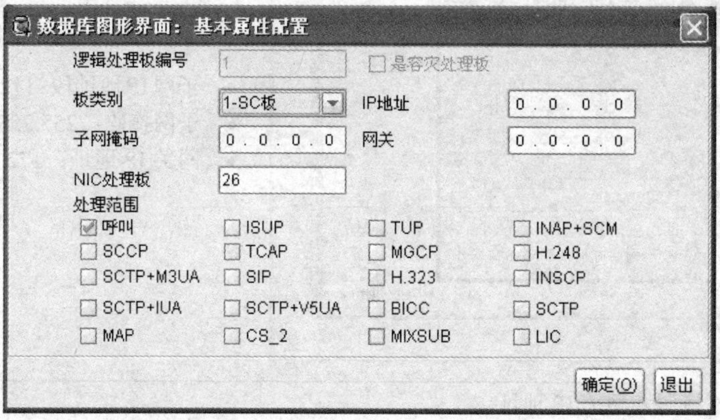

配置属性说明

配置项	说　明
逻辑处理板编号	含义请参见逻辑处理板编号的概念。逻辑板号：逻辑板号用槽位号，当多机框时，逻辑板号的计算公式如下：逻辑板号＝40×（机框号－1）＋槽位号 例如，第二框的第一块 SC 板的逻辑板号是 41
NIC 处理板	即 SC 板的默认路由，若相应的 NIC 板还没有增加，则此处先不填写，可再增加 NIC 板之后填入相应的 NIC 板处理号
处理范围	只需要勾选 [呼叫]，其他不要勾选，SC 板上不允许处理任何网关簇的业务，去掉分段 同时也不要做任何协议的转发，若目前系统中要支持 V5，需处理板上的 [V5UA]

4. 配置 SC 网管路由

如果需要不同网段的网管对 SS 进行管理，需要增加 SC 板网管路由。配置 SC 网管路由步骤见表 10.10。

表 10.10　　　　　　　　　　　　　　　　配置 SC 网管路由

步骤	操　作
1	选择第 1 框第 1 槽位的 SC 板，单击鼠标右键，选择菜单【网管路由配置】，进入【网管路由配置】界面
2	单击<增加>按钮，进入 [新增网管路由配置] 界面

步骤	操　作
2	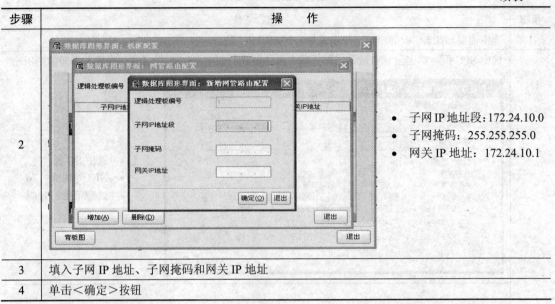 ● 子网 IP 地址段：172.24.10.0 ● 子网掩码：255.255.255.0 ● 网关 IP 地址：172.24.10.1
3	填入子网 IP 地址、子网掩码和网关 IP 地址
4	单击＜确定＞按钮

5. 配置 SPC 板基本属性

配置 SPC（System protocol control）板基本属性见表 10.11，SPC 板是系统协议处理板，负责进行各类协议的处理转换，并将维护信息上报 SC 或从 SC 接收控制信息。SPC 板主要处理业务，业务不同，单板处理范围也不同。注意：单板属性配置数据设定完成后需要重启相应单板才能生效，SPC 是主备用。

表 10.11　　　　　　　　　　　　　配置 SPC 板基本属性

步骤	操　作
1	在【机框配置】界面中，选择需要增加 SPC 板的槽位，单击鼠标右键增加 SPC 板
2	选中需要配置的 SPC 板单击鼠标右键，选择【基本属性配置】菜单，进入【基本属性配置】界面，单击＜修改＞按钮，填入［逻辑处理板编号］，逻辑处理板编号，填入［NIC 处理板］，若相应的 NIC 板还没有增加，则此处先不填写，可再增加 NIC 板之后填入相应的 NIC 板处理号 ● 选中 SPC 板 ● NIC 处理板：26 ● 处理范围：呼叫、SIP、H.248 ● 配置完 3 槽位，相同配置 4 槽位，主备用。

步骤	操　作
2	SPC 板处理范围配置见下表 **SPC 板处理范围配置** 详见下表

SPC 板处理范围配置

目　的	处理范围
国际关口局中继的 SPC 板	选中［呼叫］、［ISUP］、［TUP］、［H.248］复选框，如果中继网关选用的不是 H.248 协议，则需要选择其他协议
长途局中继的 SPC 板	选中［呼叫］、［ISUP］、［TUP］、［H.248］复选框，如果中继网关选用的不是 H.248 协议，则需要选择其他协议
固网 3G 项目中继的 SPC 板	选中［呼叫］、［ISUP］、［TUP］、［H.248］、［SCCP］、［TCAP］、［INAP+SCM］复选框，其中［INAP+SCM］在有窄带智能呼叫时需要，否则，不需要选择此项
容灾 SPC 板	需要增加［SCTP+M3UA］复选框
处理信令网关的 SPC 板	选中［呼叫］、［SCTP+M3UA］、［SCCP］复选框
信令网关的 SPC 板	选中［呼叫］、［SCTP+IUA］、［SCCP］复选框
处理 SIP 的 SPC 板	选中［呼叫］、［SIP］复选框
处理 SHLR 的 SPC 板	选中［呼叫］、［SCTP+M3UA］、［SCCP］、［TCAP］、［INAP］、［SCM］复选框

步骤	操　作
3	选择［处理范围］，SPC 板处理业务不同，单板处理范围也不同，单击＜确定＞按钮

6. 配置 SPC 板容量

处理板容量主要包括 Tid 文本形式名称容量、用户容量、中继容量、黑白名单容量、ISDN 用户容量、最大节点数等，这些数值限定了处理板的最大处理能力。配置 SPC 板容量步骤见表 10.12。

表 10.12　　　　　　　　　　　　　　配置 SPC 板容量

步骤	操　作
1	选择需要配置容量的 SPC 板，单击鼠标右键，选择【容量配置】菜单，进入【容量配置】界面
2	单击＜修改＞按钮，【修改单板容量配置】界面如图所示 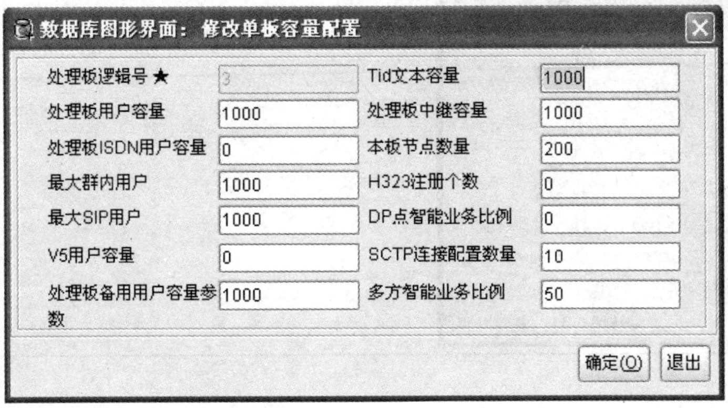 **数据库图形界面：修改单板容量配置** 处理板逻辑号 ★　3　　Tid 文本容量　1000 处理板用户容量　1000　　处理板中继容量　1000 处理板 ISDN 用户容量　0　　本板节点数量　200 最大群内用户　1000　　H323 注册个数　0 最大 SIP 用户　1000　　DP 点智能业务比例　0 V5 用户容量　0　　SCTP 连接配置数量　10 处理板备用用户容量参数　1000　　多方智能业务比例　50 确定(O)　退出 • 一般局用默认值即可，具体见参数说明

续表

步骤	操 作
2	SPC 单板容量配置参数说明

配置项	说　明
配置处理 IAD 的 SPC 板的容量	填入［Tid 文本容量］、［处理板用户容量］、［最大群内用户］、［本板节点数量］和［DP 点智能业务比例］
配置处理 AG 的 SPC 板容量	填入［Tid 文本容量］、［处理板用户容量］，［最大群内用户］、［本板节点数量］和［DP 点智能业务比例］，如果有 ISDN 用户，还需要增加［处理板 ISDN 用户容量］
处理 SG 或 MSG9000（仅做 SG）的 SPC 板的容量	填入［本板节点数］
处理 TG 或 MSG9000（仅做 TG）MAP 协议的 SPC 板的容量	填入［Tid 文本容量］、［处理板用户容量］、［处理板中继容量］、［本板节点数量］、［最大群内用户］和［DP 点智能业务比例］
处理 TG 或 MSG9000（仅做 TG，MAP＋协议）的 SPC 板的容量	填入［Tid 文本容量］［处理板中继容量］、［处理板黑白名单容量］和［本板节点数量］
配置处理 SIP（otherSS）的 SPC 板的容量	填入［本板节点数量］，当处理 SIP 用户时，需要填入［最大 SIP 用户］
配置处理 H323 的 SPC 板的容量	填入［H323 注册个数］

|
| 3 | 根据要求，配置单板容量，单板容量大小需要根据实际情况设置，例如：重邮的 SPC 主要完成 IAD 和 SIP 处理。配置完成，单击＜确定＞按钮 |
| 4 | 返回【容量配置】界面，单击＜退出＞按钮 |

7. 配置 CSN 板基本属性

配置中心交换板（CSN 板）基本属性。CSN 板只能配置在第一框的 7 号和 8 号槽位。注意：三框级联以上才需要配置此任务，否则，不需要配置。配置 CSN 板基本属性步骤见表 10.13。

表 10.13　　　　　　　　　　　　配置 CSN 板基本属性

步骤	操 作
1	选择 CSN 槽位，单击鼠标右键，选择【属性配置】菜单
2	单击＜修改＞按钮，进入【属性配置】界面，如图所示。填入［逻辑处理板编号］，［板类别］选择［5-CSN 板］ 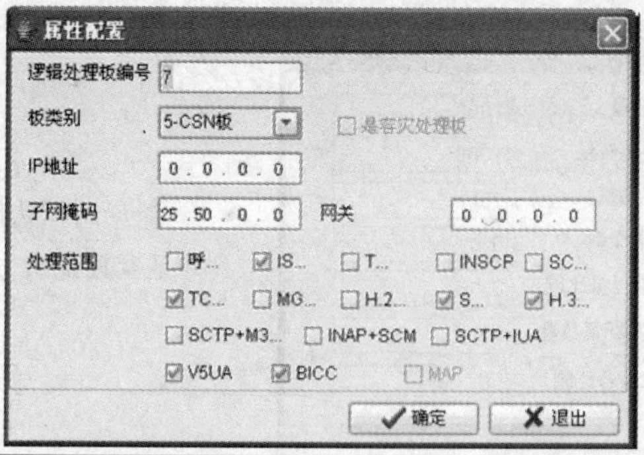
3	其他参数不需要配置
4	单击＜确定＞按钮

8. 配置 SSN 板

SSN 板是系统交换网板，提供 24 个 100M 以太网口，完成以太网交换的功能。配置 SSN 板步骤见表 10.14。

表 10.14　　　　　　　　　　　　　　　　配置 SSN 板

步骤	操　　作
1	选中需要配置 SSN 的槽位，单击鼠标右键，选择【属性配置】菜单
2	【属性配置】界面如图所示。填入［逻辑处理板编号］：逻辑板号用槽位号，选择板类别：4-SSN 板，其他参数不需要配置  （数据库图形界面：基本属性配置） 逻辑处理板编号　16　　□是容灾处理板 板类别　4-SSN板　　IP地址　0 . 0 . 0 . 0 子网掩码　0 . 0 . 0 . 0　网关　0 . 0 . 0 . 0 确定(O)　退出 ● 选中 SSN 板，其他不需配置
3	配置完成逻辑处理板编号 16，接着完成逻辑处理板编号 17，操作方法重复步骤 2
4	单击＜确定＞按钮

9. 配置 NIC 板基本属性

配置 NIC 板基本属性步骤见表 10.15。（只能插在一框的 26、27、28、29 槽位）注意：单板属性配置数据设定完成后需要重启相应单板才能生效。

表 10.15　　　　　　　　　　　　　　　　配置 NIC 板基本属性

步骤	操　　作
1	选中需要配置的 NIC 板的槽位，单击鼠标右键，选择【基本属性配置】菜单
2	【属性配置】界面如图所示 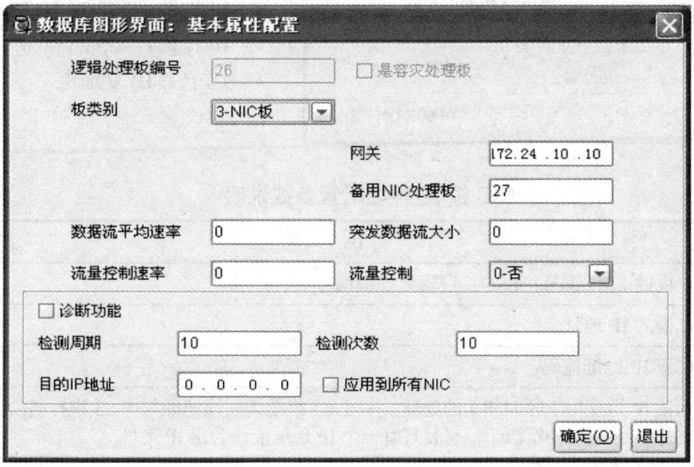 （数据库图形界面：基本属性配置） 逻辑处理板编号　26　　□是容灾处理板 板类别　3-NIC板 　　　　网关　172.24 . 10 . 10 　　　　备用NIC处理板　27 数据流平均速率　0　突发数据流大小　0 流量控制速率　0　流量控制　0-否 □诊断功能 检测周期　10　检测次数　10 目的IP地址　0 . 0 . 0 . 0　□应用到所有NIC 确定(O)　退出 ● 板类别：3-NIC 板 ● 网关：172.24.10.10 ● 备用 NIC 处理板：27 ● 检测周期：默认 10 ● 检测次数：默认 10

步骤	操 作
2	**NIC 板属性配置参数说明** 表格： 配置项 / 说明 逻辑处理板编号 — 逻辑板号用槽位号。当多机框时，逻辑板号的计算公式如下：逻辑板号＝40×（机框号－1）＋槽位号 板类别 — 选择 [3－NIC 板] 网关 — 填入 NIC 的默认网关地址，或填写实际的网关 IP 地址 备用 NIC 处理板 — 若备用 NIC 板尚未增加，可先不填写。在备用 NIC 板增加后可自动增加备用 NIC 板的逻辑处理板编号 流量控制 — 选择 [0－否] 其余参数 — 其余不用填写
3	27 槽位 NIC 板配置重复步骤 2，逻辑处理板编号填写：27，备用 NIC 处理板填写 26，其他值同步骤 2
4	配置完成，单击＜确定＞按钮
5	单击＜上一块＞或＜下一块＞按钮，可配置邻接 NIC 板的基本属性，重复 1～4 步骤

NIC 板属性配置参数说明

配置项	说　明
逻辑处理板编号	逻辑板号用槽位号。当多机框时，逻辑板号的计算公式如下：逻辑板号＝40×（机框号－1）＋槽位号
板类别	选择 [3－NIC 板]
网关	填入 NIC 的默认网关地址，或填写实际的网关 IP 地址
备用 NIC 处理板	若备用 NIC 板尚未增加，可先不填写。在备用 NIC 板增加后可自动增加备用 NIC 板的逻辑处理板编号
流量控制	选择 [0－否]
其余参数	其余不用填写

10. 配置 NIC 板 IP 地址

NIC 板为软交换控制设备提供对外的网络出口，SS 的对外 IP 地址由 NIC 的地址决定，所以在增加 NIC 处理单板时还需增加 NIC 的 IP 地址配置。配置 NIC 板 IP 地址步骤见表 10.16。

表 10.16　　　　　　　　　　　　　　　配置 NIC 板 IP 地址

步骤	操　作
1	选中需要配置 NIC 的槽位，单击鼠标右键，选择【IP 地址配置】菜单，进入【NIC IP 地址配置】界面
2	单击＜增加＞按钮，进入【新增 NIC IP 地址配置】界面，如图所示界面中进行配置 处理板号★ 27　IP 地址★ 172.24.10.10 IP 掩码★ 255.255.0.0　VLan 优先级 VLAN ID　☑主IP □支持VLan 确定(O)　退出 • 处理板：27 • IP 地址：172.24.10.10 • IP 掩码：255.255.0.0 • 选中主 IP 复选框 **NIC 板 IP 地址配置参数说明** 配置项 / 说明 处理板号 — NIC 板的 LSQ 编号，LSQ：逻辑处理板编号 IP 地址 — NIC 板的 IP 地址 IP 掩码 — NIC 板 IP 地址掩码 主 IP — 表示该 IP 地址用于呼叫相关的处理，各网关、终端使用该地址与该 SS 进行通信。在 NIC 板支持多 IP 地址的情况下，有且只有一个 IP 地址能作为主 IP 地址
3	配置完成，单击＜确定＞按钮

NIC 板 IP 地址配置参数说明

配置项	说　明
处理板号	NIC 板的 LSQ 编号，LSQ：逻辑处理板编号
IP 地址	NIC 板的 IP 地址
IP 掩码	NIC 板 IP 地址掩码
主 IP	表示该 IP 地址用于呼叫相关的处理，各网关、终端使用该地址与该 SS 进行通信。在 NIC 板支持多 IP 地址的情况下，有且只有一个 IP 地址能作为主 IP 地址

11. 配置 NIC 板路由

目前的版本中 NIC 允许设置多个 IP 地址，多个 IP 地址要求分属不同的网段，为了通过不同的网段到达不同的子网，因此同时引入了 NIC 板上的路由配置见表 10.17。

表 10.17 配置 NIC 板路由

步骤	操 作
1	选中需要配置 NIC 的槽位，单击鼠标右键，选择【NIC 路由配置】菜单，进入【NIC 路由配置】界面 **NIC 路由配置**　　　　　　　　　☒ 逻辑处理板编号　31 　子网IP地址段　　　子网掩码　　　NIC IP地址 增加(A)　删除(D)　所有NIC路由配置　　✕ 退出
2	根据要求，执行如下操作。 表格： 项目 / 操作 / 下一步/操作结果 新增单块 NIC 板路由 / 单击<增加>按钮 / 转到新增 NIC 路由配置 删除 NIC 路由 / 单击<删除>按钮 / 确认删除后，系统将删除 NIC 路由 配置所有 NIC 板路由 / 单击<所有 NIC 路由配置> / (1) 进入［所有 NIC 路由配置］界面 (2) 单击<增加>按钮 (3) 转到步骤 3 新增 NIC 路由配置
3	单击<增加>按钮，进入【新增 NIC 路由配置】界面，如图所示 **数据库图形界面：新增NIC 路由配置**　☒ 逻辑处理板编号　27 子网IP地址段　　172.24 .10 .10 子网掩码　　　　255.255. 0 . 0 网关IP地址　　　172.24 .10 .1 确定(O)　退出 ・ 子网 IP 地址段：172.24.10.10 ・ 子网掩码：255.255.0.0 ・ 网关 IP 地址：172.24.10.1 ［子网 IP 地址段］和［子网掩码］组合成一个网络地址，在该网络地址范围内的 IP 都由该 NIC 处理板接入，其他 IP 都被拒绝或者被默认路由 NIC 板接入。例如：168.1.1.1 和 255.255.255.0 组成的网络地址为 168.1.1.0，表示从 168.1.1.0～168.1.1.255 的 IP 地址段都可以接入。［网关 IP 地址］填入对应子网 IP 地址所用的网关地址
4	配置完成，单击<确定>按钮

12. 配置统一音

统一音是各类型网关设备和 SS 控制设备对系统所使用的信号音进行的统一编号，统一音包括基本呼叫系统所放的拨号音、振铃等基本音和补充业务所需的提示语音及音乐等。统一音配置步骤见表 10.18。

表 10.18 配置统一音

步骤	操 作
1	在数据库图形界面中，选择菜单【全局配置→系统数据配置→统一音配置】，进入【统一音配置】界面 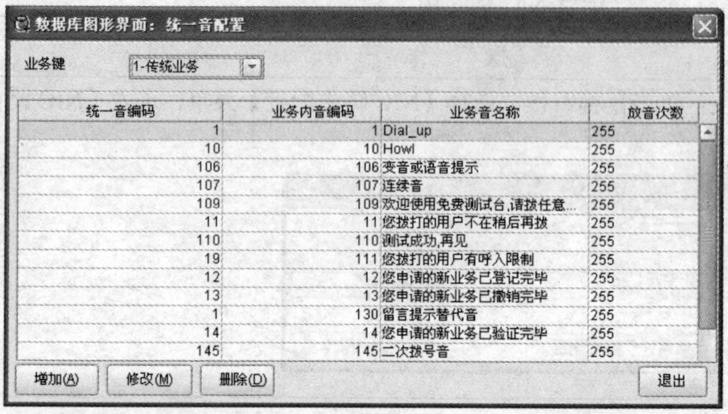
2	单击<增加>按钮，进入【新增统一音】界面，如图所示 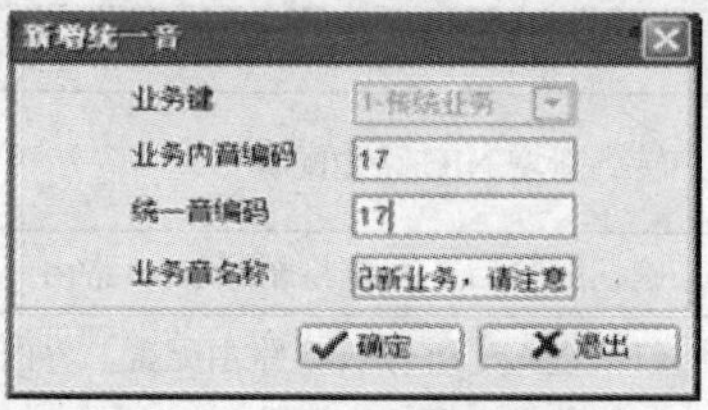 • 业务键：选择传统业务、MS、会议等 • 业务内音编码：17，统一音在某个特定业务中编码 • 统一音编码：17，统一音全局编码 • 业务音名称：17 新业务，统一音命名，增加可读性
3	配置完成，单击<确定>按钮，完成一个统一音的增加
4	配置完成，单击<确定>按钮

10.6 总结与思考

1. 实习总结

请描述您本单元实习的收获。

2. 思考

（1）配置过程中遇到的问题；

（2）硬件规划是否完成，数据配合的原理；

（3）理解处理板容量配置中各项的含义，并填写列表。

配置项	含 义	最大值	最小值	建议值
Tid 文本名称容量				
用户容量				
中继容量				
黑白名单				
ISDN 用户容量				
最大节点数量				
最大群内对话数				

第 11 章 IAD 组网配置综合实训

11.1 实训说明

本实习使用中兴 IAD：I503，I508 或者 I512；SS 版本为 Version2.01.60.1.R05，使用中兴软交换管理平台 172.24.10.10，请在老师的指导下安装正确的客户端工具，并确认所维护的 SS 版本正确。

1. 实训目的

通过本章实习，熟练掌握以下内容。

（1）IAD 簇与节点的配置。

（2）配置号码分析子 DAS，分配用户号码。

（3）配置 IAD 设备数据。

（4）打通 IAD 用户之间的电话。

（5）熟悉数据之间的逻辑关系。

2. 实训时长

4 小时

3. 实训项目描述

本次实训通过一个组建如图 11.1 所示的软交换网络，完成软交换侧数据配置和 IAD 侧数据配置。学院的软交换设备为中兴通讯公司的 ZXSS10 1b 设备，有 1 套 IAD 设备，有中兴 H.248 协议的 I508 设备 8 套等。要求学生在软交换设备上增加 IAD 簇、增加 IAD 节点、增加用户数据，规划并配置 IAD 设备的 IP 地址和用户号码等，理解在软交换设备中用户开通和程控交换开通的不同之处，思考为什么？要求学生规划和协商相关数据，完成同一 IAD 用户呼叫，用信令跟踪，不同组同学数据配置完成后互通，观察呼叫流程和信令，理解 H.248 协议的通信过程。通过实训操作，更好地理解分组交换环境下，设备间的配合和协议的运行。

11.2 实训环境

SS1B、IAD、PC 维护台设备的连接如图 11.1 所示，确认下列问题。

（1）SS 前后台安装完成。

（2）综合网管服务器和客户端安装完成。

（3）从客户端能够连接到服务器，以及软交换的 NIC 接口。

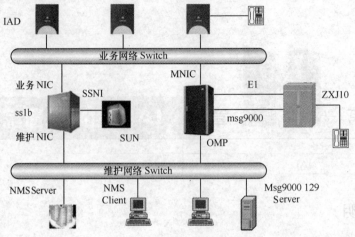

图 11.1 实验室组网拓扑图

11.3 实训规划

11.3.1 组网硬件规划

实验室 SS1B、IAD、PC 维护台设备连接如图 11.1 所示。

11.3.2 数据规划

根据图 11.1 所示的组网结构，在做实验之前请填写以下设备的 IP 地址，以及它们的下一跳网关等进行数据规划安排，请规划表 11.1。

表 11.1 实验数据规划表

设备接口	IP 地址	下一跳网关
NMS 客户端		
NMS 服务器		
SS1B 维护 NIC		
SS1B 业务 NIC		
IAD1		
IAD2		
IAD3		
IAD4		

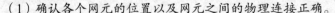

（1）确认各个网元的位置以及网元之间的物理连接正确。

（2）了解各个网元接口的 IP 地址配置正确，可以采用 Ping 命令，测试它们之间的连接是否正常。

（3）如果网元连接正常，仍然不能登录，请查看各个网元的相关服务是否启动正常，可以找老师检查问题。

11.4　实训流程

IAD（Integrated Access Equipment）可以采用两种协议与 SS 互通：H.248 协议和 MGCP 协议（Media Gateway Control Protocol）。中兴的 IAD 产品目前都采用 H.248 协议和 SS 互通。

IAD 配置步骤：IAD 簇配置→IAD 节点配置→IAD 用户配置（号码分配）→H.248 协议数据配置（见表 11.2）。

表 11.2　　　　　　　　　　　　　　配置流程表

配置步骤	操　作	配置步骤	操　作
1	IAD 簇配置	4	协议数据配置
2	IAD 节点配置	5	号码分析配置
3	用户号码配置	6	IAD 侧数据配置

11.5　实训操作步骤和内容

11.5.1　与 IAD 设备相关的数据配置准备

1. SPC 处理板属性准备

表 11.3　　　　　　　　　　　　　SPC 处理板属性配置步骤

步骤	操　作
1	选择数据库图形界面中【全局配置→系统数据配置→属性配置】菜单，如果处理板所处理的 IAD 设备选用的是 H.248 协议，则需要在［处理范围］中选择［呼叫］、［H.248］。如下图所示 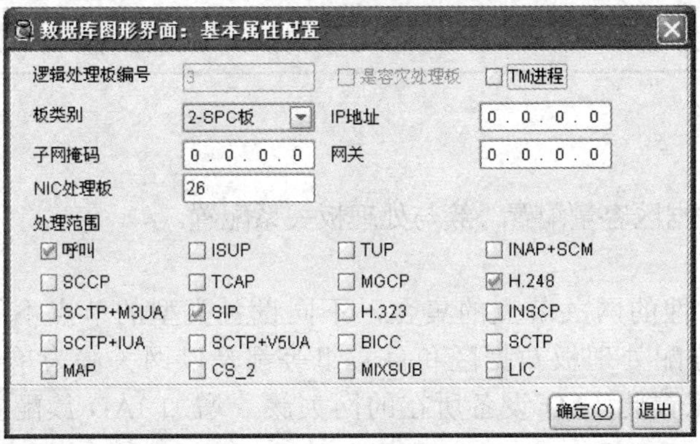 • 选中 H.248 协议的 SPC 板 • NIC 处理板：26 • 处理范围：呼叫、SIP、H.248
2	如果处理板所处理的 IAD 设备选用的是 MGCP 协议，则［处理范围］选中［呼叫］、［MGCP］复选框
3	如处理板所处理的 IAD 设备既有 H.248 协议也有选用 MGCP 协议的，则［处理范围］选择：［呼叫］、［H.248］、［MGCP］
4	修改完毕，单击＜确定＞按钮，确认修改并退出修改界面，单击＜退出＞按钮放弃修改

2. 配置 SPC 处理板容量

SPC 处理板容量配置步骤见表 11.4。

表 11.4   SPC 处理板容量配置步骤

步骤	操　作
1	在【机框配置】界面，选择 IAD 设备相应的处理板，单击鼠标右键，在弹出的菜单中选择【单板容量配置】，修改单板容量
2	对于 IAD 设备，在配置处理板容量时，容量的大小需要根据实际情况进行填写 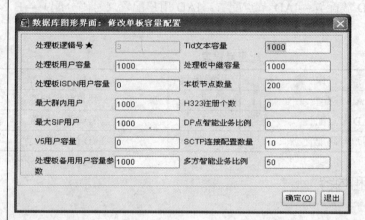 　　• Tid 文本容量：1000 　　• 处理板用户容量：1000 　　• 本板节点数量：200 具体参数参考下表：

参数说明表

配置项	说　　明
Tid 文本容量	TIDNAME 的最大容量
处理板用户容量	此 SPC 板能处理的用户最大数量
处理板备用用户容量参数	此 SPC 板处理备用用户容量最大数量
本板节点数量	此 SPC 处理的节点最大数据

11.5.2　IAD 簇配置

簇的配置包括新增加簇，数据区容量配置，簇与处理板关系配置。

1. 增加 IAD 簇

网关簇是具有某些相同属性的网关节点的集合，不同设备类型的节点不能在同一个网关簇中。在 SS 系统中，分配处理板数据区和百号组等都是以网关簇为单位。在增加一个 IAD 设备前，首先要配置此 IAD 设备所在的网关簇。增加 IAD 簇配置步骤见表 11.5。

表 11.5   增加 IAD 簇配置步骤

步骤	操　作	
1	在数据库图形界面图中，双击<IAD 设备>图标，进入【IAD 设备图形】界面，单击<新增网关簇（ZONE）>快捷图标，如图所示	新增ZONE
2	在打开的界面中，单击界面左上角<新增 ZONE>按钮，弹出【网关簇配置】界面	

步骤	操　作
2	具体参数参考下表： **参数说明表** （下表见正文）

- 网关簇号：1
- 号码分析选择子：1
- 本网关簇所在网络类型：1-重邮
- 本网关簇所在区域号：23
- 局语言：2-英语
- 呼叫权限模板：1
- 网关簇名称：H.248-IAD

参数说明表

配置项	说　明
网关簇号	添入一个未使用的网关簇编号，不要大于系统容量中的最大网关簇数目
号码分析选择子	网关簇用户所使用的号码分析子号，要事先在号码分析中配置，在这里不起作用
本网关簇所在网络类型	默认情况，选择网络类型 1，与 SoftSwitch 属性配置中选用的网络类型保持一致
本网关簇所在区域号	填写本网关簇所在城市的区号，例如重庆填写：23
局语言	根据实际情况选择语言种类，默认选择 2-英语
本网关簇长途呼叫经过的网络类型	选择本地网络类型
呼叫权限模板	填写默认值 1，在此不起作用。呼叫权限模板可以在【业务管理配置】—【用户模板配置】—【呼叫权限模板配置】
网关簇名称	取一个有意义的名称，例如：重邮 IAD

步骤	操　作
3	配置完成，单击＜确定＞按钮

思考：

（1）为什么簇的参数："号码分析子"和"呼叫权限模板"都不起作用？

（2）需要在哪些地方配置"号码分析子"和"呼叫权限模板"？

2. 数据区容量配置

SS 控制设备的处理板进行呼叫和协议的处理以网关簇为单位，在增加网关簇后就要给网关簇分配处理板。对于一个 IAD 簇，仅仅需要配置呼叫最大数据区和 H.248 协议最大数据区。

对于与呼叫相关的协议数据区配置原则为：该协议类型的用户数量按照呼叫数据区的比例 1：1，即如果为 H.248 协议的用户开的用户呼叫数据区为 X，则 H.248 协议数据区也为 X。MGCP/H.248/H323/SIP/SS7/DSS1/V5 各类协议的数据区之和应该为呼叫数据区的值。数据区容量配置步骤见表 11.6。

表 11.6　　　　　　　　　　　　　　数据区容量配置

步骤	操　　作
1	在【机框配置】界面中，选择相应的 SPC 板，单击鼠标右键，选择【数据区容量配置】菜单，进入【数据区容量配置】界面
2	单击＜增加＞按钮，进入【新增数据区容量配置】界面 • 网关簇号：1，IAD 新加簇 • 呼叫最大数据区：200 • H.248 最大数据区：200 • 其他参数用默认值 具体参数参考下表

参数说明表

目　　的	操　　作
配置 H.248 协议 IAD 网关簇数据区容量	填写 [呼叫最大数据区] 和 [H.248 协议最大数据区]，数据区的比例 1:1。例如，如果为 H.248 协议的用户开的用户呼叫数据区为 1000，则 H.248 协议数据区也为 1000
配置 MGCP 协议 IAD 网关簇数据区容量	填写 [呼叫最大数据区] 和 [MGCP 最大数据区]，数据区的比例 1:1。例如，如果为 MGCP 的用户开的用户呼叫数据区为 1000，则 MGCP 数据区也为 1000
配置 H.248 协议和 MGCP 协议 IAD 网关簇数据区容量	填写 [呼叫最大数据区]、[MGCP 最大数据区] 和 [H.248 协议最大数据区]。若某网关簇中既包括 1000 个 H.248 协议类型的用户，也包括 1000 个 MGCP 类型的用户，则相应的 [MGCP 最大数据区] 和 [H.248 最大数据区] 中分别填入 1000，[呼叫最大数据区] 为 [MGCP 最大数据区] 和 [H.248 最大数据区] 两者的和，为 2000

3	配置完成，单击＜确定＞按钮

3. 配置簇与处理板关系

在 SS 处理板上配置了网关簇的数据区后，就可以将网关簇内用户的业务、协议和认证分配在该处理板上处理。首选逻辑处理板和次选逻辑处理板是主备用的关系，当首选处理板工作正常时，网关簇相关处理在首选板上进行，当首选板出现故障时，则相关处理切换到次选处理板。所以首选和次选应为不同的处理板。若不存在主备关系的逻辑处理板，则业务、协议和认证的首选和次选将选择同一块处理板。

对于一个新增加的簇，逻辑处理板全为空，单击＜修改＞按钮填入业务默认首选/次选逻辑处理板号、协议默认首选/次选逻辑处理板号、认证默认首选/次选逻辑处理板号，配置过程如下。簇与处理板关系配置步骤见表 11.7。

表 11.7　　　　　　　　　　　　　　　　簇与处理板关系配置

步骤	操　　作
1	选择已增加的 IAD 网关簇图标，单击鼠标右键，选择【簇与处理板配置】菜单。
2	单击＜修改＞按钮，进入【网关簇到处理板配置】界面，填入【首选逻辑处理板】和【次选逻辑处理板】 **数据库图形界面：修改簇与处理板配置** 网关簇号 ★　[1] 首选逻辑处理板号 [3]　　次选逻辑处理板号 [4] 确定(O)　退出 • 首选逻辑处理板：3 • 次选逻辑处理板：4
3	单击＜确定＞按钮
4	通过"簇与处理板配置"，正常情况下，3 号 SPC 板处理所有簇 1 的呼叫，如果 3 号 SPC 不能正常工作，4 号处理板自动处理簇 1 的呼叫。簇的配置一般都在开局的时候已经规划好，不会轻易改动，如果是新添加一个簇，配置完成此步骤后，需要重新启动两块 SPC 板，让数据区生效
5	在命令行使用 1211 命令，重启两块 SPC 板。1211 命令参数说明：槽位号，填写 SPC 板的槽位编号；密码：当天的日期。请在老师的配合下完成重启

一般情况下，一个簇需要两块 SPC 处理板，以保证任何一块 SPC 板出现故障时，不影响簇的业务。

同时必须先在该处理板上分配簇的数据区。通常业务、协议、认证的首选逻辑处理板为一块 SPC，次选逻辑处理板为另一块 SPC，作为备份。

SPC 的重启，需要谨慎操作，最好在老师的指导下来做。学员不要同时重启两块互为主备用关系的 SPC，否则会引起两块板上所有用户的呼损。

11.5.3　IAD 节点配置

1. 增加节点

增加 IAD 节点配置步骤见表 11.8。

表 11.8　　　　　　　　　　　　　　　　增加 IAD 节点配置步骤

步骤	操　　作
1	在数据库图形界面里双击 IAD 网关簇，进入【IAD 节点配置】界面
2	在工具栏中单击 ▦▦ 按钮，将弹出如下图所示的界面。分为 [基本属性] 和 [设备属性] 两项属性

续表

步骤	操 作
2	 ● 节点号：3（新增） ● 设备类别：6-IAD ● 设备 IP 地址：172.24.10.90 ● 设备域名：[172.24.10.90] ● 节点名称：IAD-cy ● 协议类型：H.248 ● 本端端口号：2944（H.248） ● 对端端口号：2944 ● 端口类别：UDP ● IP 版本号：IPv4 ● 协议辅助属性：文本格式 ● 静态配置模板号：1 ● 设备型号：3 ● 端口数量：8（同时多少个） ● 节点归属 SS：本地软交换 ● 语言类型模板：2 ● RTP 开关：1-RTPNAME ● 勾选协议兼容性 参数说明见下表。

参数说明表

目　的	操　作
设备 IP 地址	IAD 节点的实际地址
设备域名	采用 IP 方式注册时，IAD 的注册消息中不带有域名，所以［设备域名］可以自由填写
协议类型	选择［2-H.248］
本端端口号	填入 H.248 协议端口号［2944］
对端端口号	同上填入［2944］
节点名称	推荐采用"位置信息+编号"的形式来表示。例如：ZTE_1
设备型号	这里选择 3 中兴的三口 IAD。

步骤	操 作
3	目前使用的 IAD 有很多种，主要有 H.248 协议的 IAD 和 MGCP 协议的 IAD 学校用 H.248 协议的 IAD，IAD 如果采用 IP 地址注册的情况下是不涉及认证的，目前只有在域名注册时才涉及到认证方式，而 MGCP 终端本身就是域名注册
4	配置完成，单击<确定>按钮

2. 增加静态配置模板

静态配置模板，在开局第一次需要增加，一般中兴公司提供参考数据，可做少量调整，增加静态配置模板步骤见表 11.9。

表 11.9　　　　　　　　　　　　　　　　增加静态配置模板步骤

步骤	操　　作
1	在节点配置界面里选择［拓扑配置→拓扑节点相关配置→MG 静态配置模板］菜单，进入 MG 静态配置模板界面，选择 IAD 的模板
2	基本属性参数都采用默认配置，如有需要可以查中兴软交换 ZXSS1B 参数说明 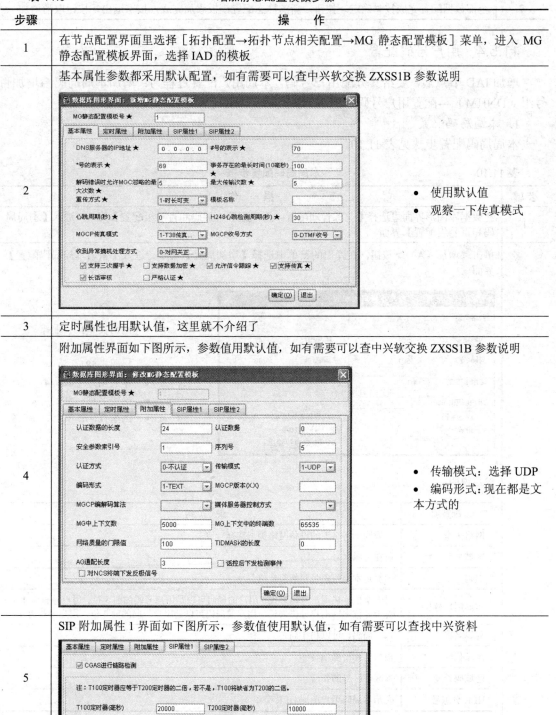
3	定时属性也用默认值，这里就不介绍了
4	附加属性界面如下图所示，参数值用默认值，如有需要可以查中兴软交换 ZXSS1B 参数说明
5	SIP 附加属性 1 界面如下图所示，参数值使用默认值，如有需要可以查找中兴资料

续表

步骤	操　作
5	T100 定时器应等于 T200 定时器的 3 倍，若不是，T100 定时器将默认为 T200 的 3 倍
6	SIP 定时属性 2 也用默认值，这里就不介绍了
7	全部数据配置完成按＜确定＞按钮，新的静态配置模板添加完成，按＜退出＞按钮取消增加

11.5.4　用户号码配置

增加 IAD 节点后，要给其分配用户号码。本局用户配置过程为：增加本局局码→增加百号组（DNHM）→配置用户号码（SDN）。

1．本局局码配置

本局局码配置步骤见表 11.10。

表 11.10　　　　　　　　　　　　　　　　本局局码配置步骤

步骤	操　作
1	在数据库图形界面里选择【业务管理配置→用户配置→局码和百号组配置】菜单，进入【本局局码和百号组配置】界面
2	单击＜增加（A）＞按钮，在弹出的菜单中选择【增加局码】命令，进入【新增本局局码配置】界面 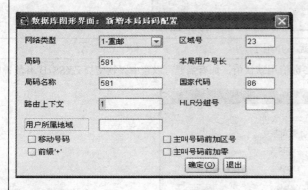 - 网络类型：1-重邮 - 区域号：23 - 局码：581 - 本局用户号长：4 - 局码名称：581 - 国家代码：86 参数说明： 　表略如下：

配置项	说　明
网络类型	一般同一网络中的设备网络类型选择一致
区域号	所在区域区号
局码	一般是本局用户号码的前几位
本局用户号长	对于 7 位本局用户号码来说，用户的局码可以是用户号码的前 3 位，用户号长为 4；对于 8 位本局用户号码来说，用户的局码可以是用户号码的前 4 位，用户号长为 4
局码名称	标识局码，可以和［局码］一样
国家代码	根据实际情况填写
区域码长度	本区域区号的长度
HLR 分组号	表示本局码用户所属 HLR 分组

步骤	操　作
3	全部数据配置完成按＜确定＞按钮，增加本局局码配置完成，按＜退出＞按钮取消增加

2. 百号组配置

在 SS 系统中，局号的百号组对应于簇，百号组配置就是分配号码资源段到一个簇中，百号组指的是用户号码的千位号和百位号。举例说明：如果本局局码是 581，百号组是 00，对应簇号 1 的 IAD 簇，则 1 号簇可用的号码资源为 5810000 到 5810099 的 100 个用户。IAD 用户百号组配置步骤见表 11.11。

表 11.11　　　　　　　　　　　　　　　　　IAD 用户百号组配置步骤

步骤	操　　作
1	在数据库图形界面里选择【业务管理配置→用户配置→局码和百号组配置】，进入【本局局码和百号组配置】界面。选择［百号组配置］，［新增百号组］界面
2	在右侧的空闲百号组列表中，单击鼠标选择要分配的百号组（可以选择多个），然后按［＜］按钮，此百号组将移到左侧的列表中，表示该百号将被分配给网关簇。如果按［＜＜］按钮，就会把右侧列表中所有百号组全部加到左侧列表中 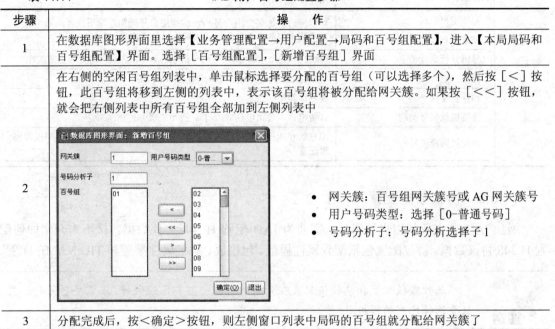 　• 网关簇：百号组网关簇号或 AG 网关簇号 　• 用户号码类型：选择［0-普通号码］ 　• 号码分析子：号码分析选择子 1
3	分配完成后，按＜确定＞按钮，则左侧窗口列表中局码的百号组就分配给网关簇了

3. 本局用户配置

给网关簇分配了百号组后，网关簇内的节点就可以配置相应号段的用户号码。SoftSwitch 产品提供用户号码配置的批处理方式，允许用户一次配置多个顺序的号码。当然，这样配置的前提是这些用户号码属于同一网关节点。本局 IAD 用户配置步骤见表 11.12。

表 11.12　　　　　　　　　　　　　　　　　本局 IAD 用户配置步骤

步骤	操　　作
1	在配置管理中，依次选择【数据配置→用户配置→本局用户配置】，进入【本局用户配置】界面
2	

续表

步骤	操 作

参数配置说明

配置项	说　明
网络类型	和 SoftSwitch 静态属性配置选用的网络类型保持一致
区域号	所在区域区号
起始用户号码	可以同时增加多个用户号码，这些用户号码为起始用户号码和结束用
结束用户号码	户号码中间的已经分配好局码和百号的用户号码
号码分析选择子	（重要参数），填入用户号码分析子的编号，否则用户无法正常起呼
网关节点号	（重要参数），填入配置用户所在的节点号
预置长途网	和网络类型一致
终端提供信号类型	计费电话，公用电话（IC 卡、投币之类）使用
呼叫权限模板号	用户的呼叫权限模板号，可单击［呼叫权限模板号］进入呼叫权限模板配置

（步骤 2）

11.5.5　协议数据配置

增加 IAD 节点及其用户号码后，需要为 IAD 配置 H.248 协议数据。接下来介绍如何配置 H.248 协议数据。协议配置包括配置属性模板、包模板、缺省属性配置和 TID NAME 配置。

注意　属性模板配置和包模板配置在开局的时候一般都已经做好，不需要再另外配置，只要选择已有的模板。

1. 属性模板配置

属性模板主要包括了 H.248/MGCP 协议用到的缺省事件、缺省包以及媒体的缺省事件、缺省包、SDP 描述，抖动、增益控制等参数。一般在开局时配置不同的包模板，以后再配置 IAD、TG、A200 时，只需从中选择一个模板即可。协议属性模板配置步骤见表 11.13。

表 11.13　　　　　　　　　　　　协议属性模板配置步骤

步骤	操 作
1	在数据库图形界面中，依次选择【协议配置→H.248/MGCP 配置→属性模板配置】
2	在【属性模板配置】界面中单击<增加>按钮，【新增属性模板配置】界面分为 4 个页面，【事件属性】界面配置如下

（步骤 2 界面）

数据库图形界面：修改属性模板配置

缺省属性模板标识 ★ 　1

事件属性　TDM属性　RTP属性　SDP属性1　SDP属性2

事件结构是否有效　0-否

缺省RequestId　2000

缺省事件数　1

缺省事件包标识　9

缺省事件事件号　5

事件结构长度　0

□ 发送AU包的三个扩展参数(it iv du)

确定(O)　退出

- 属性模板标识：1，编号从 1 开始
- 缺省 RequestID：通常取值为 2000
- 缺省事件数：通常取值为 1
- 缺省事件包标识：H.248 中一般为 9
- 缺省事件号：H.248 中一般配置为 5

步骤	操　作
3	TDM 属性配置界面 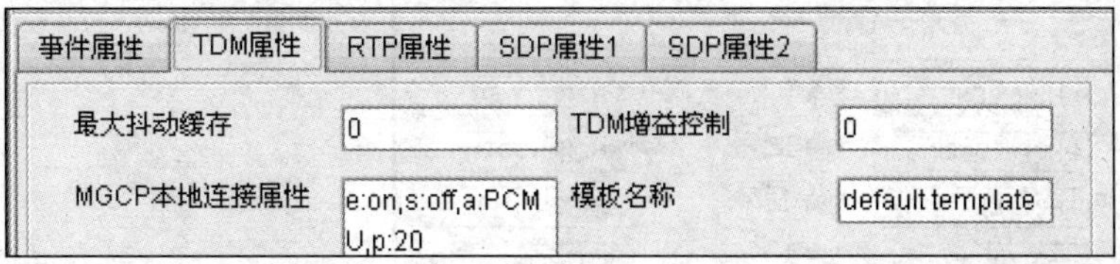 MGCP 本地连接属性：仅对 MGCP 有效，它主要设置 MGCP 在创建连接时对该用户的一些特性的设置，如回声抑制、编解码类型等。通常的格式为：p:20,e:on,s:off,a:G729;PCMA;PCMU
4	RTP 属性配置界面，此页面一般不需要配置
5	SDP 属性配置界面如下图所示，文本格式的 SDP 描述仅对 H.248 有效，用于设置该用户所能支持的所有的编解码属性。SDP 描述包括版本号、打包周期、编码方式等，形式如下 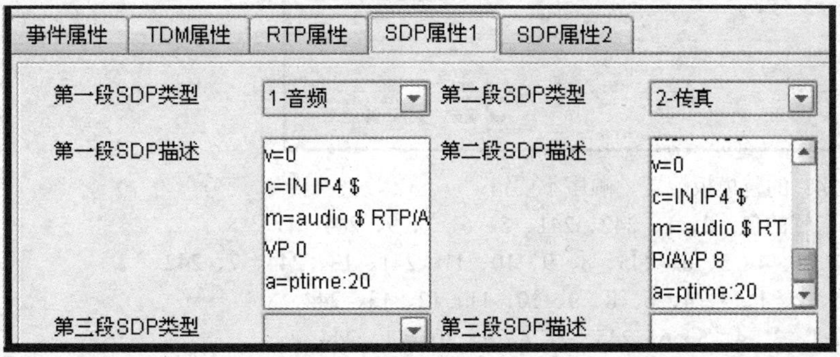 v=0 c=IN IP4 $ m=audio $ RTP/AVP 18 a= ptime:20 其中： m=audio$ RTP/AVP 0 是指 G.711μ 律压缩编码 m=audio$ RTP/AVP 8 是指 G.711A 律压缩编码 m=audio$ RTP/AVP 4 是指 G.723 压缩编码 m=audio$ RTP/AVP 18 是指 G.729 压缩编码 a=ptime:20 是指压缩包的打包间隔：20ms
6	SDP 属性 2 配置界面，参数不用修改，图形略
7	各项填写完成后按＜确定＞按钮，配置完成。按＜退出＞取消增加

2. 配置包模板

包模板是 H.248/MGCP 协议包的集合。不同厂家的 IAD 设备对协议包的支持不尽相同，因此需要不同的包模板，以适应不同的要求。

表 11.14　　　　　　　　　　　　　包模板配置步骤

步骤	操　作
1	选择【数据配置→协议数据配置→H.248/MGCP 配置→包模板配置】，进入【包模板配置】界面
2	单击＜增加（A）＞按钮，进入【增加包模板】界面

续表

步骤	操　作
2	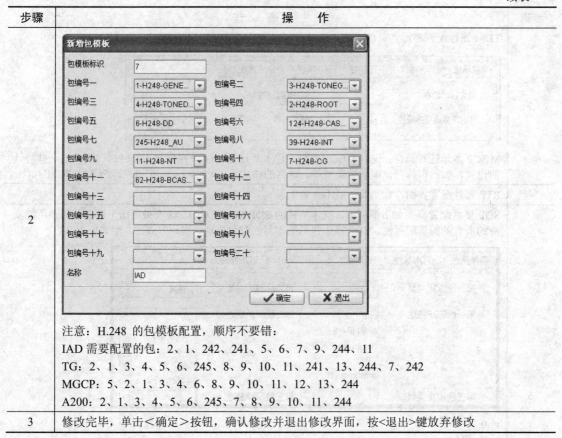 注意：H.248 的包模板配置，顺序不要错： IAD 需要配置的包：2、1、242、241、5、6、7、9、244、11 TG：2、1、3、4、5、6、245、8、9、10、11、241、13、244、7、242 MGCP：5、2、1、3、4、6、8、9、10、11、12、13、244 A200：2、1、3、4、5、6、245、7、8、9、10、11、244
3	修改完毕，单击＜确定＞按钮，确认修改并退出修改界面，按＜退出＞键放弃修改

 　　属性模板根据语音编码类型的需要选择，包模板应该根据网关类型选择相应的模板。相关的属性模板和包模板在开局的时候已经做好，具体选择的时候，需要咨询当地的工程师。

3. IAD 缺省属性配置

网关的缺省属性指针对不同的终端类型指定缺省属性模板和包模板标识。IAD 默认属性配置步骤见表 11.15。

表 11.5　　　　　　　　　　　　　　　　IAD 缺省属性配置步骤

步骤	操　作
1	双击 IAD 所在网关簇，进入网关簇内，找到要配置缺省属性的 IAD 节点，在节点与 SS 设备的连线上单击鼠标右键
2	在弹出的菜单选择【缺省属性配置】，界面如下图

步骤	操　作
3	单击＜增加（A）＞按钮，进入【新增缺省属性】界面，如下图所示 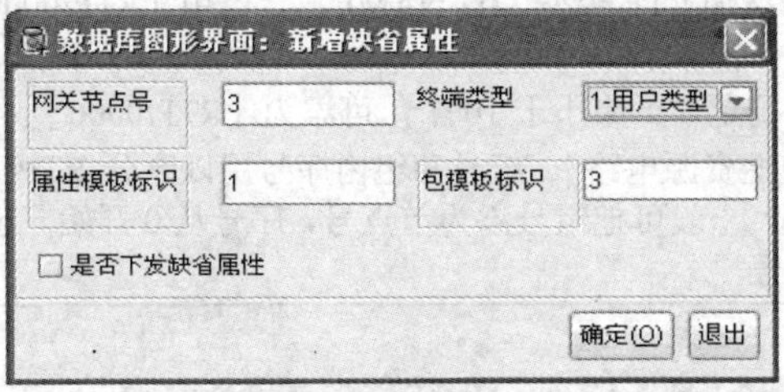 **数据库图形界面：新增缺省属性** 网关节点号：3　　终端类型：1-用户类型 属性模板标识：1　　包模板标识：3 □是否下发缺省属性 确定(O)　退出 • 网关节点号：3 • 终端类型：1-用户类型 • 属性模板标识：1 • 包模板标识：3 ［终端类型］：对于采用 H.248 协议的 IAD 设备的默认属性要配置用户类型和 RTP 类型。采用 MGCP 的 IAD 设备只需配置为用户类型，即在［包模板标识］和［属性模板标识］中分别填入相应的模板编号
4	配置完成，按＜确定＞按钮，就完成了 IAD 默认属性配置

4. IAD 的 TID NAME 配置

TID NAME 是 H.248/MGCP 协议中的终端 ID，用于标识物理终端（用户电路/中继电路）和逻辑终端（RTP 端点）。不同的 IAD 设备采用不同的 TID NAME，如：MGCP 协议的 aaln/0 和 H.248 协议的 AG58900。TID NAME 的配置必须和终端设备上的配置一致。

对于采用 H.248 协议的 IAD 设备，需要配置用户类型的 TID NAME 和 RTP 类型 TID NAME。TID NAME 配置步骤见表 11.16。

表 11.16　　　　　　　　　　　　　　TID NAME 配置步骤

步骤	操　作
1	在数据库图形界面中选择【协议数据配置→H.248/MGCP 协议配置→TID NAME 配置】或在 IAD 节点与 SS 的连线上单击右键选择 TID NAME 配置即可进入【TID NAME 配置】界面
2	**增加用户类型 TID NAME 配置** 单击＜增加（A）＞按钮，进入【增加 TID NAME】界面 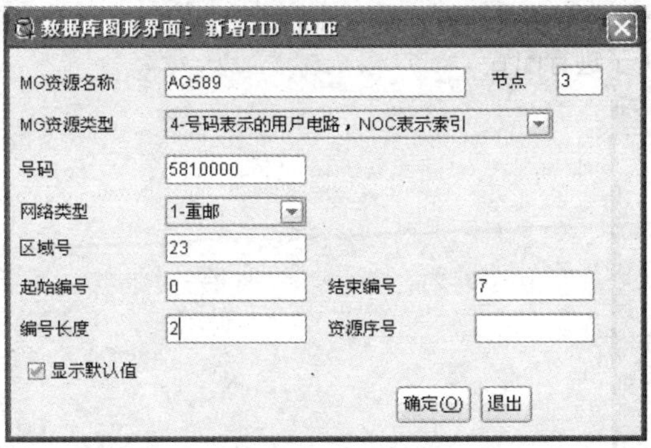 **数据库图形界面：新增TID NAME** MG资源名称：AG589　　节点：3 MG资源类型：4-号码表示的用户电路，NOC表示索引 号码：5810000 网络类型：1-重邮 区域号：23 起始编号：0　　结束编号：7 编号长度：2　　资源序号： ☑显示默认值 确定(O)　退出 • MG 资源名称：AG589 • 节点：3 • MG 资源类型：4-号码表示的用户电路，NOC 表示索引 • 号码：5810000 • 网络类型：1-重邮 • 区域号：23 • 起始编号：0 • 结束编号：7（0~7 共创建 8 个用户） • 编号长度：2 对于采用 H.248 协议的 IAD 设备，现在用户类型一般用［AG58900］开始顺序编号的形式。MG 资源名称则可添为［AG5890］，可根据增加 TID NAME 的多少填写，如增加数目在 10 个以下，则可添为［AG5890］，编号长度为 1；如果数目在 100 个以内，则可添为［AG589］，编号长度为 2。全部填写完后按＜确定＞按钮。MG 资源类型：［4-号码表示的用户电路，NOC 表示索引］

步骤	操 作
3	**增加 RTP 类型 TID NAME** 增加完用户类型的 TID NAME 后，还需增加 RTP 类型 TID NAME，一般用［RTP/00000］顺序编号的形式 ［MG 资源名称］也根据增加数目的大小确定，如果小于 10 个，可添为［RTP/0000］ ［MG 资源类型］选择［1-逻辑表示的中继资源电路］，组号和组内序号用以区分 RTP 端口，要做到本 SS 系统内唯一，没有实际的意义，一般可把组号添为节点号，序号从 0 开始。起始编号、结束编号、编号长度确定 RTP 端口的序号
4	配置完成如下图所示
数据库图形界面：TID NAME 配置
起始节点 ＿＿＿ 结束节点 ＿＿＿ 资源名称 ＿＿＿ 查询(Q)
起始编号 ＿＿＿ 结束编号 ＿＿＿ 编号长度 ＿＿＿ 更多查询条件(R)
"起始编号"和"结束编号"只有在输入"资源名称"后才有效，"编号长度"只有在输入"起始编号"和"结束编号"之一时才有效。

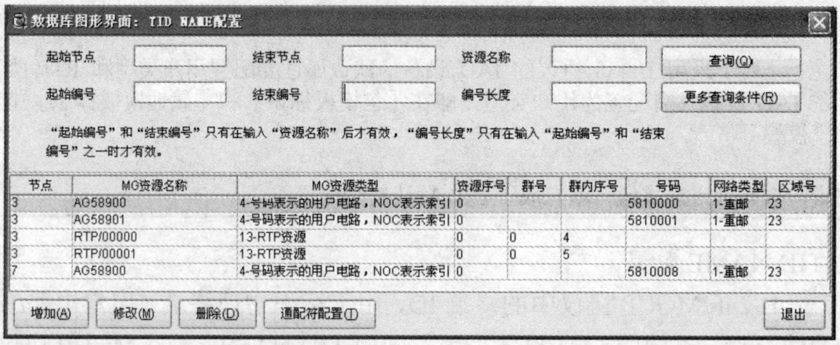

节点	MG资源名称	MG资源类型	资源序号	群号	群内序号	号码	网络类型	区域号
3	AG58900	4-号码表示的用户电路，NOC表示索引	0			5810000	1-重邮	23
3	AG58901	4-号码表示的用户电路，NOC表示索引	0			5810001	1-重邮	23
3	RTP/00000	13-RTP资源	0	0	4			
3	RTP/00001	13-RTP资源	0	0	5			
7	AG58900	4-号码表示的用户电路，NOC表示索引	0			5810008	1-重邮	23

增加(A)　修改(M)　删除(D)　通配符配置(I)　　　　退出 |

11.5.6 号码分析配置

号码分析配置的一般过程如下：配置号码分析选择子→配置本局局码分析→配置出局局码分析→配置号码图表（Digmap）。

1. 号码分析选择子配置

表 11.17　　　　　　　　　号码分析选择子配置步骤

步骤	操 作
1	在数据库图形界面中选择【业务管理配置→号码分析配置－号码分析配置】，将弹出号码分析配置主界面
2	单击【新增（A）】按钮，将弹出"号码分析子"对话框，前面在配置用户时，为用户分配了号码分析子号，现在就对此号码分析子进行配置
数据库图形界面：号码分析子 ┌号码分析子┐┌号码图表┐ 号码分析子　　　　　　1 网络类型　　　　　1-重邮 号码分析子名称　　　本局 新业务号码分析器　　1 centrex 号码分析器　0 专网号码分析器　　　0 特服业务号码分析器　0 私有号码分析器　　　5 本地网号码分析器　　2 国内长途号码分析器　0 国际长途号码分析器　0 确定(O)　退出

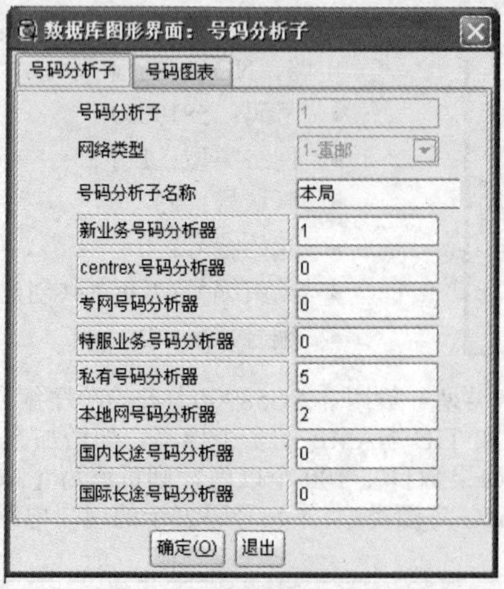

续表

步骤	操 作
2	**配置参数说明** | 配置项	说　明
号码分析子	号码分析表的入口或索引。一个号码分析子由多个号码分析器组成
网络类型	每个分析子可包含多个不同的网络类型，一般系统只有一个网络类型
分析器	分析子由 8 个分析器组成，通过将不同类型的分析字冠放在一起，方便管理。新业务分析器存放补充业务局码，号码分析器之间是按照从上至下的顺序进行号码查询，一个分析器没有匹配的条目的话，自动转到下一分析器。但有 3 个号码分析器比较特殊。Centrex 分析器、本地网分析器、国内长途分析器。这 3 个分析器如果没有匹配分析条目，将不会跳转到下个分析器，意味着必须人工指定跳转。在同一个号码分析器里面，按照最长匹配原则查找 号码分析器的标号与分析器的排列顺序无关，标号值为 0 表示该分析器不可用，标号最大值为 4096 国内长途分析器和国际长途分析器一般仅用于存放长途号码的分析字冠 CENTREX 群号码分析器一般仅供群用户号码分析字冠使用，在没有 CENTREX 群时，此号码分析器值填 0	
3	全部内容填写完成，按<确定>按钮
4	

2. 本局局码分析

表 11.18　　　　　　　　　　　　　本局局码分析配置步骤

步骤	操 作
1	在［号码分析配置］界面，单击<增加>按钮，新增本局局码，号码分析子 1，一般来说，本局局码可以放在私有号码分析器里 分析字冠：581 新的号码选择子：1 号码流接受最大位长：7 号码流接受最小位长：7 号码分析长度：3 话路释放方式：互不控 业务类别：市话业务 分析结束标志：本分析器分析结束

续表

步骤	操 作
1	配置参数说明 参数 / 说明 表格如下：

参 数	说 明
分析字冠	需要分析的本局局码
改号标志	若勾选，表示该局码下的用户均已改号，将不再接续，直接报"您拨打的用户已改号，请查114"
查询 HLR 方式	不配置 HLR：表示是否查询 HLR 由其他地方的配置决定
	查询 HLR：若其他地方配置了不查询 HLR，则此处不起作用，若其他地方配置了查询 HLR 或不配置 HLR，则此处将查询 HLR
	不查询 HLR：优先级最高，只要有一处配置了不查询 HLR，其他地方即使配置了查询 HLR 也不再查询
号码流接受最大位长	接收号码流的最大长度，尽量填写实际分析的号码长度
号码流接受最小位长	接收号码流的最小长度
话路释放方式	[主叫控制] 表示主叫挂机后释放
	[被叫控制] 表示被叫挂机后释放
	[互不控制] 表示主叫或者被叫任意一方挂机后释放
新的号码选择子	默认情况下，填 0。用于号码分析跳转，慎重选择
HLR 分组号	表示查询 HLR 时使用

步骤	操 作
2	
3	本局局码的分析结果，主要就是用户号码和某个本局配置的局码建立对应关系

3. 出局局码配置

出局局码指的是从本域打向 PSTN 侧时，PSTN 侧的局码配置，配置出局局码及出局路由，配置出 SS 呼叫的局码，包括本地网市话、农话、长话等字冠。出局局码一般可配置在私有号码分析器、本地网号码分析器、国内长途号码分析器、国际长途号码分析器中，可根据不同情况选择出局局码所属的分析器入口。出局局配码配置步骤见表 11.19。

表 11.19　　　　　　　　　　　　　　出局局码配置步骤

步骤	操 作
1	在号码分析配置界面左侧的号码分析结构树中依次选择【号码分析子→网络类型→号码分析器】命令，按＜增加＞按钮，在增加局码选项中单击【增加出局局码】按钮

步骤	操　作	
2	主要参数含义如下	<ul><li>分析字冠：582</li><li>新的号码分析选择子：1</li><li>号码流接收最大位长：7</li><li>号码流接收最小位长：7</li><li>计费索引：1</li><li>话路释放方式：互不控制</li><li>路由链组号：1</li><li>业务类别：市话业务</li><li>呼叫方向：中继出 SS 呼叫</li><li>分析结束标志：本分析器分析结束</li><li>被叫国家代码：86</li><li>被叫区号：23</li></ul>

参数说明表

配置项	说　明
分析字冠	填入需要分析的出局局码
HLR 分组号	用于固网 3G，指定查询 SHLR
号码流接收最大位长	接收号码流的最大长度
号码流接收最小位长	接收号码流的最小长度
话路释放方式	列出了所有话路释放方式：［主叫控制］、［被叫控制］、［互不控制］
路由链组号	（重要参数），指向出局的路由链路组号，最终找到中继群或者其他 SS
呼叫方向	呼叫方向和被叫用户有关，如果路由是指向其他 SS，则为 IP 出 SS 呼叫；如果是指向 PSTN 交换机，则为中继出 SS 呼叫

步骤	操　作
3	全部内容填写完成，按<确定>按钮

4. 号码图表（Digmap）配置

做完号码分析以后，必须要为相应的号码分析子配置 Digmap，单击相关号码分析子，选择"号码图表"。本节介绍如何配置号码分析图表。号码图表配置步骤见表 11.20。

表 11.20　　　　　　　　　　　　　号码图表配置

步骤	操　作
1	在【号码分析配置】界面中，单击<Digmap 模板>按钮，进入【Digmap 模板配置】界面
2	单击<增加>按钮，进入【新增 Digmap 模板配置】界面 号码图表是为适应 H.248 和 MGCP 协议的要求而设置的号码串，主要是媒体网关（MG）用它来判断用户所拨的号码流是否有效，其形式为 ［（［1-7］xxx|8xxxx|［3-8］xxxxxx |Fxxxxxxx| 91 xxxxxxxx|…）］。其中［|］为或符号，x 表示［0～9］在内的任意号码，［1-7］xxx 表示一种拨号形式，有 4 位号码，第一位号码为 1～7 中任意一位，后三位为任意号码；另外［.］表示任意多个号码。配置成 581xxxx 即可

步骤	操　作
3	填入［模板号］，模板的［名称］，要使号码图表的形式包含所有已配置的局码相应的用户号码，因此号码图表要随着号码的增加或删除进行相应的修改
4	填写完成，按<确定>按钮

11.5.7　IAD 侧数据配置方法一

配置 IAD 设备参数，方法一采取超级终端方式配置。

1. IAD 配置准备

硬件准备：IAD 设备、操作台、调试串口线、网线。

软件准备：IAD 版本软件，已经安装。

2. 超级终端登录准备

超级终端登录步骤见表 11.21。

表 11.21　　　　　　　　　　　　　　超级终端登录步骤

步骤	操　作
1	启动超级终端，建立 IAD 连接
2	运行 Windows 点击【开始→程序→附件→通信→超级终端】；输入名称，如"IAD-11"，单击<确定>按钮
3	选择实际使用的串口（一般来说，计算机只有两个串口，COM1），并单击<确定>按钮
4	选择每秒位数：9600，数据位：8，奇偶校验：无，停止位：1，数据流控制：无，或者，单击"还原为默认值"按钮，则会自动按上述设置，然后单击<确定>按钮，进入超级终端界面

3. IAD 命令行方式配置

IAD 命令行方式配置步骤见表 11.22。

表 11.22　　　　　　　　　　　　　　IAD 命令行方式配置步骤

步骤	操　作
1	在超级终端界面，按<回车>键，输入用户名 root，密码 zte，并登录 IAD 数据配置
2	配置 IAD 基本信息：ifconfig 172.24.10.15　0.0.0.0　255.255.255.0 解释：设置 IAD 的 IP 地址、下一跳地址、子网掩码，保证该 IAD 能和 SS1A 通信，IP 地址不能重复
3	配置 SERVER 基本信息：server 0 0 0.0 172.24.10.10 解释：设置为不采用 DHCP 方式，不采用 TFTPSERVER 自动升级，因此两个 TFTP SERVER 地址均为 0，设置 SS1 地址。 保存数据，write
4	配置完成，重启 IAD，进行注册

11.5.8　IAD 侧数据配置方法二

配置 IAD 设备参数，方法二采取 Web 界面方式配置。

1. Web 方式 IAD 配置

Web 方式 IAD 配置步骤见表 11.23。

表 11.23　　　　　　　　　　Web 方式 IAD 配置步骤

步骤	操 作
1	IE1 浏览器输入 http://172.24.10.18，即 IAD 的 IP 地址 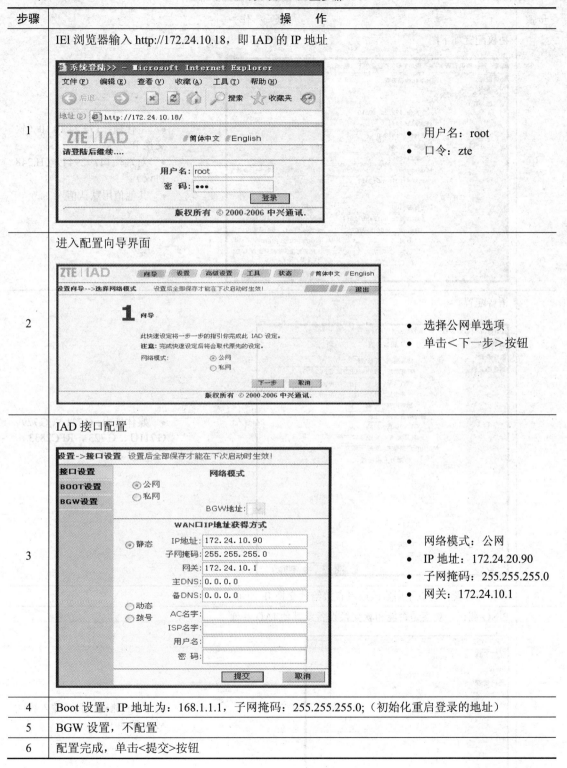 • 用户名：root • 口令：zte
2	进入配置向导界面 • 选择公网单选项 • 单击<下一步>按钮
3	IAD 接口配置 • 网络模式：公网 • IP 地址：172.24.20.90 • 子网掩码：255.255.255.0 • 网关：172.24.10.1
4	Boot 设置，IP 地址为：168.1.1.1，子网掩码：255.255.255.0;（初始化重启登录的地址）
5	BGW 设置，不配置
6	配置完成，单击<提交>按钮

2. Web 方式 IAD 高级设置

Web 方式 IAD 高级设置配置步骤见表 11.24。

表 11.24　　　　　　　　　　Web 方式 IAD 高级设置配置步骤

步骤	操　作
1	协议配置如下图 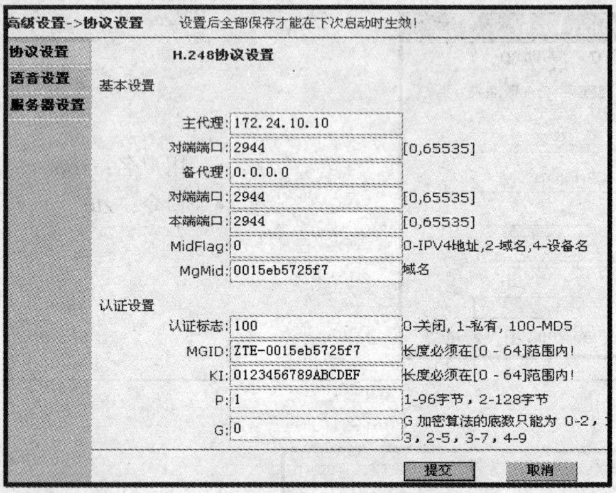 • 主代理：172.24.10.10（软交换 IP） • 对端端口：29449（H.248 协议） • 其他值用默认值
2	语音配置 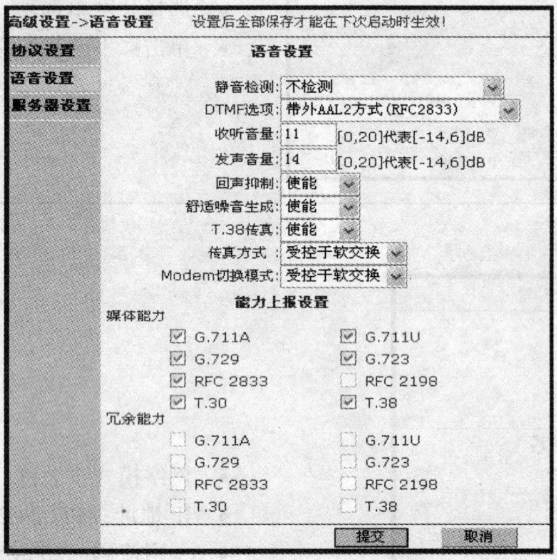 • 媒体能力：G.711A、G.729、G.711U、G.723、RFC2833、T.30、T.38 等
3	服务器配置，可以不用修改或者直接给软交换 IP 即可
4	PING 测试，观察是否能和软交换设备或其他 IAD 互通 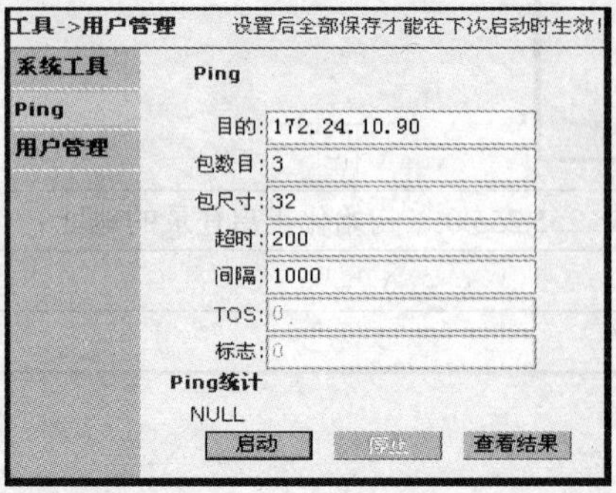 • Ping 测试工具，输入测试对端 IP 即可

步骤	操　作
5	当前运行参数显示，观察配置是否正确 状态->当前运行参数显示　设置后全部保存才能在下次启动时 当前运行参数显示 端口服务状态 当前运行参数显示 网络选择：　　　　　公网 WAN口IP地址获得方式：静态 IP地址 　　IP地址：172.24.10.90 　　子网掩码：255.255.255.0 　　网关：172.24.10.1 　　主DNS：0.0.0.0 　　备DNS：0.0.0.0 　　● 查看当前运行参数等
6	其中在用户管理界面，可以配置软交换中已经开通的电话号码，进行拨号测试

3．实习结果验证

配置完成后，在 SS 维护台上观察 IAD 是否已经成功注册。

操作方法：登录 SS GUI 界面，进入命令行界面，用 5004：［模块号］（SPC 板号-2，这用第 4 块 SPC 板，所以命令是 5004：2）。查询该 IAD 节点状态是否为"已注册"。

11.6　总结与思考

1．实习总结

如图 11.2 所示 IAD 用户 A 拨打 IAD 用户 B 的呼叫流程简单总结如下。

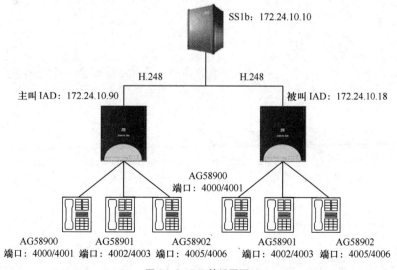

图 11.2　IAD 的组网图

① A 摘机，IAD 监测到 A 摘机，向软交换发送 H.248 消息，软交换根据主叫用户的 TID NAME（如 AG58900），找到对应主叫用户号码，查看主叫用户的业务属性以及对应号码分

析选择子（如 DAS＝1）；SS 根据 DAS＝1，得到对应的号码表，发送给 IAD，要求 IAD 放拨号音，并收号。

② A 拨打 B 的号码，IAD 送被叫给 SS，SS 根据 A 用户的 DAS＝1，在号码分析选择子 1 中开始查找被叫号码 B，找到对应条目，发现是本局呼叫。

③ SS 根据被叫号码 B 找到对应的被叫 IAD 节点和 TID NAME，被叫振铃。

④ 被叫摘机，SS 接续主被叫。

2. 实训思考

（1）SS 的各个单板的模块号分别是多少？

（2）SS 是如何给用户分配和管理用户号码的？

（3）请描述一次 IAD 用户之间的呼叫具体流程？

（4）如果要想让 IAD 的用户实现来电显示的功能，应该如何配置？

第 **12** 章 　 SIP 组网配置综合实训

12.1　实训说明

SIP 协议是下一代网络中软交换与软交换之间、软交换与应用服务器之间、软交换和智能终端之间的呼叫控制协议，因此有着广泛的应用领域和重要的研发价值。SIP（Session Initialization Protocol，会话初始协议）可应用于以下场合：应用于 IP 网中的基本语音和多种通信增值业务；作为通信核心网的信令协议，包括基于软交换的 NGN、3G 的 IMS 网络和未来固定移动融合的 FMC 网络；应用于业务平台中，实现业务逻辑控制；应用于智能终端和未来数字家庭网关设备中。

SS 作为 SIP 网络中的代理服务器和登记服务器，SIP Phone 可以通过 SIP 协议和 SS 进行信息交互，实现语音、视频等多种通信业务。本实习使用 SIP 终端（PC 机），并结合 Multi-phone 软件实现语音通信。本实训对应的 SS 版本：V2.0.1.04.1。

1．实训目的

通过本章实习，熟练掌握以下内容。

（1）SIP 终端簇与节点的配置（只需配置一次）。

（2）SIP 协议数据配置（只需配置一次）。

（3）分配 SIP 终端用户号码，配置号码分析子。

（4）打通 SIP 终端用户之间的电话。

2．实训时长

4 学时

3．实训项目描述

本次实训在第 10 章实训的基础上进行，要求已经完成指定的 ZXSS10 SS1b 软交换设备机架、机框、单板等数据配置，已经具备独立局的运行能力。在此基础上增加接入层设备 SIP 终端，终端有 SIP 电话和计算机的软 SIP 电话，配置完成后，SIP 终端间拨号测试，并进行信令跟踪。同时要求 SIP 电话和第 11 章中配置完成的 IAD 设备的用户间能互相拨打，观察不同协议通信的过程，分析协议间配合的关联关系等。

本次实训目的是在软交换设备上增加不同厂家的 SIP 终端，完成软交换配套数据配置和 SIP 设备数据配置，了解下一代网络增加常用设备的操作方法和流程。

12.2 实习环境

（1）实验室硬件设备 SS1B、IAD、PC 维护台设备搭建如图 12.1 所示。
（2）操作环境软交换、PC 维护台设备连接如图 12.1 所示。
（3）SS 前后台安装完成，物理硬件配置完成，各种公共数据配置完成。
（4）计算机均安装有 SS 专用的操作维护软件 GUI，综合网管服务器和客户端安装完成。
（5）各客户端能够连接到服务器，以及软交换的 NIC 接口。

12.3 实训规划

12.3.1 组网硬件规划

SS1B、SIP 电话和计算机的软 SIP 电话组图如图 12.1 所示。确认 SS1B 的维护台安装正常，Multi－phone 终端和 SS 的 NIC 可以正常通信（相互 ping 通对方的 IP）。

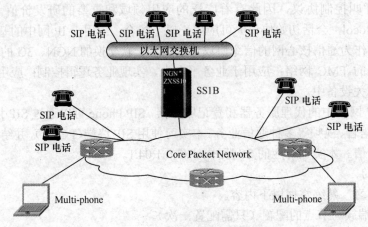

图 12.1　SIP 设备组网拓扑图

12.3.2 数据规划

1. 设备的 IP 地址数据规划（见表 12.1）

表 12.1　　　　　　　　　　　设备的 IP 地址数据规划表

设备接口	IP 地址	下一跳网关
NMS 客户端		
NMS 服务器		
SS1B 维护 NIC	172.24.10.10	
SS1B 业务 NIC	172.24.10.10	
SIP1～8	172.24.10.42-49	
……		

续表

设备接口	IP 地址	下一跳网关
Multi-phone 1		
Multi-phone 2		
……		

2. SIP 设备数据规划（见表 12.2）

表 12.2　　　　　　　　　　SIP 设备数据规划表

设　　备	簇　　号	节　点　号	电话号码
SIP1			
SIP2			
Multi-phone 1			
Multi-phone 2			
……			

注意

（1）确认各个网元的位置，以及网元之间的物理连接正确。

（2）确认各个网元接口的 IP 地址配置是否正确，可以采用 Ping 命令，测试它们之间的连接是否正常。

（3）如果网元连接正常仍然不能登录，请查看各个网元的相关服务是否启动正常，可以找老师检查。

12.4　配置数据流程

配置流程表见表 12.3。

表 12.3　　　　　　　　　　配置流程表

配置步骤	操　　作	配置步骤	操　　作
1	SIP 簇配置	4	SIP 协议数据配置
2	SIP 节点配置	5	号码分析配置
3	SIP 协议数据配置	6	SIP 登记用户配置

12.5　实训操作步骤和内容

12.5.1　与 SIP 设备相关的数据配置准备

1. 配置 SPC 板基本属性

对于 SIP 终端，它与 SS 控制设备交互时采用的是 SIP 协议，所以需要在处理板上勾选呼叫和 SIP 协议的处理。本步只在第一次配置 SIP 用的时候使用，如果 SPC 板上已经有 SIP 用户，表示已经配好，跳过此步。SPC 处理板属性配置步骤见表 12.4。

表 12.4 　　　　　　　　　　　　　　SPC 处理板属性配置步骤

步骤	操　作
1	选择数据库图形界面中【全局配置→系统数据配置→属性配置】菜单，选择 SIP 终端相应的处理板，单击鼠标右键，在弹出的菜单中选择【基本属性配置】然后单击修改，如下图所示 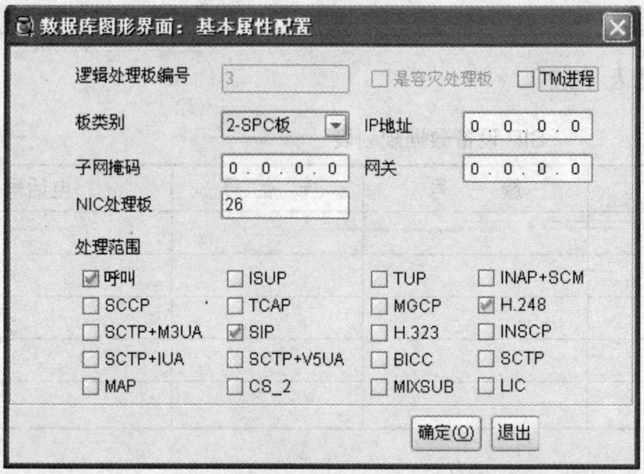 **数据库图形界面：基本属性配置** 逻辑处理板编号　3　□是容灾处理板　□TM进程 板类别　2-SPC板　IP地址　0.0.0.0 子网掩码　0.0.0.0　网关　0.0.0.0 NIC处理板　26 处理范围 ☑呼叫　□ISUP　□TUP　□INAP+SCM □SCCP　□TCAP　□MGCP　☑H.248 □SCTP+M3UA　☑SIP　□H.323　□INSCP □SCTP+IUA　□SCTP+V5UA　□BICC　□SCTP □MAP　□CS_2　□MIXSUB　□LIC 确定(O)　退出 • 逻辑处理板编号：选中的 SPC 板 • 板类别：SPC 板 • NIC 处理板：26/27 • 处理范围：呼叫、SIP、H.248 • 单击＜确定＞按钮
2	处理板所处理的 SIP 设备需要在［处理范围］中选择：［呼叫］、［SIP］
3	如果要上 SHLR 还需要勾选［TCAP］、［INAP＋SCM］协议
4	修改完毕，单击＜确定＞按钮，确认修改并退出修改界面，单击＜退出＞按钮放弃修改

2. 配置 SPC 处理板容量

配置 SPC 处理板容量只有"处理板用户容量"、"本板节点数量"和"最大 SIP 用户"对 SIP 用户是有效的。本步仅在第一次配置 SIP 用户和协议时需修改，如果已经配置好，则跳过本步。SPC 处理板容量配置步骤见表 12.5。

表 12.5 　　　　　　　　　　　　　　SPC 处理板容量配置步骤

步骤	操　作
1	在机框配置界面，选择 SIP 设备相应的处理板，单击鼠标右键，在弹出的菜单中选择【单板容量配置】，修改单板容量
2	对于 SIP 设备，在配置处理板容量时需要配置如下几项，容量的大小需要根据实际情况进行填写 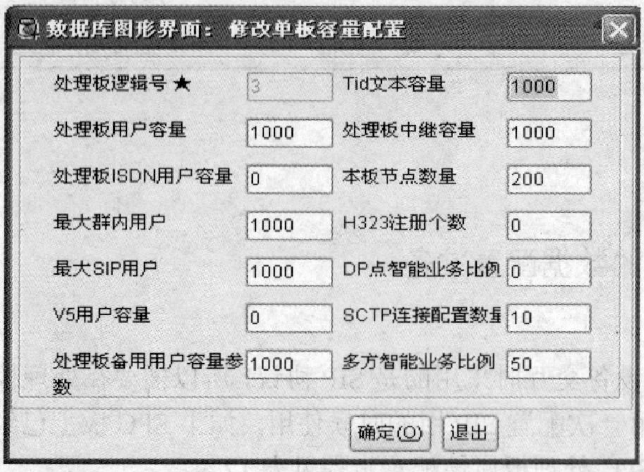 **数据库图形界面：修改单板容量配置** 处理板逻辑号 ★　3　Tid文本容量　1000 处理板用户容量　1000　处理板中继容量　1000 处理板ISDN用户容量　0　本板节点数量　200 最大群内用户　1000　H323注册个数　0 最大SIP用户　1000　DP点智能业务比例　0 V5用户容量　0　SCTP连接配置数量　10 处理板备用用户容量参数　1000　多方智能业务比例　50 确定(O)　退出 • 其中大部分都用默认值

步骤	操　作
2	具体参数参考下表 **参数说明表** | 配置项	说　明
Tid 文本容量	TIDNAME 的最大容量
处理板用户容量	此 SPC 板能处理的用户最大数量
本板节点数量	此 SPC 处理的节点最大数量
最大 SIP 用户	SIP 用户的最大容量。常用值 100，即处理 100 个用户呼叫	
3	修改完毕，单击＜确定＞按钮，确认修改并退出修改界面，按＜退出＞按钮放弃修改

3. 与 SIP 设备相关的数据配置准备

在软交换设备上对 SIP Phone 相关数据进行配置。

SIP Phone 配置步骤：SIP 簇配置→SIP 节点配置→SIP 协议数据配置→SIP 用户配置（局码、SIP 电话号码分配等）→SIP 登记用户配置。

> 由于 SIP 节点是虚拟节点，不需要配置 IP 地址和 MAC 地址，在整个 SS 中只需要增加一个 SIP ZONE，然后在这个 ZONE 里面增加一个节点即可。SIP 协议的配置也只需要配置一次，如果你发现 SIP 节点已经配置，那么跳到 12.5.5 步，你只需要配置：SIP 用户配置（局码、SIP 电话号码分配等）→SIP 登记用户配置。

12.5.2　SIP 簇配置

簇的配置包括新增加簇，数据区容量配置，簇与处理板关系配置。

1. 增加 SIP 簇

增加 SIP 簇配置步骤见表 12.6。

表 12.6　　　　　　　　　　　　　增加 SIP 簇配置

步骤	操　作
1	在数据库图形界面的网络视图中，双击【SIP】图标进入 SIP 图形配置界面
2	在打开的界面中，单击界面左上角＜新增 ZONE＞按钮，弹出【网关簇配置】界面 **数据库图形界面：网关簇配置** 网关簇号 ★：2　　号码分析选择子 ★：1 本网关簇所处的网络类型 ★：1-重邮　　本网关簇所处的区域号 ★：23 局语言 ★：2-英语　　本网关簇长途呼叫经过的网络类型 ★：1-重邮 呼叫权限模板 ★：1　　主叫号码分析选择子 ★：0 网关簇名称：2　　网关簇类型：12-SIP 终端 大容量网关： □ 对主叫号码进行鉴权 □ 国内 TG　□ 国际 TG　□ 用户机 确定(O)　退出 ● 网关簇号：2 ● 号码分析选择子：1 ● 网络类型：1-重邮 ● 区域号：23 ● 呼叫权限模板：1 ● 网关簇名称：2（方便记）

步骤	操　作
2	参考参数说明信息： **参数说明表** _见下表_
3	配置完成，单击＜确定＞按钮

参数说明表

配置项	说　明
网关簇号	添入一个未使用的网关簇编号，不要大于系统容量中的最大网关簇数目
号码分析选择子	网关簇用户所使用的号码分析子号，要事先在号码分析中配置，在这里不起作用
本网关簇所在网络类型	默认情况，选择网络类型 1，与 SoftSwitch 属性配置中选用的网络类型保持一致
本网关簇所在区域号	填写本网关簇所在城市的区号，例如重庆填写：23
局语言	根据实际情况选择语言种类，默认选择 2-英语
本网关簇长途呼叫经过的网络类型	选择本地网络类型
呼叫权限模板	填写默认值 1，在此不起作用。呼叫权限模板可以在［业务管理配置→用户模板配置→呼叫权限模板配置］
网关簇名称	取一个有意义的名称，例如：重邮 IAD

思考：

为什么簇的参数："号码分析子"和"呼叫权限模板"都不起作用？

需要在哪些地方配置"号码分析子"和"呼叫权限模板"？

2. 网关簇数据区容量配置

SS 控制设备的处理板进行呼叫和协议的处理以网关簇为单位，在增加网关簇后就要给网关簇分配处理板。网关簇数据区容量配置步骤见表 12.7。

表 12.7　　　　　　　　　　　　　　　网关簇数据区容量配置

步骤	操　作
1	在【机框配置】界面中，选择相应的 SPC 板，单击鼠标右键，选择菜单【数据区容量配置】，进入【数据区容量配置】界面
2	单击＜增加＞按钮，进入【新增数据区容量配置】界面，数据区容量配置主、备用侧的 SPC 板均要进行数据修改。只需配置呼叫最大数据区、SIP 协议最大数据区，常用值 100，即处理 100 个用户呼叫 • 网关簇号：2（SIP 终端网关簇） • 其他参数用默认值
3	配置完成，单击＜确定＞按钮

3. 网关簇与处理板关系配置

在 SS 处理板上配置了网关簇的数据区后，就可以将网关簇内用户的业务、协议和认证分配在该处理板上处理。对于一个新增加的簇，逻辑处理板全为空，通过修改填入业务、协议、认证等默认首选/次选逻辑处理板号。

首选逻辑处理板和次选逻辑处理板是主备用的关系，当首选处理板工作正常时，网关簇相关处理在首选板进行，当首选板出现故障时，则相关处理切换到次选处理板。所以首选和次选应为不同的处理板。若不存在主备关系的逻辑处理板，则业务、协议和认证的首选和次选将选择同一块处理板。网关簇与处理板关系配置见表 12.8。

表 12.8　　　　　　　　　　　　网关簇与处理板关系配置

步骤	操　作
1	在数据库图形化界面中选择已增加的 SIP 网关簇图标，单击鼠标右键，选择【簇与处理板配置】菜单
2	单击<增加>按钮，进入【网关簇与处理板配置】界面 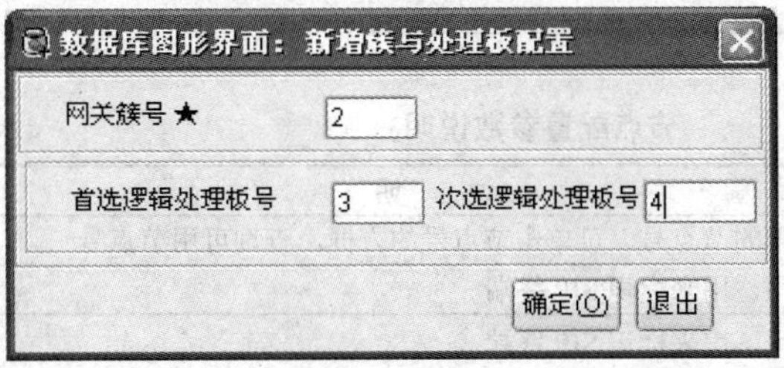 **数据库图形界面：新增簇与处理板配置** 网关簇号 ★　　[2] 首选逻辑处理板号　[3]　次选逻辑处理板号 [4] 　　　　　　　确定(O)　退出 ● 网关簇号：2（已增加） ● 首选逻辑处理板号：3 ● 次选逻辑处理板号：4 ● 单击<确定>按钮 通过"簇与处理板配置"，正常情况下，3 号 SPC 板处理所有簇 2 的呼叫，如果 3 号 SPC 不能正常工作，4 号处理板自动处理簇 2 的呼叫
3	单击<确定>按钮，配置结果如下图所示 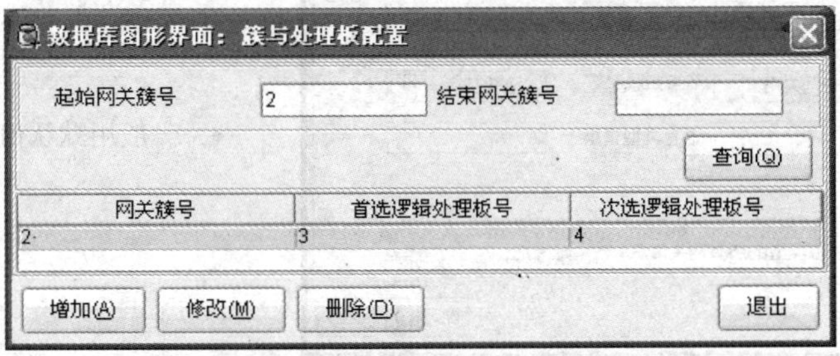 **数据库图形界面：簇与处理板配置** 起始网关簇号　[2]　　结束网关簇号　[ ] 　　　　　　　　　　　　　　　　　查询(Q) 网关簇号 | 首选逻辑处理板号 | 次选逻辑处理板号 2 | 3 | 4 增加(A)　修改(M)　删除(D)　　　退出
4	簇的配置一般都在开局的时候已经规划好，不会轻易改动，如果是新添加一个簇，配置完成后，需要重新启动两块 SPC 板，让数据区生效。 重启方法：在命令行使用 1211 命令重启两块 SPC 板 1211 命令参数说明：槽位号，填写 SPC 板的槽位编号；密码：当天的日期 SPC 的重启，需要谨慎操作，最好在老师的指导下来做。学员不要同时重启两块互为主备用关系的 SPC，否则会引起两块板上所有用户的呼损

12.5.3　增加 SIP 节点

增加 SIP 终端节点配置步骤见表 12.9。

表 12.9   增加 SIP 终端节点配置

步骤	操　　作
1	SIP 网关簇建立好后，双击 SIP 终端网关簇图标，进入 SIP 节点增加界面
2	单击界面左上方快捷图标 ，<新增 SIP>按钮，弹出【12－SIP 终端－拓扑配置】界面，即增加 SIP 节点的配置界面 **数据库图形界面：12-SIP终端－ 拓扑配置** 基本属性　　设备属性 节点号★　　5　　设备类型　　12-SIP终端 设备域名　　5　　节点所属网关簇号　　2 节点名称　　SIP-5　　协议类型　　SIP BGW配置 设备IP地址　　　　　端口号　　0 □BGW节点 点击查询按钮，可以查到此种设备类型的所有网关信息　　查询(Q) 确定(O)　退出 • 节点号：5（新增） • 设备类型：12-SIP 终端 • 设备域名：5 • 节点所属网关簇号：2 • 协议类型：SIP **节点配置参数说明** | 配置项	说　　明
节点号	中填入未使用的节点号。可单击节点号的方框，查询可用节点号
设备域名	可自定义填写，用来标识 SIP 终端
节点名称	可自定义填写，用来标识 SIP 终端
协议类型	选择［SIP］	
3	单击<设备属性>按钮。进入设备属性配置界面如下图所示 **数据库图形界面：12-SIP终端－ 拓扑配置** 基本属性　　设备属性 ISUP版本标识　　0-非ISUP版本　　SIP消息类型　　1-SIP INVIT... SIP网关标识方式　　2-SIP网关用...　　节点归属SS　　本地软交换 SIP配置模板号　　0　　语言类型模版　　2 □位置更新 点击查询按钮，可以查到此种设备类型的所有网关信息　　查询(Q) 确定(O)　退出 • 一般用默认值

12.5.4　协议数据配置

增加 SIP 节点后，需要配置 SIP 协议数据。SIP 终端协议配置内容包括 SIP 应用索引配置、SIP 代理服务器配置、SIP 登记服务器配置、端口配置、URI 配置、FTR 配置、SIP 定时器配置、OPTIONS 响应码配置。

注意　协议数据配置是全局的数据配置，一般情况下，开局的时候，就已经配置完成，不需要我们更改，可以直接跳过 12.5.4 步所有配置。

1．SIP 服务器配置

SIP 服务器配置步骤见表 12.10。

步骤	操　　作
1	在数据库图形界面中，选择菜单【协议配置→SIP 配置→SIP 服务器配置】，进入【IP 配置】界面
2	选择【服务器公共信息】选项，单击＜增加＞按钮，进入【新增 SIP 应用】界面 ● SIP 应用索引：3　● SIP 组织名称：zte_ss　● 版本：SIP/2.0　● 最大事务数：10000

SIP 服务器应用参数说明

配置项	说　　明
SIP 应用索引	为索引编号，如果在 SIP 公共配置中，设置代理服务器和登记服务器聚合，则索引皆为 1。否则代理服务器为 1，登记服务器为 2
SIP 组织名称	为 ZTE
版本号	为［SIP/2.0］。 指 SIP 的版本号，最大事务数是指单板上能够同时处理的最大呼叫
最大事务数	可设为［10000］
URI 宿主名匹配	一般选择［0—否］

步骤	操　　作
3	设置完后单击＜确定＞按钮，一个 SIP 应用就配置完成了

2．SIP 代理服务器配置

步骤	操　　作
1	在数据库图形界面中，选择菜单【协议配置→SIP 配置→SIP 服务器配置】，进入【SIP 配置】界面
2	选择【代理服务器】页签，然后按＜修改＞按钮，弹出【代理服务器配置】界面 ● 接受客户请求时间：一般设为 180　● 代理服务状态：选择呼叫状态　● 状态维持时间：180　● 当前生存期：60000

续表

步骤	操作
2	**SIP 代理服务器配置参数说明** | 配置项	说明
接受客户请求时间	一般设为 180（s）
代理服务状态	选择［呼叫状态］
状态维持时间	为 180（s）
当前生存期	为 60000（ms）
发送 CANCEL	是
前转所有 1xx 响应	是
递归搜索	否
提供可选 URLs 选择	否
加入记录级路由	是	
3	单击＜确定＞按钮

3. SIP 登记服务器配置

表 12.12　　　　　　　　　　　　SIP 登记服务器配置

步骤	操作
1	在数据库图形界面中选择菜单【协议配置→SIP 配置→SIP 服务器配置】，进入【SIP 配置】界面
2	选择【登记服务器】页签，单击＜修改＞按钮，进入【登记服务器】界面 **数据库图形界面：修改 登记服务器** UA最大联络期限(秒) 7200　　最大用户数 1000 当前用户数 0　　登记激活时间(秒) 300 允许第三方登记 1-是　　认证方法 0-无认证 认证区域 zte_ss　　当前生存期(毫秒) 0 　　　　　　确定(O)　退出 • UA 最大联络期限：默认 7200 • 登记激活时间：默认 300 • 最大用户数：1000 • 登记激活时间：300 • 允许第三方登记：选择 1—是 **SIP 代理服务器配置参数说明** | 配置项	说明
UA 最大联络期限	终端注册信息在登记服务器保留的时间上限，默认为 7200（s）
登记激活时间	终端注册信息在登记服务器保留的时间下限，默认为 300（s）
最大用户数	指 SIP 用户最大数目，默认情况下为 1000
登记激活时间	可设为 300（s）
允许第三方登记	选择［1—是］
其他项根据需要设置，也可不配置		
3	设置完成，单击＜确定＞按钮，SIP 登记服务器配置完成

4. SIP 关联配置

SIP 关联配置步骤见表 12.13。

表 12.13　　　　　　　　　　　　　　　　SIP 关联配置

步骤	操　　作
1	在数据库图形界面中，选择【协议配置→SIP 配置→SIP 服务器配置】菜单，进入【SIP 配置】界面
2	单击＜关联配置＞按钮，分别进行端口配置、URI 配置、FTR 配置、定时器配置、OPTIONS 响应码配置等

5. 端口配置

端口号为对 SIP 协议配置端口号，SS 网板对对端发送过来的每一种协议都要确定协议分发端口，NIC 根据所来协议消息的端口号确定是何协议，再根据分发表确定处理板号。对 SIP 协议来说，默认配置的协议端口号为 5060。发送传输协议和接收传输协议采用 UDP 协议。端口配置步骤见表 12.14。

表 12.14　　　　　　　　　　　　　　　　端口配置

步骤	操　　作
1	进入【SIP 配置】界面，单击＜关联配置＞按钮，选择【端口配置】菜单，进入【端口配置】界面
2	单击＜增加＞按钮，进入【新增 SIP 应用端口】 ● 端口号：5060（SIP 端口号） ● 发送传输协议：2-UDP ● 接收传输协议：2-UDP
3	配置好数据后，单击＜确定＞按钮，端口配置完成

6. URI 配置

URI 的配置主要是为 SIP 应用配置 URI 串。URI 配置步骤见表 12.15。

表 12.15　　　　　　　　　　　　　　　　　URI 配置

步骤	操 作
1	进入【SIP 配置】界面，单击＜关联配置＞按钮，选择【URI 配置】菜单，进入【URI 配置】界面
2	单击＜增加＞按钮，进入【新增 SIP 应用 URI】界面 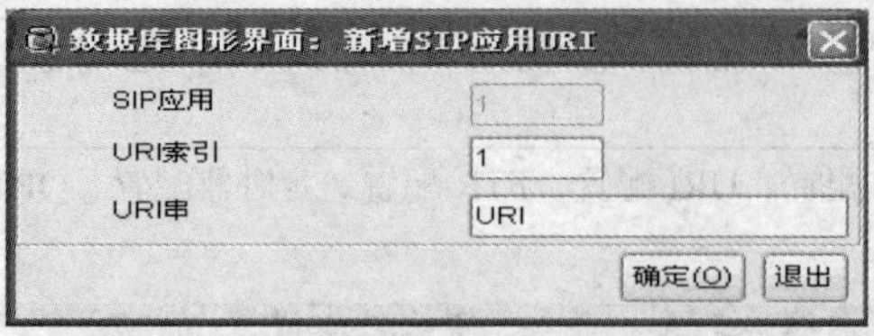 　　• URI 索引：1 　　• URI 串：空 **SIP 应用 URI 配置参数说明** 表： | 配置项 | 说　明 | | URI 索引 | 中填入索引编号，从 1 开始顺序编号 | | URI 串 | 中填入［URI］|
3	所有内容配置完，单击＜确定＞按钮，完成增加 SIP 应用 URI 的操作

SIP 应用 URI 配置参数说明

配置项	说　明
URI 索引	中填入索引编号，从 1 开始顺序编号
URI 串	中填入［URI］

7. FTR 配置

FIR 配置步骤见表 12.16。

表 12.16　　　　　　　　　　　　　　　　　FTR 配置

步骤	操 作
1	进入【SIP 配置】界面，单击＜关联配置＞按钮，选择【FTR 配置】菜单，进入【FTR 配置】界面
2	单击＜增加＞按钮，进入【新增 SIP 应用 FTR】界面，弹出如图的界面 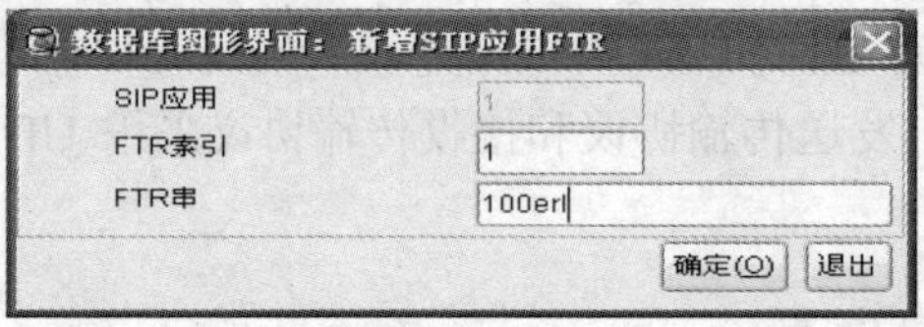 　　• FTR 索引：1 　　• FTR 串：100erl
3	所有内容配置完，单击＜确定＞按钮，完成增加 SIP 应用 FTR 的操作

SIP 应用 FTR 参数说明

配置项	说　明
FTR 索引	从 1 开始顺序编号
FTR 串	中填入［100erl］。和 URI 配置相似，其中需要配置［100rel］串

8. SIP 定时器配置

SIP 定时器配置步骤见表 12.17。

表 12.17　　　　　　　　　　　　　　　　　SIP 定时器配置

步骤	操 作
1	进入【SIP 配置】界面，单击＜关联配置＞按钮，选择【SIP 定时器配置】菜单，进入【SIP 定时器配置】界面
2	单击＜修改＞按钮，进入【修改 SIP 定时器配置】界面，如图所示

续表

步骤	操 作	
2		• 使用默认值即可

SIP 应用 FTR 参数说明

配置项	说　明
INVITE 重发定时器	为向对端重发 INVITE 请求的定时器，协议规定默认值为 500ms
NVITE 响应定时器	为本端向对端发送 INVITE 请求，在没有收到对端对 INVITE 请求的最终响应时，取消该 INVITE 事件的定时器，协议规定默认值为 60000ms
BYE 重发定时器	为本端发送 BYE 请求到对端要终止此次对话，在没有收到对端 200 响应的情况下重发 BYE 请求消息的定时器，协议规定默认值为 500
REGISTER 重发定时器	为向系统重发注册消息的定时器，协议规定默认值为 500
OPTIONS 重发定时器	设置为 500
INFO 重发定时器	设置为 500
T2 定时器	设置为 4000
临时认证定时器	配为 3000
登记事务定时器	配为 3000
链路检测定时器	用来指示心跳检测的周期时长，配为 120000（建议值不宜过小）
其他定时器	配为 500

步骤	操 作
3	修改完成，单击＜确定＞按钮

9. OPTIONS 响应码配置

OPTIONS 响应码配置步骤见表 12.18。

表 12.18　　　　　　　　　　　　　OPTIONS 响应码配置

步骤	操 作	
1	【SIP 配置】界面，单击＜关联配置＞按钮，选择【OPTIONS 响应码配置】菜单，进入【OPTIONS 响应码配置】界面	
2	单击＜增加＞按钮，进入【新增 SIP 应用 OPTIONS】界面 	• OPTIONS 索引：1 • OPTIONS 串：空
3	单击＜确定＞按钮，完成 OPTIONS 的配置	

10. SIP 公共数据配置

SIP 公共数据配置步骤见表 12.19。

表 12.19　　　　　　　　　　　　　　SIP 公共数据配置

步骤	操　作
1	在数据库图形界面中，选择【协议配置→SIP 配置→SIP 公共配置】菜单，进入 SIP 公共配置界面
2	单击<修改>按钮，进入【修改 SIP 公共配置】界面 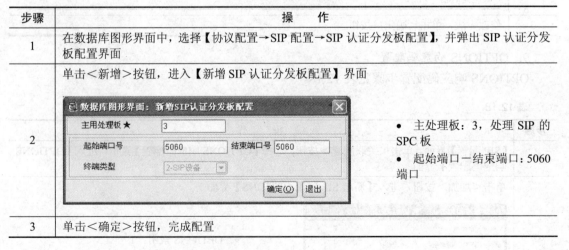 服务器地址为 SS 侧负责处理业务的 NIC 板的对外地址，实验室 SS 的地址为：172.24.10.10；修改参数为：聚合代理和登记服务器一定要选中；SIP 本地端口为 5060，其他不改动
3	单击<确定>按钮，完成配置

11. SIP 认证分发板配置

SIP 认证分发板配置见表 12.20。

表 12.20　　　　　　　　　　　　　　SIP 认证分发板配置

步骤	操　作
1	在数据库图形界面中，选择【协议配置→SIP 配置→SIP 认证分发板配置】，并弹出 SIP 认证分发板配置界面
2	单击<新增>按钮，进入【新增 SIP 认证分发板配置】界面 <table><tr><td>【图示】</td><td>● 主处理板：3，处理 SIP 的 SPC 板 ● 起始端口—结束端口：5060 端口</td></tr></table>
3	单击<确定>按钮，完成配置

　　　　　　上面所有协议数据配置都是全局的数据配置，一般情况下，开局的时候，就已经配置完成，不需要我们更改，那么，我们可以跳过 12.5.4 步。

12.5.5 SIP 用户局码配置

增加 SIP 用户号码和增加 IAD 的用户号码过程相同。配置过程为：增加本局局码→增加百号组→配置 SIP 用户号码。如果增加的用户号码的本局局码已经存在，就跳过下面的第一步。

1. 增加本局局码配置

增加本局局码配置步骤见表 12.21。

表 12.21　　　　　　　　　　　增加本局局码配置

步骤	操　作
1	在数据库图形界面里选择【业务管理配置→用户配置→局码和百号组配置】菜单，进入【局码和百号组配置】界面
2	单击＜增加（A）＞按钮，在弹出的菜单中选择【增加局码】，进入【新增本局局码配置】界面 · 网络类型：1-重邮 · 区域号：23（重庆） · 局码：581 · 局码名称：581 · 国家代码：86 · 本局用户号长：4 新增本局局码配置说明 表（见下方）
3	全部数据配置完成单击＜确定＞按钮，增加本局局码配置完成，单击＜退出＞按钮取消增加 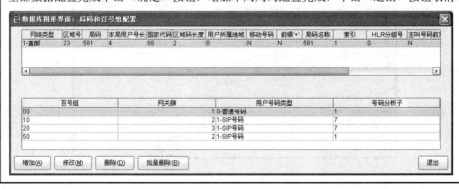

新增本局局码配置说明

配置项	说　明
网络类型	一般同一网络中的设备网络类型选择一致
区域号	所在区域区号
局码	一般是本局用户号码的前几位
本局用户号长	对于 7 位本局用户号码来说，用户的局码可以是用户号码的前 3 位，用户号长为 4；对于 8 位本局用户号码来说，用户的局码可以是用户号码的前 4 位，用户号长为 4
局码名称	标识局码，可以和［局码］一样
国家代码	根据实际情况填写
区域码长度	本区域区号的长度
HLR 分组号	表示本局码用户所属 HLR 分组

2. 百号组配置

在 SS 系统中，百号组对应于簇，分配号码资源段到一个簇中。举例说明：如果本局局码是 581，百号组是 00 属于簇号为 2 的 SIP 簇，则 2 号簇可用的号码资源为 5810000 到 5810099。百号组配置步骤见表 12.22。

表 12.22 百号组配置

步骤	操　　作
1	在数据库图形界面上，选择【业务管理配置→用户配置→局码和百号组配置】
2	在弹出菜单中选择【百号组配置】，【新增百号组】界面如下图所示。注意用户号码类型和网关簇要选择正确 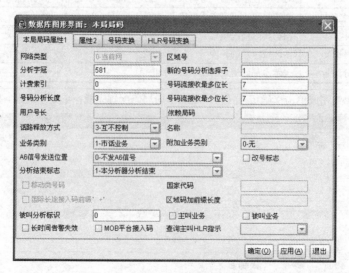 • 用户号码类型选择"SIP 号码" • 网关簇：2（SIP 簇号）
3	全部数据配置完成单击＜确定＞按钮

12.5.6　号码分析配置

号码分析配置的一般过程如下：配置号码分析选择子→配置本局局码分析→配置出局局码分析→配置号码图表（Digmap）。

在第 11 章 11.5.6 已经添加了号码分析子和号码分析器，则本次添加完百号组后还要在号码分析器中增加本局局码。如果已经有相关本局局码，可以跳过此步。本局局码界面如图 12.2 所示。

图 12.2　本局局码

12.5.7　SIP 用户配置

1. 添加 SIP 用户

配置好百号组后，可以增加本局用户。添加 SIP 用户配置见表 12.23。

表 12.23　　　　　　　　　　　　　　添加 SIP 用户配置

步骤	操　　作
1	在数据库图形界面里选择【业务管理配置→用户配置→本局用户配置】
2	进入【本局用户配置】界面，单击＜新增（A）＞按钮可新增本局用户 **新增本局用户配置参数说明表** <table><tr><th>配置项</th><th>说　　明</th></tr><tr><td>网络类型</td><td>和 SoftSwitch 静态属性配置选用的网络类型保持一致</td></tr><tr><td>区域号</td><td>所在区域区号</td></tr><tr><td>起始用户号码</td><td rowspan="2">可以同时增加多个用户号码，这些用户号码为起始用户号码和结束用户号码中间的已经分配好局码和百号的用户号码</td></tr><tr><td>结束用户号码</td></tr><tr><td>号码分析选择子</td><td>（重要参数），填入用户号码分析子的编号，否则用户无法正常起呼</td></tr><tr><td>网关节点号</td><td>（重要参数），填入配置用户所在的节点号</td></tr><tr><td>预置长途网</td><td>和网络类型一致</td></tr><tr><td>终端提供信号类型</td><td>计费电话，公用电话（IC 卡、投币之类）</td></tr><tr><td>呼叫权限模板号</td><td>用户的呼叫权限模板号，可单击 [呼叫权限模板号] 进入呼叫权限模板配置</td></tr></table>
3	有内容配置完，单击＜确定＞按钮，完成本局 SIP 用户的配置操作

2. 登记用户配置

SIP 登记用户配置：具体配置一个 SIP 软终端的登录及其注册信息。

表 12.24 登记用户配置

步骤	操 作
1	在数据库图形界面菜单中，依次选择【协议配置→SIP 配置→SIP 登记用户配置】，登记 SIP 用户
2	单击<新增（A）>按钮，进入【新增 SIP 登记用户】界面，如下图所示

SIP软终端输入的用户标识
sip:5811000@172.24.10.10

172.24.10.10
软交换NIC板的业务地址

数据库图形界面：新增SIP登记用户

用户帐号　　10@172.24.10.10　　认证区域　不填　　zte_ss
密码，要求设备和终端一致
认证密码　　******　　再次确认密码　　******
　　　　　　　　　　　　　　　　　网络类别，要和前面的对应
用户节点　　5　　网络类别　　1-重邮
SS上添加的本SIP节点的节点号
区域号　　23　　用户号码　　5811000
填区号，重庆23
用户数目 ★　　5　　用户号码，SIP终端登陆时要输入
批量新增用户的数量

确定(O)　退出

新增本局用户配置参数说明表

配置项	说 明
用户标识	为 SIP 用户在登记服务器中的内部标识，依次递增
用户账号	为 SIP 用户在本登记域的一个唯一标识，目前使用［sip:电话号码@本 Softswtich IP 地址］格式来表示。如：sip:5811000@172.24.10.10，注意：［sip:］为小写。电话号码就是用户账号所对应于 Soft Switch 域的一个 SIP 用户号码
认证密码	按照认证的需要和约定填写
认证区域	按照认证的需要和约定填写
用户节点	SIP 终端节点号，配置 SIP 终端节点
网络类别	同一网络中，网络类别保持一致
区域号	填写所在区域区号。如重庆填入 23
用户号码	用户账号所对应于 Softswitch 域的一个 SIP 用户号码
用户数量	填入用户的数量

步骤	操 作
3	所有内容配置完，单击<确定>按钮，完成登记 SIP 用户的配置操作，如下图所示

数据库图形界面：SIP登记用户

SIP应用索引　　　　　　
起始用户标识　　　　　　结束用户标识
起始用户帐号　　　　　　结束用户帐号
起始用户号码　　　　　　结束用户号码　　区域号

查询(Q)

SIP应用索引	用户标识	网络类别	用户节点	区域号	认证区域	用户帐号	用户号码
8	1	1-重邮	5	23	zte_ss	sip:5811000@172.24.10.10	5811000
9	1	1-重邮	5	23	zte_ss	sip:5811001@172.24.10.10	5811001
10	1	1-重邮	9	23	zte_ss	sip:5812000@172.24.10.10	5812000
11	1	1-重邮	9	23	zte_ss	sip:5812001@172.24.10.10	5812001

增加(A)　修改(M)　删除(D)　批量删除(B)　登记用户联系地址(C)　在线用户数(O)　退出

SIP 话机的用户账号为："sip：账号@SS 侧 NIC 的 IP 地址"，认证密码可以随意设定。需要登记几个用户号码则以同样方法进行创建。至此 SIP 终端用户就已经配置完成。

举例说明：如果 sip 电话号码为 5811000，SS 的 NIC 地址为 172.24.10.10，那么，用户账号为 sip:5811000@172.24.10.10。

12.5.8　SIP 侧数据配置

SIP-PHONE 侧数据配置见表 12.25。

表 12.25　　　　　　　　　　　SIP PHONE 侧数据配置

步骤	操　　作
1	找到 SipPhone15_b0610，安装在 PC 机上以供使用
2	完成安装好后，双击 ，弹出如下图所示配置界面，单击 按钮进入配置界面
3	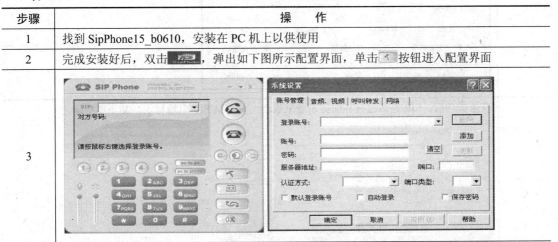
4	根据要求，进行如下操作，如下图所示 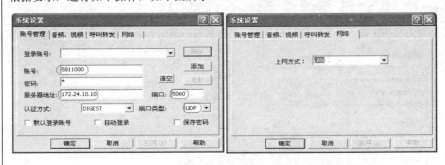 **新增本局用户配置参数说明表** 表格如下所示

新增本局用户配置参数说明表

配置项	说　　明
账号	为 SIP 用户在登记服务器中的电话号码
用户账号	为 SIP 用户在本登记域的一个唯一标识，目前使用［sip:电话号码@本 Softswtich IP 地址］格式来表示。如：sip:5811000@172.24.10.10，注意：［sip:］为小写。电话号码就是用户账号所对应于 Softswitch 域的一个 SIP 用户号码；设置时为空，与软交换建立通信后就得到上述值
密码	按照认证的需要和约定填写，必须和软交换侧配置认证密码一致
服务器地址	软交换的业务 NIC 的 IP 地址
端口	SIP 协议默认的端口为：5060，一般与软交换侧配置的端口一致
端口类型	端口上报报文的协议类型；语音一般设为 UDP
上网方式	根据实际的网络类型配置，本次实训为局域网 LAN

续表

步骤	操　作
5	配置完成后，单击<确定>按钮，软 SIP 的计算机终端就与软交换设备进行通信，如下图所示 
6	登录成功后，SIP 电话运行界面提示登录成功，并提供 SIP 电话标识，如下图所示 
7	在对方号码中输入要拨叫的用户号码，单击摘机，通信界面如下图所示，观察通信过程

12.5.9　实训结果验证

配置完成后，进行如下操作：

第一步：双击 SIP 电话快捷图标，弹出软件 SIP 电话配置界面。

第二步：在对方号码中输入拨叫的被叫号码，可以是软 SIP 电话和 SIP 电话进行通话测试。

作为 SIP 终端的 PC 首先必须能够和 SS 的 NIC 连接正常，可以在 SIP 终端的 PC 上面 ping 软交换的地址。

12.6　总结与思考

1．实训总结

请描述您本单元实习的收获。

2．实训思考题

（1）对 SIP 用户 A 拨打 SIP 用户 B 的呼叫流程简单总结。

（2）SIP 用户和 IAD 用户配置上有什么不同，为什么？

（3）SS 是如何给用户分配和管理用户号码的？

3．请分析同一 SS 域下 SIP 用户拨打 SIP 用户流程和 SIP 消息流程。

（1）情景模式

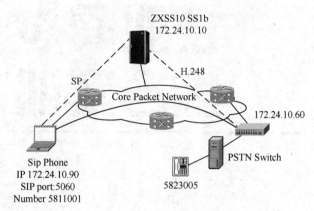

图 12.3　呼叫流程案例环境图

如图 12.3 所示，SIP 软终端设备拨打 PSTN 电话，软交换域通过 I704 设备和 PSTN 交换机通信。

（2）请分析呼叫流程。

第三篇

企业网 VoIP
综合实训

第**13**章 基于软交换架构的 VoIP 设备认识

13.1 实训说明

1. 实训目的

通过本章实训，熟练掌握以下内容。

（1）企业软交换网络组网 VoIP 设备（软交换服务器、语音网关、IP 话机）和接口。

（2）企业版软交换网络的解决方案。

（3）掌握典型锐捷 RG9000 软交换设备的硬件结构、接口和功能等。

（4）掌握锐捷语音网关的硬件结构、功能等。

（5）掌握锐捷 SIP 电话的硬件结构和功能等。

（6）了解设备、技术指标及组网、连接方式并能进行基础的线路连接。

2. 实训时长

8 学时

3. 实训项目描述

VoIP 作为一个广为流行的网络语音传输方式，一直被看做最具潜力的语音业务之一，VoIP 技术已逐步成为语言通信的主流技术。VoIP 实训项目是融合通信实训平台的一个组成环节，学生通过操作配置类、设计性综合实训，熟悉软交换技术、NGN 概念和融合通信应用原理，了解 VoIP 的工作原理和流程，为将来走上工作岗位奠定一定的基础。

而且 VoIP 作为企业网的解决方案，以其价格便宜和组网方便灵活，使得很多企业可以用这些设备按企业特点和需求解决企业组建自己的企业数据和通信网。本实训介绍用到的软交换设备、语音网关和 SIP 电话，为后面的组网建立条件。

13.2 实训环境

（1）VoIP 软交换设备组网如图 13.1 所示，观察硬件设备和其接口。

（2）实验室计算机提供 Web 访问环境。

（3）实验室计算机和锐捷公司各个设备通过实验网已经连接完成。

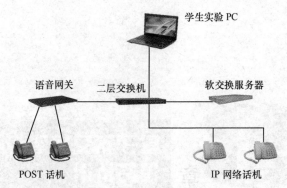

图 13.1 VoIP 设备组网环境

13.3 实训规划

（1）硬件组网如图 13.1 所示。
（2）实训器材见表 13.1。

表 13.1　　　　　　　　　　实验室设备清单

序号	设备名称	设备型号	数量	主要性能参数
1	软交换服务器	RG-VX9000E	1	4 个 10/100M 自适应以太网接口，ETH0 – EHT3 RS232 串行控制台口
2	语音网关	RG-VG6116E	1	1 个 WAN 口，10/100M 自适应以太网接口 4 个 LAN 口，10/100M 自适应以太网接口 1 个 RS232 串行控制台口 4 FXS、FXO 模拟线路接口
3	网络话机	RG-VP3000E	4	1 个 10/100M LAN 口，连接局域网交换机 1 个 10/100M WAN 口，连接局域网交换机
4	模拟话机	/	4	
5	二层交换机	/	1	
6	网络跳线	/	若干	

13.4 实训流程

实训流程图如图 13.2 所示。

13.5 认识 VoIP

目前的计算机网、电话网和电视网三网融合通信，都将统一到 IP 网络中，网络的宽带化、IP 化成为整个电信网发展的必然趋势，IP 电话将逐步取代传统电话并最终完全 IP 化。

VoIP，即 Voice over Internet Protocol，是指将模拟的声音信号数字化后，经过压缩、封包，以数据封包的形式在 IP 网络的环境中进行语音信号的传输。随着 VoIP 技术的成熟与增值业务的发展，VoIP 应用不仅仅限制于语音，还包括传真、数据、视频等业务，如传真存储

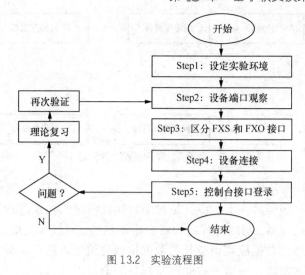

图 13.2　实验流程图

转发、视频会议、电子商务、统一消息、虚拟电话、虚拟语音/传真邮箱、Internet 呼叫中心、Internet 呼叫管理等。

需要注意的是 VoIP 并不意味着只是将语音信号打成 IP 数据包，IP 仅是全部技术的一部分，还需要包含许多技术和协议。VoIP 本身并不能有效地传送语音，它必须和实时协议（Real Time Protocol，RTP）、媒体网关控制协议（Media Gateway Control Protocol，MGCP），资源预留协议（Resource Reservation Protocol，RSVP），SIP 协议，H.323 以及其他协议一起才能为用户提供一个 VoIP 平台。

因此，学习 VoIP，除了具备网络电话的原理知识，同时需要具备 IP 网络的基本知识，熟悉计算机网络开放系统互连（OSI）7 层网络协议体系，掌握 TCP/IP 协议特点及 TCP/IP 四层体系结构。为使 VoIP 网络电话能够可靠地进行语音通信，一是需要在保证一定话音质量的前提下尽可能地降低编码比特率，二是需要在 IP 网络环境下保证一定的通话质量。要求提前熟悉网络语音编码技术，如 G.711、G.723、G.729 等。

13.5.1　VoIP 工作原理

VoIP 是以 IP 分组交换网络为传输平台，对模拟的语音信号进行转化、压缩、打包等一系列的特殊处理，使之可以采用无连接的 UDP 协议进行传输。为了在一个 IP 网络上传输语音信号，最简单形式的网络由两个或多个具有 VoIP 功能的设备组成，这一设备通过一个 IP 网络连接。

简而言之，语音信号在 IP 网络上的传送要经过从模拟信号到数字信号的转换、数字语音封装成 IP 分组、IP 分组通过网络的传送、IP 分组的解包和数字语音还原到模拟信号等过程。整个过程可以用图 13.3 表示。

可以简单地将 VoIP 的传输过程分为下列几个阶段。

1. 语音-数据转换

语音信号是模拟波形，通过 IP 方式来传输语音，首先要对语音信号进行模拟数据转换，然后送入到缓冲存储区中，缓冲器的大小可以根据延迟和编码的要求选择。数字化可以使用各种语音编码方案来实现，目前采用的语音编码标准主要有 ITU-T G.711、G.722、G.729 等。源和目的地的语音编码器必须实现相同的算法，这样目的地的语音设备可以还原模拟语音信号。

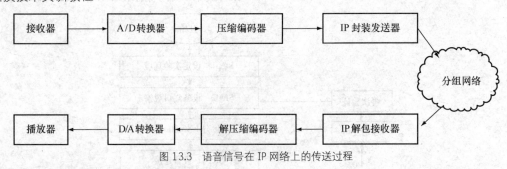

图 13.3 语音信号在 IP 网络上的传送过程

2. 原数据到 IP 转换与传送

语音信号进行数字编码后，下一步就是对语音包以特定的帧长进行压缩编码，然后将压缩的语音包送入网络处理器。网络处理器为语音添加包头、时标和其他信息后通过 IP 网络传送到另一端点。IP 网络把数据放在可变长的数据报或分组中，然后给每个数据报附带寻址和控制信息，并通过网络发送，一站一站地转发到目的地。

3. IP 包-数据的转换

目的地 VoIP 设备接收到 IP 数据并开始处理。网络提供一个可变长度的缓冲器，用来调节网络产生的抖动，以改善网络时延。在数据报的处理过程中，去掉寻址和控制信息，保留原始的原数据，然后把这个原数据提供给解码器。解码器将经过编码的语音包解压缩后产生新的语音包。

4. 数字语音转换为模拟语音

播放驱动器将缓冲器中的语音样点取出送入声卡，通过扬声器按预定的频率播出。

13.5.2 VoIP 相关协议

VoIP 信令协议大体上可分为 3 种，即 H.323 协议族，SIP、MGCP。

（1）H.323 由 ITU-T 提出，沿袭 LAN 上多媒体会议通信协议，提供呼叫控制、呼叫管理和会议功能等。

（2）MGCP 媒体网关控制协议，控制媒体网关状态并指示它们传送媒体到指定地址。

（3）SIP 会话初始协议，具有客户/服务器分布式呼叫控制和能力协商的功能。

13.5.3 VoIP 系统组成

网络电话可采用"PC to PC"、"PC to Phone"、"Phone to Phone"的方式，如图 13.4 所示。

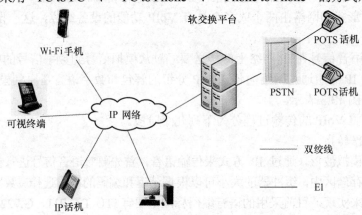

图 13.4 VoIP 系统组成

PC 到 PC 的方式需要语音软件在因特网上利用 IP 地址进行呼叫，语音压缩、解编码和打包均通过 PC 上的处理器、声卡、网卡等硬件资源完成，有一定的局限性。但目前虚拟运营商如 Skype、QQ、微信等均可提供较好质量的 IP 语音通信。

PC 到 Phone 的方式由网关来完成 IP 地址和电话号码的对应和翻译，以及语音编解码和打包。

Phone 到 Phone 的方式可直接由 IP 话机通过软交换平台在因特网上通信，编解码和打包都在 IP 话机上进行。如果是普通话机（POTS 话机）则经过 IP 语音网关编解码和打包完成通信。

13.5.4 VoIP 网络系统架构

VoIP 采用的小型软交换网络架构，也分为 4 层，从下往上依次为接入层、承载层、控制层和业务层。最基本的 VoIP 网络，由软交换服务器、语音网关、网络话机、普通话机、PSTN 模拟线路等设备组成。学校 VoIP 实验网的软交换设备为 RG-VX9000E，接入设备有 RG-VP3000 VoIP 网络话机、RG-VG6116 VoIP 语音网关、IAD 设备等；传送层就是实验室的 IP 网络，还可以与外网和 PSTN 网络相连，起到企业内部和外部的对接，完成通信与数据网络的建成。小型的软交换 VoIP 网络成本使运营商的网络成本降低很多，而且不同企业根据容量可灵活实现，是非常有潜力的企业通信网的解决方案。

13.6 小型软交换设备 RG-VX9000

在基于软交换技术的网络中，软交换控制设备是网络中的核心设备，它独立于底层承载协议，随着网络应用的普及，免费网络电话、分散式系统将是传统交换机在增加语音信箱、自动总机功能之后，电话系统的重大变革。实验室以 RG-VX9000 为核心，结合锐捷网络的语音网关和 IP 话机，构建 VoIP 网络。

1. 软交换 RG-VX9000 的产品特点

（1）支持 SIP 协议，具有扩展性强，兼容性等特点，能与各种软交换平台实现互通。

（2）提供多种业务功能，包括电信新业务、来电显示等，还支持高级增值应用功能：号码漫游、视频通信、语音信箱、传真信箱等。

（3）易于组网，支持分布式组网应用，多台 RG-VX9000 设备之间可通过中继互连互通。

（4）支持灵活的拨号方式，可按用户原有习惯规则，或结合用户网络进行统一规划。

（5）基于 Web 的配置管理，易于维护管理，简化用户的配置过程，降低使用门槛。

2. 通信接口说明

RG-VX9000 后面板有网络接口 4 个，有控制接口一个，如图 13.5 所示。

网络接口	10/100M 自适应以太网接口，ETH0-EHT3 共 4 个
控制接口	RS232 串行控制台口

图 13.5 RG-VX9000 后面板

（1）网络接口。本机的网络接口是 10/100M 自适应以太网接口。这是软交换服务器接入计算机网络的端口，通过它才能完成 VoIP 的接入交换功能。每台软交换服务器可以有一个或多个以太网接口，便于接入不同的网络，以适应复杂的拓扑环境。

（2）控制台口。这是一个串行接口，通过它可以将 PC 的串口连接到软交换服务器，使用超级终端，对软交换服务器进行配置管理。特别适用于设备初始参数不明或者设备出现故障，无法通过网络对软交换服务器进行配置、管理、查错的情形。

3. 产品功能

RG-VX9000 功能见表 13.2。

表 13.2　　　　　　　　　　　　　　RG-VX9000 产品功能

产品功能	产品功能说明
标准的 IP-PBX 功能	呼叫注册、呼叫认证、呼叫转接、呼叫等待、电话会议、来电显示、内线转外线、呼叫记录、呼叫控制等
总台 IVR（自动话务员）功能	提供总台语音录音和选择，可以区分正常上班时间和节假日，并选择不同的总台服务
语音信箱（VoiceMail）功能	呼入无人接听时可自动录音，并将录音文件转发至 E-mail 信箱
内线直拨	可以为每个内线号码设置对应的直拨号码，使得 VoIP 网络内其他电话可以不经总台直拨内线
群组呼叫功能	可以设置振铃组号码，让该振铃组号码下的内线号码队列同时振铃或依次振铃等
音乐选择	可自己组建音乐组合，为等待、保持或转接的音乐选择一种音乐组合
中继功能	可以同时设置多条中继，提供中继的拨号规则管理，可以限制对应中断的用户数，支持对中继的密码认证
路由功能	可灵活配置路由规则，选择中继匹配
注册控制功能	支持用户从私网和公网 IP 注册
呼叫控制功能	可灵活设定不同的呼叫规则，以实现呼叫控制，例如：限定某些用户只能拨市话，不能拨长途；限定从私网注册的 VoIP 用户才能实现落地呼叫，从公网注册的 VoIP 用户只能网内呼叫，不能落地
系统备份功能	可定期备份系统，备份文件可导入和导出
状态查询	可以查看用户注册信息
呼叫记录功能（CDR）	具有很强的 CDR 功能，例如查看呼叫日志、呼叫比较、查看月流量、查看日流量、呼叫记录查询、导出记录文件
计费功能	可进行灵活的费率配置，并提供实时话单查询功能
电话会议功能	能按需求创建电话会议，并对其进行有效地管理

13.7　语音网关设备 RG-VG6116

RG-VG6116 VoIP 系列是高智能、多用途的 VoIP 接入网关。可以通过各种宽带接入方式（ADSL/LAN/CM 等）向用户提供电话、传真业务。RG-VG6116 VoIP 语音网关也可以和传统的 PBX 设备互连，为政府机关、企业单位快速组建基于 IP 网络、无地域差异的 IP-OFFICE 融合解决方案。同时，RG-VG6116 VoIP 语音网关产品也可以和 IP-PBX 配合，提供企业级的数字通信解决方案。RG-VG6116 外观如图 13.6 所示。

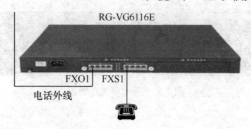

图 13.6　RG-VG6116

RG-VG6116 为模块化网关产品，主机最大支持 16 路语音端口，并提供 4FXO+4FXS、8FXS、8FXO 等几种不同类型的语音插卡，可灵活组合配置，满足用户不同通信网络环境下的组网应用需求，如汇线通线路接入 VoIP 网络、VoIP 网络与传统 PSTN 网络互连互通等。同时，RG-VG6100 还集成一个 4 端口以太网交换机，能够对流经网关的语音、数据报文进行带宽控制，提供有保障的语音通信质量。

RG-VG6116 支持 SIP V2.0 协议，并具有电信级可靠性、良好的 QoS 保障、丰富的增值业务、与 PSTN 相媲美的通话质量，同时支持丰富的增值服务：来电显示和识别、呼叫转接、呼叫转移、呼叫等待、热线、自动话务员、二次拨号、智能路由、断电逃生、音量控制、反极信号产生和识别、T38 传真等，可满足各行各业组建 VoIP 语音网络的需求。

1. 产品功能与特点

表 13.3　　　　　　　　　　　　　　RG-VG6116 产品功能与特点

产品功能	功能特点
模块化结构设计	采用主机和语音卡分离式设计，端口配置灵活，扩充方便，充分满足企业通信应用定制化需求
采用标准通信协议	RG-VG6116 采用目前 VoIP 通信和软交换领域中最主流和最具发展潜质的 SIP 协议，具有扩展性强、兼容性好的优势，能与各种软交换平台实现互通
高品质的语音质量	采用专业的 DSP 语音处理芯片，融合多种语音质量增强技术，如动态语音抖动缓冲，静音检测，舒适音产生，回音抵消，包丢失补偿等，提供可与传统电话相媲美的语音质量
支持各种语音编解码标准	支持 G.711A、G.711U、G.723.1、G.726、G.729A/AB 等多种编解码算法，确保在不同网络带宽条件下均能保证清晰的语音
带宽控制功能及 QoS 保障支持	通过内置的 4 口以太网交换机，对流经网关的语音、数据报文进行带宽控制，同时结合二、三层的 QoS 协议，充分保证语音报文传输带宽及在网络中传输的高优先级，有效保障语音通信质量
灵活的呼叫应用功能	支持 FXS↔IP、FXS↔FXO、FXO↔IP 各种方向的任意呼叫。支持端口捆绑，空闲端口自动搜寻。充分满足各种落地应用需求
智能路由选择及断电逃生	当 IP 呼叫失败时自动切换至 PSTN 呼出，当设备意外断电时自动将 FXS 与 FXO 接通，充分保证了在任何情况下均能正常通信
自动话务员	从 PSTN 呼叫到网关时，能播放语音提示用户二次拨号或自动转接到热线号码

2. 产品外观

前端面板主要包含控制台接口、网络接口及其指示灯，后端面板包含电源接口和子卡插槽。前端面板及后端面板的结构如图 13.7 和图 13.8 所示。

前面板接口：

图 13.7　语音网关前面板

背面板接口：

图 13.8　语音网关背板

背面板接口细节：

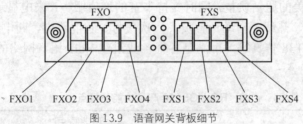

图 13.9　语音网关背板细节

3．产品硬件技术参数说明

（1）RG-VG6116 产品硬件技术参数说明见表 13.4。

表 13.4　　　　　　　　　　　RG-VG6116 产品硬件技术参数

硬件技术参数		参数具体说明	
输入电源		AC110～240V，47～63Hz	
整机功耗		满配置 16 路 FXS 条件下小于 40W	
网络接口		4 个局域网接口，为 10BASE-T/100BASE-TX 接口，支持 Auto-MIDX，符合 IEEE802.3/802.3U 标准	
控制接口		1 个 RS-232 接口，适合本地管理	
语音接口	FXS 口性能	单口振铃器等效数（REN）	500m 5REN，1500m 3REN
		接口馈电电压	on-hook 馈电电压：-48V。off-hook 馈电电压：根据环路电流自动调整
		环路电流	不小于 20mA
		振铃电压	60V 有效值
		计费信号	硬件支持反极和 12kHz/16kHz 计费脉冲信号输出
		拨号方式	DTMF
	FXO 口性能	防雷击	一级防雷，横向/纵向 4kV
		计费信号检测	硬件支持反极检测

（2）接口说明

4 个 FXO 口可接 PSTN 入户线或 PBX 的 FXS 口。

4 个 FXS 口可接普通 PSTN 电话机或者 PBX 的 FXO 口。

（3）指示灯说明

各个端口与指示灯的位置对照说明如图 13.10 所示。

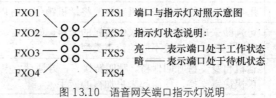

图 13.10　语音网关端口指示灯说明

13.8　网络话机设备 RG-VP3000

RG-VP3000 网络话机是锐捷网络公司面向企业、行业、运营商及普通家庭用户开发的网络电话终端。采用专用 DSP 处理芯片，全面支持各种语音编解码算法，能完成模拟语音信号到数字信号再到 IP 数据包的一系列转换工作，提供可与普通电话相媲美的语音质量。

RG-VP3000 网络话机遵循 SIP 通信协议，能够与兼容标准 SIP 协议的其他终端或设备通信。话机内置两个 10/100M 正反接自适应以太网交换端口，可将用户 PC 同时接入网络。支持静态 IP、DHCP、PPPoE 等多种接入协议，全面适用于 ADSL、LAN 等网络接入方式。

1. *产品功能与特点*

表 13.5　　　　　　　　　　　　　RG-VP3000 产品功能与特点

产品功能	功能特点
采用标准通信协议	RG-VP3000 网络话机采用目前 VoIP 通信和软交换领域中最主流和最具发展潜质的 SIP 协议，具有扩展性强，兼容性好的优势，能与各种软交换平台实现互通
高品质的语音质量	采用专业的 DSP 语音处理芯片，融合多种语音质量增强技术，如动态语音抖动缓冲，静音检测，舒适音产生，回音抵消，包丢失补偿等，提供可与传统电话相媲美的语音质量
支持各种语音编解码标准	支持 G.711A、G.711U、G.723.1、G.729A/AB 等多种编解码算法，确保了在不同网络带宽条件下均能保证清晰的语音
支持各种 QoS 保障协议	支持 802.1Q VLAN、802.1p、IP TOS 等二、三层 QoS 保障协议，充分保证语音报文在网络中传输的高优先级，有效降低语音传输时延
支持各种网络接入协议	支持静态 IP 配置、DHCP、PPPOE 等各种 IP 获取方式，充分适用于各种网络接入环境
支持各种 NAT 穿透方式	支持静态 NAT 配置、Keep alive 保活、可调时长定时注册、STUN、UPnP 等各种 NAT 穿透方式，充分保证了话机在私网等网络环境中的正常通信
支持各种 DTMF 传输方式	全面支持各种带内、带外 DTMF 传输方式，充分保证了与各种软交换平台、中继网关、落地网关配合时的正确二次拨号
内置扩展自适应以太网交换端口，无需另外布线	RG-VP3000 网络话机自带两个正反接自适应以太网交换端口，一个网口用于连接到用户桌面的网线，另一个网口连接用户 PC，即可实现话机和 PC 同时接入网络，而无需另外布线

续表

产品功能	功能特点
多服务器，多账号保存	话机可保存 4 个服务器配置信息，每个服务器下可保存 4 个账户信息，方便用户更方便快捷地切换服务器或账户
通讯录功能	支持通过 Web 界面编辑管理通讯录，支持号码分组、铃声分组、快速拨号等实用功能，用户拨号更方便
锁机功能	用户离开座位时可按锁机键快速将话机锁住，可以防止别人盗打或误拨
来电策略配置	可判断来电号码在通讯录中所属的分组，如朋友、家人、黑名单等，设定接听或拒接，并播放不同的铃声类型
高级呼叫功能	话机自身支持呼叫保持、呼叫转接、三方通话、电话会议等高级功能，并提供快捷键支持，使用起来更加得心应手
液晶显示屏	LCD 显示屏，提供主叫号码显示、通话时长、呼叫记录查询、呼叫状态信息、系统时间显示等丰富功能，使用直观方便
配置简单方便	支持基于 Web 的图形化配置及软件更新界面，维护管理简单方便

2. 背面板接口

话机背面板接口如图 13.11 所示。

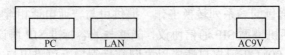

图 13.11　话机背面板

3. 拨打电话

RG-VP3000 网络话机拨打电话的步骤见表 13.6。

表 13.6　　　　　　　　　　RG-VP3000 网络话机拨打电话的步骤

步骤	操作说明
1	提起手柄或按下免提键，液晶将显示 ^{Dial} 同时可以听到拨号提示音，此时你可以开始拨号了
2	如果你要呼叫对方的 IP 地址，请直接输入对方的 IP 地址（如 192.168.3.148，以话机的"*"键代表"."号）；IP 为正常的 IPv4 加 5 位端口号
3	如果你要呼叫对方的电话号码，则直接输入具体号码；最长的拨号长度是 64 位
4	拨号过程中，液晶将显示 xxxxxxxxx ^{Dial}，XXXXXXXXX 代表你正在拨的号码或 IP。拨号显示从右到左，只能显示 12 个号码，超出部分右移。如果号码拨错了，你可以按删除键删除最后一位号码，连续按删除键则可删除多位号码
5	号码输入完成后，请按#键执行呼叫，如果不按#键，则超过预定的时延后话机自动执行呼叫
6	在呼叫过程中你可以听到对方的回铃音
7	当被叫摘机后双方即可开始通话，通话过程中，液晶将显示当前通话的持续时间及语音压缩编码类型。如显示 xxxxxxx 00:45:35 G.711 表示当前与 XXXXXXX 通话已经进行了 45 分 35 秒，使用 G.711 编码
8	通话结束，如果对方先挂机，电话机将提示"催挂音"信号，同时液晶显示
9	如果你所呼叫的对象正在通话中，电话机将提示"忙音"信号，同时液晶显示

4. 接听电话

RG-VP3000 网络话机接听电话步骤见表 13.7。

表 13.7   RG-VP3000 网络话机接听电话步骤

步骤	操作说明
1	当有电话呼入时，电话机将振铃，同时液晶显示：xxxxxxxxx Recv，xxxxxxxxx 代表当前来电的号码或者 IP 地址
2	然后提起手柄或按下"免提"键摘机，即可与对方通话，通话中液晶显示通话计时及语音编码，同上文描述
3	如果你想拒绝接听当前电话，你可以按下"拒接"键，对方话机将收到线路忙音信号

13.9   实训系统环境搭建

在构建一个 VoIP 网络时，需要对设备及设备的接口进行了解，特别是作为软交换系统的初学者，为了尽快掌握相关设备的操作和使用，首先应该了解这些。

注意事项：

（1）软交换服务器：为保障系统软、硬件的使用寿命和稳定性，建议不要频繁手动开关机，而应采用 Web 系统管理员平台的"关闭系统"菜单进行安全操作，在点击关闭系统后大概 2min 后再手动将电源开关置于关闭状态。

当实验 PC 出现无法访问 Web 系统管理员时，先观察对应的软交换服务器的网络接口的提示灯是否亮起，及接网线的网口上的灯是否亮起。

（2）语音网关：FXO 和 FXS 接口不要连接错误，也不要带电插拔。

（3）网络话机：保存配置时，网络话机必须处于非通话状态，系统未保存配置，重启后修改参数不生效。

下面介绍各设备连线组网的情况。

1. RG-VX9050E、RG-VG6116E 连接

RG-VX9050E 与 RG-VG6116E 设备连接图如图 13.12 所示。

图 13.12   设备连接图

RG-VX9050E Eth0 ◄——————► HUB

RG-VG6116E LAN1 口 ◄——————► HUB

RG-VG6116E WAN 口 ◄——————► RG-VX9050E Eth2（采用交叉网线,用于实验室网管。本实验室不包含 RG-VLMS 网管软件，无需这条线缆，详见 RG-VLMS 施工说明）。

2. RG-VG6116E 背面连接

RG-VG6116E 背面连接图如图 13.13 所示。

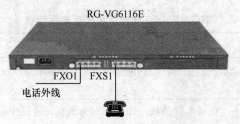

图 13.13　RG-VG6116E 背面连接

RG-VG6116E　FXO1◀━━━━━▶电话外线，或者另配的模拟程控交换机电话线，如果实验室不提供电话外线或模拟程控交换机，本线路不连接。

RG-VG6116E　FXS1◀━━━━━▶模拟电话机。

3. 各实验台互联

各实验台的 HUB，通过以太网交换机连接。

4. 设备上电检查步骤

对上架设备逐个上电检查，观测指示灯是否正常，监测硬件工作正常。标准：指示灯正常，通过自检。

13.10　设备登录方式

1. 软交换服务器 RG-VX9000E

RG-VX9000E 提供 Web 配置管理，前三个以太网口 ETH0-ETH2 可作为应用端口，默认情况下 ETH0 口处于激活状态，其默认 IP 地址为 192.168.88.90，子网掩码为 255.255.255.0。可通过 IE 登录软交换服务器的 Web 管理界面，步骤见表 13.8。

表 13.8　　　　　　通过 IE 登录软交换服务器的管理界面步骤

步骤	操　作
1	用网线将软交换服务器第 Eth0 接口如图 13.12 连接，并将 PC 机也如图 13.12 中 HUB 连接并确认物理连接正常
2	将 PC 的网络接口 IP 地址配置为 192.168.88.X（不要与软交换服务器、语音网关和 IP 话机的初始 IP 冲突），掩码为 255.255.255.0
3	打开浏览器，在地址栏中输入访问地址：http://192.168.88.90 并回车，即可进入 Web 登录界面
4	输入默认登录用户名：admin，密码：admin，单击＜登录＞按钮，即可进入 Web 管理主界面 欢迎使用 RG-VX9000E WEB 管理系统　登陆ID: admin　密码: ●●●●●　登陆　重置　　● 登录 ID: admin　● 密码: admin　● 单击＜登录＞按钮

步骤	操　作
5	选择【系统管理→网络接口配置】菜单，可以对软交换服务器各网口进行配置，单击＜提交＞按钮 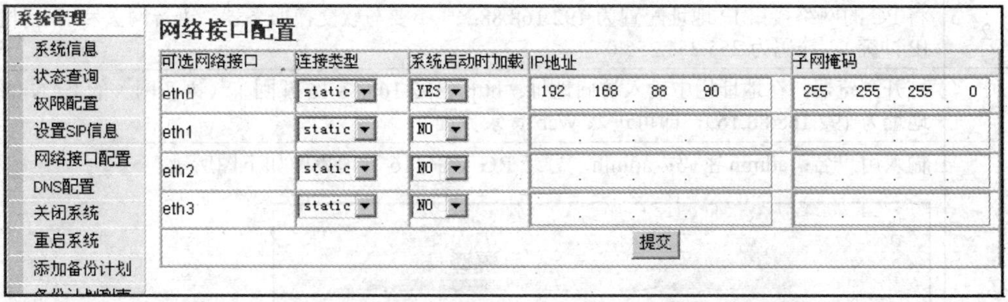
6	可选网络接口：选择其中一个网口对其进行配置，设置地址实训规划地址即可。软交换服务器各网口功能完全一样，类似于 PC 配置多张网卡。若 ETH0 地址为非默认地址，不能进入配置页面，则可从 ETH3 端口进入配置界面，其端默认口地址为 192.168.33.90，子网掩码为 255.255.255.0
7	连接类型：用于选择网口 IP 的获取方式，有 static 和 DHCP 两种方式。static 即静态配置 IP 地址，DHCP 为动态自动获取 IP 地址。实训中使用 static 方式，为网口配置固定的 IP 地址
8	按照以上说明配置正确的网络接口参数后，单击"提交"按钮保存配置信息，但该配置并不会立即生效，需要执行重启系统后方能生效。重启所需时间约 3～5 分钟，可以通过观察指示灯是否工作正常来确定

2. 语音网关 RG-VG6116E 配置

方法一：串口查看语音网关信息（见表 13.9）

表 13.9　　　　　　　　　　　　　　串口查看语音网关信息步骤

步骤	操　作
1	用随机配备的 RS232 串口线，将语音网关连接到 PC 的串口上，启动超级终端
2	运行 Windows 单击【开始→程序→附件→通讯→超级终端】，建立语音网关 RG-VG6116E 的操作连接
3	超级终端名称可自由定义，输入如"RG-VG6116E"，单击＜确定＞按钮
4	选择实际使用的串口（一般来说，计算机有两个串口，我们用 COM1），并单击＜确定＞按钮
5	选择每秒位数：115200；数据位：8；奇偶校验：无；停止位：1；数据流控制：无；或者，单击＜还原为默认值＞按钮，然后单击＜确定＞按钮，进入超级终端界面
6	后台超级用户名为 admin，密码为 admin
| 7 | 在 RG-VG6116 语音网关设备控制台输入 show if，即可查看所有网口的 IP 地址。命令行如下图所示<br><br>```
svg6116 cm init ok!
User:admin
Password:
SVG>  show  if
LAN0:  c0a85810:ffffff00,c0a85810,192.168.88.16
WAN0:  0:0,0,
Sys gateway:192.168.88.1
``` |

方法二：网络接口配置（见表 13.10）
```

表 13.10 网络接口配置步骤

步骤	操 作
1	用网线将语音网关的 LAN 口如图 13.12 连接至 HUB，并将 PC 机也如图 13.12 中 HUB 连接并确认物理连接正常
2	将 PC 的网络接口 IP 地址配置为 192.168.88.X（不要与软交换服务器、语音网关和 IP 话机的初始 IP 冲突），掩码为 255.255.255.0
3	打开浏览器，在地址栏中输入访问地址：http://192.168.88.16 并回车（语音网关的 LAN 的默认 IP 地址为 192.168.88.16），即可进入 Web 登录界面
4	输入用户名：admin 密码：admin，登录 RG-VG6116 管理界面如下图所示 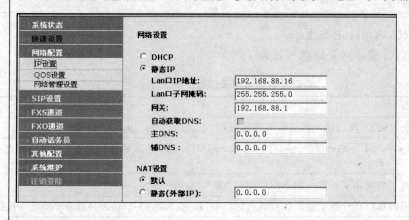 • 用户名：admin • 密码：admin • 单击＜登录＞按钮
5	在主菜单中选择【基本配置→网络设置】，修改语音网关的 IP 地址，如下图所示。 • 观察网络设置 • 观察 NAT 设置 • 观察 IP 设置等 各配置项含义如下： 参数说明表 | 配置项目	说　明
DHCP	选择 DHCP 使用 DHCP 协议自动获取网络接口参数。如果 RG-VG6116 连接的局域网中架设了 DHCP 服务器，则可以选择使用这种方式
静态 IP	选择静态 IP 为 RG-VG6116 配置固定的网络参数 在语音网关上配置网络端口，按照规划的 IP 地址进行配置即可
NAT	当设备在 NAT 设备后时，请配置 NAT 设置，在静态（外部 IP）中填写上 NAT 设备使用的外部 IP 地址，实现 NAT 穿透功能；在本实验中，选择"默认"	
6	虽然按照以上规划配置正确的网络接口参数，但该配置并不会立即生效，需要执行重启系统后方能生效。单击＜保存重启＞按钮保存配置信息，重启所需时间约 3～5min，可以通过观察指示灯是否工作正常来确定

3．网络话机 RG-VG3000E 配置

使用 Web 来配置网络话机，RG-VG3000E 的默认 IP 地址为 192.168.88.30，按话机的 IP 键查看网络话机的 IP 地址（每部话机地址可能不一样）。配置步骤见表 13.11。

表 13.11　　　　　　　　　　　　　网络话机 RG-VG3000E 配置步骤

步骤	操　作
1	用网线将 RG-VG3000E 网络话机 LAN 接口如图 13.12 连接至 HUB，并将 PC 机也如图 13.12 中 HUB 连接并确认物理连接正常
2	将 PC 的网络接口 IP 地址配置为 192.168.88.X（不要与软交换服务器、语音网关和 IP 话机的初始 IP 冲突），掩码为 255.255.255.0
3	打开浏览器，在地址栏中输入访问地址：http://192.168.88.30（RG-VG3000E 的默认 IP 地址为 192.168.88.30）并按回车键，即可进入 Web 登录界面
4	输入缺省登录用户名：admin，密码：admin，点击登录按钮，即可进入 Web 管理主界面 用户名 admin 密码 ••••• 登录　重置 • 用户名：admin • 密码：admin • 单击＜登录＞按钮
5	单击【基本配置→网络配置 IP 配置】，设置话机网络参数，如下图所示 系统状态 网络配置 　IP配置 　NAT配置 　VLAN配置 SIP设置 话机设置 呼叫记录 系统维护 注销登陆 IP配置 （所有修改需要重新启动设备才能生效） ○ DHCP ⊙ 静态IP 　IP地址　192.168.88.30 　子网掩码　255.255.255.0 　网关　192.168.88.1 　主DNS　202.101.143.141 　辅DNS　0.0.0.0 □ PPPoE 　用户名　8163 　密码　•••• 应用
6	注意： 本话机提供的接入方式：DHCP 模式、Static IP 模式和 PPPoE 模式 DHCP 模式：选中 DHCP 单选按钮启用该模式，则自动获取 IP，静态 IP 则不允许再配置了 静态 IP 模式：选中静态 IP 单选按钮启用该模式，系统将以设定的 IP 地址、子网掩码等配置来启动系统，一般采用静态 IP 模式
7	设置完毕，请单击＜应用＞按钮提交修改参数（否则不提交配置）。若修改配置，则需要重启话机，使配置生效

13.11　总结与思考

1．实训总结：请描述本章实训的收获。

2．实习思考：

（1）FXO 和 FXS 两种接口有什么区别，用实例来说明。

（2）在各种设备连接并加电后，观察各种指示灯的状态，对状态进行汇总。

（3）画出组网拓扑图。

第 14 章　最简 VoIP 系统设计与配置实训

14.1　实训说明

本次实训使用锐捷的软交换、语音网关、网络电话等设备。

1. 实训目的

通过本章实训，熟练掌握以下内容。

（1）锐捷软交换数据配置过程，能实现基本端局通信。

（2）锐捷语音网关数据配置过程。

（3）锐捷网络电话配置过程。

（4）熟悉数据之间的逻辑关系、数据配合。

（5）VoIP 的组网模式，软交换服务器、语音网关、IP 话机等 IP 地址、网关等参数规划和配置。

2. 实训时长

　　4 学时

3. 实训项目描述

本次实训在第 13 章软交换实训的基础上进行，要求学生对锐捷软交换服务器、语音网关、网络电话的功能已经熟悉。本次实训要求学生能规划出网络中各个设备的网络地址和相应的用户号码，按规划组网图连接设备，完成软交换服务器、语音网关、网络电话的数据配置。配置完成后，网络电话间、语音网关等设备连接的电话用户间可以互相通信。通过本章实训，学生了解到企业用户根据自己需求可以组建自己的通信网络，了解组网结构、组网设备、组网的工程过程等知识。

14.2　实训环境

（1）实验室硬件设备：软交换、语音网关、网络电话、PC 维护台设备搭建如图 14.1 所示。

（2）操作环境：软交换、PC 维护台设备连接如图 14.1 所示。

14.3　实训规划

14.3.1　组网硬件规划

一个端局的基本组网拓扑如图 14.1 所示，用二层交换机组成局域网，可进行基本配置。

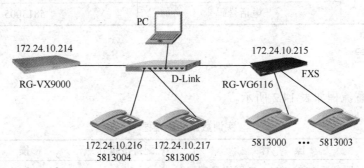

图 14.1　基本配置组网图

14.3.2　数据规划

部署实训平台时，要先进行网络规划，确定各个设备的连接方式；要对各实验台的 IP 地址和电话号码进行规划，并做好记录。以其中一套设备为例，地址规划见表 14.1。

表 14.1　　　　　　　　　　　　　　地址规划表

设备名称型号	基本参数	具体参数配置参考
软交换服务器 RG-VX9000E	ETH0 IP 地址	172.24.10.214
	子网掩码	255.255.255.0
	网关地址	172.24.10.1
	管理员账户/密码	admin/admin
	电话分机账号	5813000-5813013
	ETH2 IP 地址	192.168.30.90
	子网掩码	255.255.255.0
语音网关 RG-VG6116E	IP 地址	172.24.10.215
	子网掩码	255.255.255.0
	网关地址	172.24.10.1
	管理员账户/密码	admin/admin
	注册客户端电话号码（POTS 话机）	5813000-5813003
IP 网络话机 RG-VP3000E （1）	IP 地址	172.24.10.216
	子网掩码	255.255.255.0
	网关地址	172.24.10.1
	管理员账户/密码	admin/admin
	电话号码	5813004

续表

设备名称型号	基本参数	具体参数配置参考
IP 网络话机 RG-VP3000E (2)	IP 地址	172.24.10.217
	子网掩码	255.255.255.0
	网关地址	172.24.10.1
	管理员账户/密码	admin/admin
	电话号码	5813005

14.4 实训流程

实训数据配置流程如表 14.2 所示。

表 14.2   实训数据配置流程

配置步骤	操　作	配置步骤	操　作
1	软交换服务器 RG-VX9000E 网络参数配置	6	网络配置
2	RG-VX9000E 的 SIP 信息配置	7	配置网络话机的服务器和号码
3	RG-VX9000E 的号码配置	8	语音网关 RG-VG6116E 网络配置
4	RG-VX9000E 的 SIP 信息配置	9	配置语音网关注册服务器
5	网络话机 RG-VP3000E 配置	10	配置 FXS 端口的电话号码

14.5 实训操作步骤和内容

14.5.1 软交换服务器 RG-VX9000E 配置

基本配置方法只需要对软交换服务器进行"系统管理"和"号码分配"两项配置，即可实现基本通信。

1. 网络参数配置

RG-VX9000E 提供 Web 配置管理。前三个以太网口 ETH0-ETH2 可作为应用端口，默认情况下 ETH0 口处于激活状态，其默认 IP 地址为 192.168.88.90，子网掩码为 255.255.255.0。可通过 IE 登录软交换服务器的 Web 管理界面，步骤如下。

（1）用网线将软交换服务器第一个以太网口与网络连接并确认物理连接正常。

（2）将 PC 的网络接口 IP 地址配置为 192.168.88.X（不要与软交换服务器、语音网关和 IP 话机的初始 IP 冲突），掩码为 255.255.255.0。如果软交换设备已经设置了 IP 地址，则把 PC 机的 IP 地址和软交换现在的 IP 地址设置在同一网段。

（3）打开 IE 浏览器，在地址栏中输入访问地址：http://192.168.88.90 并按回车键，即可进入 Web 登录界面。如果软交换不是默认出厂地址，而是已经设置了 IP 地址，则在 Web 中输入软交换现在的 IP 地址，便可以登录，登录界面如图 14.2 所示。

（4）输入默认登录用户名：admin，密码：admin，单击<登录>按钮，即可进入 Web 管理主界面。

图 14.2　锐捷软交换登录界面

（5）选择【系统管理→网络接口配置】，选择配置第一块网卡 ETH0，并将"系统启动时加载"选择 YES，IP 地址为 172.24.10.220，子网掩码为 255.255.255.0；确认配置无误后单击＜提交＞按扭，系统左上方提示"修改成功，重启系统后生效"；如图 14.3 所示配置界面。

系统管理	网络接口配置				
系统信息	可选网络接口	连接类型	系统启动时加载	IP地址	子网掩码
设置时间	eth0	static	yes	172　24　10　220	255　255　255　0
状态查询	eth1	static	no		
权限配置	eth2	static	no		
设置SIP信息	eth3	static	yes	192　168　33　90	255　255　255　0
网络接口配置				提交	
DNS配置					
关闭系统					
重启系统.					

图 14.3　RG-VX9000E 网络接口配置

（6）选择【系统管理→重启系统】，即进入重启系统界面，单击＜重启系统＞按扭即执行重启操作。重启系统所需时间约 3～5min（此步骤也可在软交换服务器所有配置完成后再进行）。

（7）选择【系统管理→网络接口配置】菜单，添加网络路由，目标 IP 地址为 0.0.0.0，子网掩码为 0.0.0.0，网关地址为 172.24.10.1（来自数据规划表）；确认配置无误后单击＜提交＞按扭，系统左上方提示"修改成功，重启系统后生效"，如图 14.4 所示。

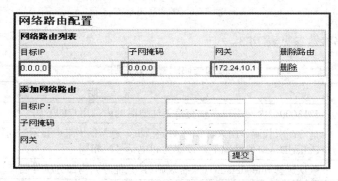

图 14.4　网络路由配置界面

2. SIP 信息配置

（1）选择【系统管理→设置 SIP 信息】菜单，进行 SIP 参数的配置，如图 14.5 所示。

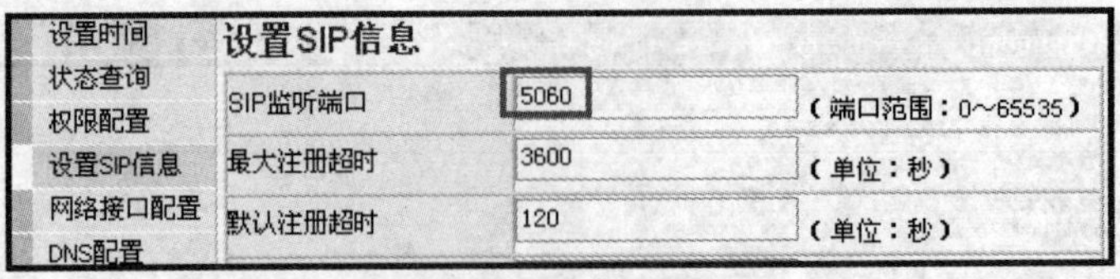

图 14.5 配置 SIP 信息

（2）将 SIP 监听端口设置成 5060（默认为 5060），那么所有向这里注册的客户端的端口都需要设置成 5060，否则将无法注册。端口号避免与公有端口号重叠。

（3）最大注册时间设为 3600 秒，如果设备 3600 秒没有注册成功，则注册失败。

（4）默认注册超时时间设为 120 秒；如果默认时间没注册成功，而未达最大时间则设备会反复询问注册，这些是系统的参数，而且是通信网中常用的值。

3. 号码配置

开始添加分机号码，可以单个号码进行手动添加，如果号码是连续的那么也可以批量添加，方法如下所述。

（1）添加一个号码：选择【号码管理→添加号码】菜单，进入号码添加界面，如图 14.6 所示。

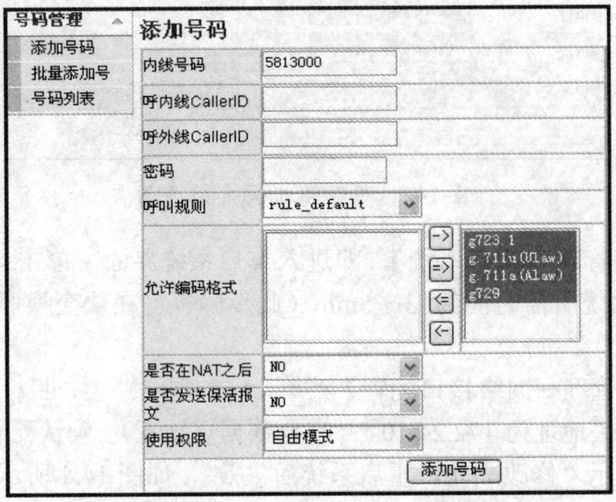

图 14.6 单个号码添加

（2）添加号码参数参见表 14.3。

表 14.3 添加号码配置参数说明

配置项	说　　明
内线号码	5813000，内网用户在软交换上注册时的内部用户的号码
CallerID	是呼叫者代码，用来标识呼叫的话机，通常的"来电显示"功能，即显示呼叫者的 CallerID。一般情况下，设置为和电话号码相同
呼叫规则	默认选择 rule_default（缺省规则），只能呼叫内部分机号码
密码	输入此内线号码的密码
允许编码格式	选择语音编码格式，如 G.723.1、G.729A、G.711ulaw、G.711alaw，可多选，系统将根据终端的语音编码方式进行自适应。优先级默认顺序是 G.723.1→G.711ulaw→G.711alaw→G.729，优先顺序自上而下

续表

配置项	说　明
是否在 NAT 之后	如果话机置于 NAT 后（即经过路由器的 NAT 共享 IP 地址访问 Internet），则选择 YES，本实训中选择 NO 若此号码对应的 VOIP 终端（例如 IP Phone）与 RG-VX9000 不在同一层 NAT 下，则选择"Yes"，若在同一 NAT 后，则选择"No"
是否发送保活报文	此号码对应的 VoIP 终端在 NAT 或防火墙后，则选择"Yes"

（3）设置完毕后，单击<添加号码>按钮，添加内线号码成功。

4. 批量添加号码

（1）选择【号码管理→批量添加号码】菜单，即进入号码批量添加界面，如图 14.7 所示。

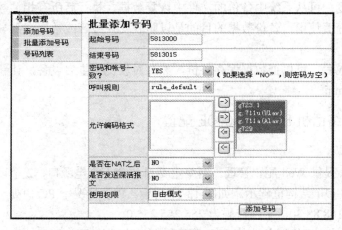

图 14.7　批量添加号码

（2）批量添加号码的相关参数，请参见表 14.4。

表 14.4　　　　　　　　　　　　添加号码配置参数说明

配置项	说　明
起始号码	输入您要批量添加的起始号码，注意：批量添加的号码不能以 0 开头
结束号码	输入您要批量添加的结束号码，注意：结束号码必须大于起始号码
注册密码和账号一致？	选择 No，则初始密码为空；若选择 Yes，则初始密码与号码相同
其他参数	同表 14.3 的说明

（3）配置完成，单击<添加号码>按钮，批量增加内线号码成功。

（4）号码添加完后，在【号码管理→号码列表】中可以查看刚才添加的号码，可以进行号码的搜索，及其归属用户的查询，如图 14.8 所示。

（5）用户配置可以根据实际情况，在"企业管理"和"用户管理"菜单中进行添加。

5. 数据保存并重启

当数据配置完成，为了使设备按配置的数据进行工作，可以对相关数据进行保存并重启设备。

（1）数据备份：为了保障系统数据的安全，所有的配置数据、话务数据等信息，可以对软交换设备数据进行备份；通过【系统管理】→【备份计划表】进行设置备份。

图 14.8　号码列表

（2）数据恢复：可从系统中备份的文件中恢复数据，执行后所有相关数据将被恢复到备份前的内容，要谨慎使用，备份数据的目的是以防软交换故障或数据混乱导致数据丢失，配合数据配备使用。

（3）配置完成后，可以把数据保存备份，然后对软交换重启设备，让新数据生效，重启一般要等待 3～5min。

14.5.2　网络话机 RG-VP3000E 配置

1. 网络配置

RG-VP3000E 提供 Web 配置管理。网络电话机包含 1 个电源口、2 个以太网口（分别称为 PC 口和 LAN 口），结构位置示意如图 13.11 所示。默认情况下 PC 口处于激活状态，其默认 IP 地址为 192.168.88.30，子网掩码为 255.255.255.0。

可通过 IE 登录软交换服务器的 Web 管理界面，步骤如下。

（1）用网线将网络电话的 PC——以太网口与网络连接并确认物理连接正常。

（2）将 PC 的网络接口 IP 地址配置为 192.168.88.X（不要与软交换服务器、语音网关和 IP 话机的初始 IP 冲突），掩码为 255.255.255.0。如果网络话机已经设置了 IP 地址，则把 PC 机的 IP 地址和网络电话现在 IP 地址设置在同一网段。我们可以通过网络电话的菜单按钮查询网络电话的 IP 地址。

（3）请在个人计算机上打开 IE 浏览器，在地址栏中输入访问地址：http://192.168.88.30 并按回车键，即可进入 Web 登录界面。如果网络电话不是默认出厂地址，而是已经设置了 IP 地址，则在 Web 中输入软交换现在的 IP 地址，则可以登录，登录界面如图 14.9 所示。

图 14.9　RG-VP3000E 网络电话登录界面

（4）Web 连接成功后，将提示输入"用户名"和"密码"，出厂默认的用户名为"admin"、密码为"admin"，即可进入 Web 管理主界面。

（5）使用 Web 登录到网络话机，在主菜单中选择【网络配置→IP 配置】菜单，配置 IP 地址并提交应用（步骤与第 13 章类似），如图 14.10 所示。网络话机配置步骤均相同，注意避免 IP 冲突。

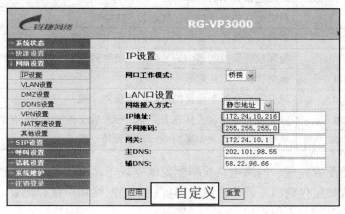

图 14.10　网络话机网络配置

（6）配置 RG-VP3000E 网络电话的 IP 地址、子网掩码、网关，各配置项含义请参见表 14.5。

表 14.5　　　　　　　　　　　　　　　　网络电话配置参数说明表

配置项	说　　明
静态 IP	选择 静态 IP 为 RG-VP3000E 配置固定的网络参数 填入：语音网关规划地址：172.24.10.216，掩码：255.255.255.0 默认网关：172.24.10.1
DNS	域名解析服务器，如果没设置域名，则可以填写锐捷公司默认的

（7）设置完毕后，单击＜应用＞按钮，网络话机网络配置完成。

2. 配置网络话机的服务器和号码

（1）在主菜单中选择【SIP 配置→SIP 服务器】菜单，配置 SIP 相关参数并应用，如图 14.11 所示。

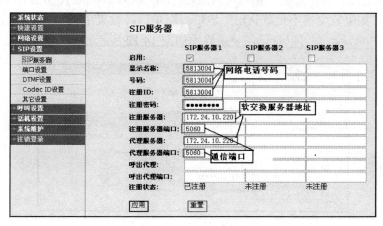

图 14.11　配置 SIP 参数

（2）配置网络话机的电话号码和软交换服务器的地址和通信端口号信息，参数参见表 14.6。

表 14.6　　　　　　　　　　　网络电话的号码配置参数说明

配置项	说　　明
显示名称	网络电话显示的名称
号码	网络电话的电话号码，规划为 5813004
注册 ID	要和软交换控制器中的号码的注册 ID 协调一致，否则注册不成功
注册密码	要和软交换控制器中的号码的注册密码协调一致，否则注册不成功
注册服务器地址	软交换服务器的地址
注册服务器端口	软交换服务器上设置的端口，需保持一致
代理服务器地址	如果没有专门设置代理服务器，设置软交换服务器的地址
代理服务器端口	软交换服务器上设置的端口，需保持一致

（3）以上参数配置完成，网络电话数据配置就完成了，单击＜应用＞按钮即可。

（4）配置完成如果仅修改号码等少量数据可以直接网络话机保存配置，在主菜单中选择【系统维护→保存配置】，不用重启。

（5）如果大量修改数据，特别是改动 IP 地址，则必须对网络话机重启，在主菜单中选择【系统维护→重新启动】菜单，修改的数据才可以生效。

14.5.3　语音网关 RG-VG6116E 配置

1. 网络属性配置

RG-VG6116E 提供 Web 配置管理。前 4 个以太网口 LAN 可作为应用端口，默认情况下 WLAN 口处于激活状态，其默认 IP 地址为 192.168.88.16，子网掩码为 255.255.255.0。

可通过 IE 登录软交换服务器的 Web 管理界面，步骤如下。

（1）用网线将语音网关 RG-VG6116E 与网络连接并确认物理连接正常。

（2）将 PC 的网络接口 IP 地址配置为 192.168.88.X（不要与软交换服务器、语音网关和 IP 话机的初始 IP 冲突），掩码为 255.255.255.0。如果软交换设备已经设置了 IP 地址，则把 PC 机的 IP 地址和软交换现在 IP 地址设置在同一网段。

（3）打开浏览器，在地址栏中输入访问地址：http://192.168.88.16 并按回车键，即可进入 Web 登录界面。如果软交换不是默认出厂地址，而是已经设置了 IP 地址，则在 Web 中输入软交换现在的 IP 地址，则可以登录，登录界面如图 14.12 所示。

图 14.12　语音网关 RG-VG6116E 登录界面

（4）输入默认登录用户名：admin，密码：admin，单击＜登录＞按钮，即可进入 Web 管理主界面。

（5）点选【快速配置】进入网络配置，首先修改语音网关的 IP 地址、子网掩码、网关，如图 14.13 所示。

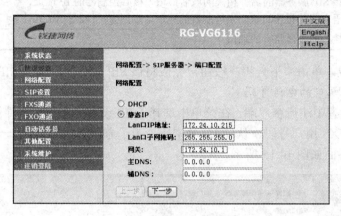

图 14.13　语音网关网络配置

（6）配置语音网关的 IP 地址、子网掩码、网关，各配置项含义请参见表 14.7。

表 14.7　　　　　　　　　　　　　添加号码配置参数说明

配置项	说　　明
DHCP	选择使用 DHCP 协议自动获取网络接口参数。如果 RG-VG6116 连接的局域网中架设了 DHCP 服务器，则可以选择使用这种方式
静态 IP	选择静态 IP 为 RG-VG6116 配置固定的网络参数； 填入：语音网关规划地址：172.24.10.215，掩码：255.255.255.0 默认网关：172.24.10.1
NAT	当设备在 NAT 设备后时，请配置 NAT 设置，在静态（外部 IP）中填写上 NAT 设备使用的外部 IP 地址，实现 NAT 穿透功能；在本实验中，选择"默认"

（7）配置完成，单击＜下一步＞按钮，进入下级菜单配置。

2.　配置语音网关注册服务器

（1）登录系统进入 SIP 配置。在菜单中选择【SIP 设置→SIP 服务器】或【快速配置】菜单的第二步，配置其中"SIP 服务器地址、端口"，即规划中的软交换服务器的地址和端口。配置界面如图 14.14 所示，配置完成单击＜下一步＞按钮。

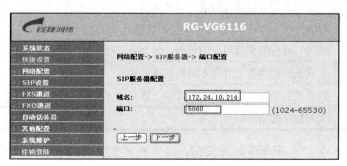

图 14.14　语音网关 SIP 配置

（2）配置语音网关的 SIP 服务器的地址，各配置项含义请参见表 14.8。

表 14.8   SIP 服务器配置参数表

配置项	说　　明
域名	填入该 SIP 服务器的名称相关的域名，填入核心控制器的 IP 地址，即和语言网关相连的软交换控制器的地址，规划为：172.24.10.214
端口	填入核心控制器监听的端口

（3）配置完成，单击＜下一步＞按钮，完成将该 SIP 服务器添加到 SIP 服务器列表中。

3．配置 FXS 端口的电话号码

（1）在 SIP 设置中注册客户端。在菜单中选择【SIP 设置→注册客户端】，或【快速配置】的第三步，配置 FXS 用户号码、认证 ID 和密码，为了方便查找和记忆，一般均保持一致。配置参数及配置界面如图 14.15 所示。

图 14.15　配置注册客户端

（2）配置语音网关的 FXS 端口的注册客户端即端口电话号码，各配置项含义请参见表 14.9。

表 14.9   语音网关 FXS 端口配置说明

配置项	说　　明
启用	对要配置的端口进行勾选，启动该项
端口	FXS/1-4，本语音网关自带 4 个普通模拟用户端口
号码	该端口对应的模拟用户的号码，每个端口对应一个号码
认证 ID	在软交换控制器上对该号码的认证方式
认证密码	要求设置和软交换上的认证密码一致，否则认证不成功
呼叫路由	采用默认的路由即可

（3）配置完成，单击＜保存重启＞按钮，语音网关配置完成，让语音网关到软交换控制器中进行注册。

14.5.4 实训测试

将配置好数据的设备及终端按照图 14.1 连接，RG-VG9000E、RG-VG6116E、RG-VG3000E 均通过网络接口连接到网络中，POTS 话机连接到语音网关 RG-VG6116E 的 FXS 口（注意端口对应，分配了号码的端口接上 POTS 话机，才能保证电话互通）。

1．观察话机的注册标志，和软交换服务器上的话机注册状态

（1）在主菜单中选择【系统管理→状态查询】菜单，可以查看到话机的注册信息，如图 14.16 所示。图中说明当前有 5 部话机在线。

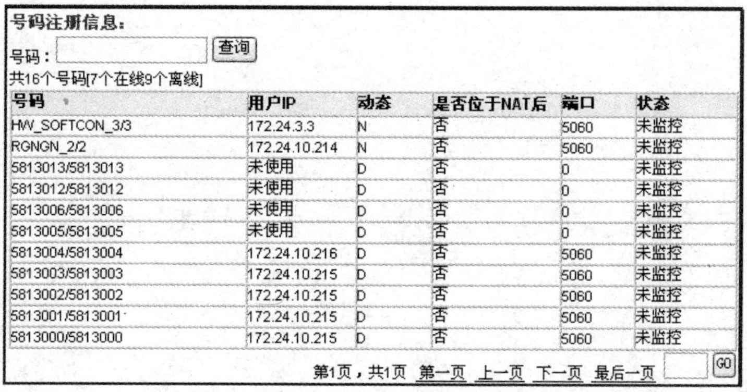
号码注册信息：

号码：　查询

共16个号码[7个在线9个离线]

号码	用户IP	动态	是否位于NAT后	端口	状态
HW_SOFTCON_3/3	172.24.3.3	N	否	5060	未监控
RGNGN_2/2	172.24.10.214	N	否	5060	未监控
5813013/5813013	未使用	D	否	0	未监控
5813012/5813012	未使用	D	否	0	未监控
5813006/5813006	未使用	D	否	0	未监控
5813005/5813005	未使用	D	否	0	未监控
5813004/5813004	172.24.10.216	D	否	5060	未监控
5813003/5813003	172.24.10.215	D	否	5060	未监控
5813002/5813002	172.24.10.215	D	否	5060	未监控
5813001/5813001	172.24.10.215	D	否	5060	未监控
5813000/5813000	172.24.10.215	D	否	5060	未监控

第1页，共1页　第一页　上一页　下一页　最后一页　GO

图 14.16　软交换服务器号码注册信息

选择【SIP 配置→服务器配置】菜单，可以查看到状态；也可以在登录界面中看到话机注册信息。

（2）观察语音网关在软交换服务器上的注册信息，与网络话机注册信息一致，通过用户 IP 一栏可以检测到语音网关是否注册。

（3）局内通信检测。

①网络话机与网络话机之间互通；②POTS 话机之间互通；③网络话机与 POTS 话机之间互通；三项均通过，局内语音通信才测试通过。

2．注意事项

（1）软交换服务器：为保障系统软、硬件的使用寿命和稳定性，不要直接关闭软交换服务器的电源，而应采用 Web 系统管理员平台的“关闭系统”菜单进行安全操作，在点击关闭系统后大概 2min 后再手动将电源开关置于关闭状态。

当实验 PC 出现无法访问 Web 系统管理员时，先观察对应的软交换服务器连接网线的网口上的指示灯是否亮起。

（2）网络话机：保存配置时，网络话机必须处于非通话状态，否则系统不保存配置，重启后修改参数不生效。

（3）语音网关：FXO 和 FXS 接口不要连接错误，也不要带电插拔。

14.6 总结与思考

1．实训总结

请描述本单元实习的收获。

2．实训思考

（1）为什么要进行 IP 地址和号码规划？

（2）在对软交换服务器和网络话机配置 SIP 参数时，应该注意哪些问题？

（3）在进行注册失败的实验中，可能导致注册的原因有哪些？通过实验验证，并截图说明。

（4）在修改了两端的语音编码后，能过实验你会发现些什么，为什么？截图说明。

第15章　VoIP系统高级功能配置实训

15.1　实训说明

1. 实训目的

对实验室 VoIP 系统的高级功能进行配置，内容包括电话会议功能、计费功能、附加业务等，学习电话会议、电话会议室、管理员、计费的概念，以对软交换平台的高级功能有全面了解。

2. 实训时长

4 学时

3. 项目描述

本次实训要求在完成第 14 章的实训基础上进行，要求已经完成软交换服务器、语音网关、网络电话的数据配置。配置完成后网络电话间、语音网关等设备连接的电话用户间可以互相通信。学生在此实训能够学习到 VoIP 网络中高级业务的配置，如企业管理、角色设置、呼叫转移等业务的设置，熟悉多种高级功能的配置和操作流程，并进行呼叫测试等。

15.2　实训环境

使用端局的基本组网拓扑，如图 15.1 所示，用二层交换机组成局域网，可进行高级功能配置。

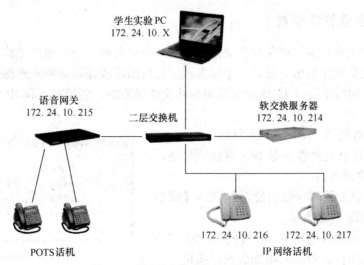

图 15.1　软交换高级功能应用组网拓扑

15.3 实训规划

15.3.1 组网硬件规划

本次实训的硬件组网参照第14章实训组网硬件规划如图14.1所示，进行设备连网。

15.3.2 数据规划

本次实训的数据规划参照第14章数据规划，各实验台的IP地址和电话号码参照第14章，在此基础上进行高级业务配置。

15.4 实训流程

实训数据配置流程见表15.1。

表15.1　　　　　　　　　　　实训数据配置流程

配置步骤	操　作	配置步骤	操　作
1	企业管理配置	6	计费功能设置
2	角色设置	7	呼叫日志查看
3	振铃组配置	8	月流量统计
4	附加业务配置	9	日流量统计
5	电话会议功能设置	10	总结与思考

15.5 实训操作步骤和内容

数据配置准备，必须先完成第三大部分的前面两章对软交换服务器、语音网关、网络话机进行基本配置，在确保局内通信正常进行的基础上进行本次实训。

15.5.1 企业管理配置

企业管理中主要是添加相关的企业信息，比如公司名称、公司地址等信息。

（1）用网线将软交换服务器第一个以太网口与网络连接并确认物理连接正常。

（2）将PC的网络接口IP地址配置为与软交换服务器、语音网关和IP话机同一网段的IP地址。

（3）打开浏览器，在地址栏中输入：http://172.24.10.214（即软交换服务器IP）并按回车键，即可进入Web登录界面。

（4）选择【企业管理→添加公司】，进入【添加公司】界面，如图15.2所示。

公司名称：重庆邮电大学，公司代号：001，公司地址：重庆南岸区，单击＜添加公司＞按钮。

图15.2　添加公司界面

（5）添加完成后，选择【企业管理→公司列表】，进入【公司列表】界面如图 15.3 所示。

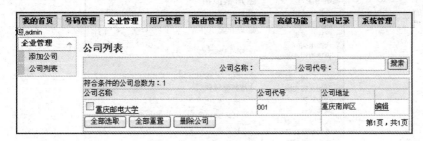

图 15.3 公司列表界面

15.5.2 角色配置

（1）选择【用户管理→添加角色】菜单，进入【添加角色】界面，如图 15.4 所示。

图 15.4 添加角色界面

定义角色名称：一般角色，角色权限：从多种权限中选择需要的，然后单击＜添加角色＞按钮。

（2）添加完成后，选择【用户管理→角色列表】菜单，进入【角色列表】界面如图 15.5 所示。

图 15.5 角色列表界面

15.5.3 振铃组配置

振铃组是一组分机的集合，当有电话拨打振铃组号码时，该振铃组内的分机将按照设定的顺序振铃，任何一部振铃中的分机都可以接起这个来电。

（1）选择【高级功能→添加振铃组】菜单，即进入【添加振铃组】界面如图 15.6 所示。

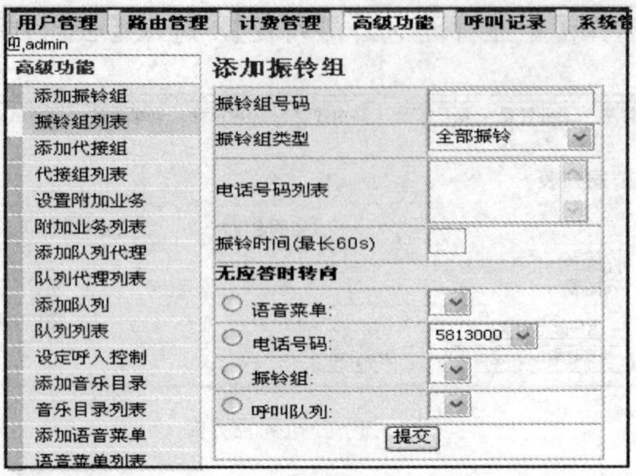

图 15.6 添加振铃组界面

具体参数参考表 15.2 说明。

表 15.2 添加振铃组参数说明表

配置项	说　　明
振铃组号码	此振铃组的号码，使用不以 0 开头的 2~16 位整数，不能与系统分机号重复
振铃组类型	全部振铃：同时振铃"电话号码列表"所列出的所有号码，直到其中一个号码应答，此为默认选项 顺序振铃：依次振铃"电话号码列表"所列出的号码 叠加振铃：先振铃"电话号码列表"上的第 1 个号码，接着振铃列表上的第 2 个号码，依此类推…… 网关顺序振铃：顺序振铃号码列表中的网关，网关应答后进入二次拨号过程，并应答进入到二次拨号过程
电话号码列表	在此输入要添加到该振铃组中的号码，一行一个（以回车换行分隔）可以是如下号码：①系统内部分机号码；②可通过中继呼出的外线号码，添加时以#为后缀，例如 913705072754#
前缀	当"振铃组类型"选择为"网关顺序振铃"时会出现此项设置，使用 2~16 位整数，可以以 0 开头
振铃时间	振铃的时间，最大为 60 秒，如该时间内无人应答，则呼叫将转向［无应答转向］中设置的目标
无应答转向	当超过最大等待时间时，将这个呼叫转向

（2）填入好参数后单击＜提交＞按钮后完成。

15.5.4　附加业务

附加业务主要包括呼叫转移和呼叫等待等功能。当你需要离开座位又希望能及时接听到你正在等候的重要电话时，可利用此功能将来电转移到你所指定的电话号码上，使你不会错过每一个重要来电；或者你不愿接听电话时，也可以将来电转移到另外一个电话号码。

（1）选择【高级功能→设置附加业务】，即进入【设置附加业务】界面，如图 15.7 所示。电话号码：5813001，附加业务类型：勾选无应答转移，转移号码 5813002，勾选呼叫等待，然后单击＜提交＞按钮。

（2）具体参数见表 15.3。

图 15.7　设置附加业务

表 15.3　　　　　　　　　　　　　　附加业务参数说明表

无条件转移	如果话机 A 无条件转移到话机 B，当话机 C 拨打话机 A 时，来电将立即转移到话机 B，话机 B 振铃，就好像话机 C 直接拨打话机 B 一样，话机 A 无振铃。直接拨打话机 B 的情况同平常一样
遇忙转移	如果话机 A 遇忙转移到话机 B，当话机 C 拨打话机 A 时，如果话机 A 遇忙，来电 C 将被转移到 B，话机 B 振铃，话机 A 保持原来的通话。模拟话机遇忙指的是话机处于拨号状态或通话状态；网络话机只有在通话状态才是遇忙
无应答转移	如果话机 A 无应答转移到话机 B，当话机 C 拨打话机 A 时，话机 A 振铃，如果振铃时间超过设置的无应答超时时间（网络话机无应答超时时间的设置见"网络话机配置手册"），话机 A 停止振铃，来电 C 将被转移到 B，话机 B 振铃

（3）设置完成后，选择【高级功能→附加业务列表】菜单，进入【附加业务列表】界面如图 15.8 所示。

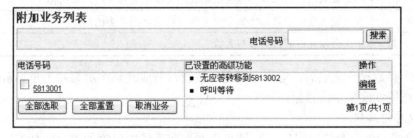

图 15.8　附加业务列表

（4）附加业务拨号测试，配置完成之后，用话机拨打 5813001 号码，这时 5813001 的电话会响起铃声，无人应答后超过设定时间，就完成了无应答转移至 5813002，5813002 电话振铃。

15.5.5　电话会议功能

1. 添加会议房间

在 VoIP 服务器上开设会议房间，具有"高级功能"管理权限的用户才能添加会议房间。

（1）选择【高级功能→添加会议房间】菜单，进入【添加会议房间】界面如图 15.9 所示。这里设置的房间号码为 1111。

图 15.9　添加会议房间

具体参数见表 15.4。

表 15.4　　　　　　　　　会议房间参数说明

配置项	说　　明
房间号码	设置会议房间的号码，要求为不以 0 开头的 2～16 位整数。与会者将拨打该号码加入到会议中来，因此该号码不能与系统分机号码重复
房间密码	会议参与人员进入会议房间时的验证密码，要求为除 0 外的 1～16 位整数
管理员号码	会议管理员的 IP 电话号码，要求为不以 0 开头的 2～16 位整数。电话会议必须设定这个号码
房间开通时间	通过下拉菜单方式设定会议房间开通的起始时间。开通时间之前与会者无法进入会议房间
房间结束时间	通过下拉菜单方式设定会议房间的结束时间。到了会议结束时间，系统将自动删除这个房间。房间最大用户数：本次会议允许的最大参与人数；系统中所有已添加房间的最大用户数总和不能超出系统的会议最大并发用户数指标
房间描述	在此输入备注信息，比如会议主题、背景介绍之类的信息
房间最大用户数	本次会议允许的最大参与人数

（2）以上参数设置完成后，单击＜提交＞按钮，若成功则在屏幕左上角显示添加成功；若不成功，则用红底显示出错原因。

2．会议房间编辑

选择【高级功能→会议房间列表】，即可查看当前系统中已添加的房间列表以及对其进行编辑修改，如图 15.10 所示。

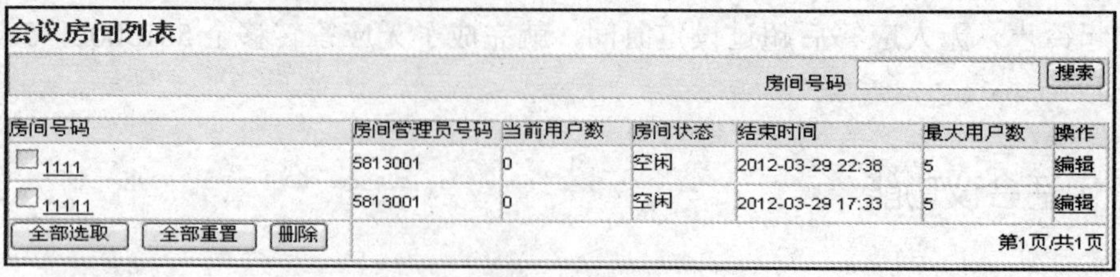

图 15.10　会议房间列表

直接点击房间号码即可进入房间编辑界面对房间参数进行修改；或勾选会议房间前面的复选框，单击＜删除＞按钮，即可删除指定会议房间。

3. 电话会议房间管理

会议房间管理员使用自己的用户名和密码登录软交换服务器 Web 管理系统，选择【我的首页→我的房间】，对管理员建立的房间进行查看。

要对某个使用中的房间进行管理，点击该房间号码右边的"管理此房间"，即可进入该房间，对该会议房间进行管理，主持人可以对与会人员可以进行静音、踢人等操作。

4. 召开电话会议

使用所有的话机拨打 VoIP 系统电话会议号码 1111，听到语音提示后的输入密码，这些话机之间可以召开电话会议。在会议期间可以对用户静音和踢人，也可以解除静音。

5. 查询电话会议

如果会议的时间到了，会议房间列表会消失，如图 15.11 所示。

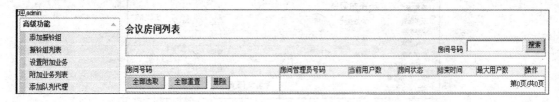

图 15.11　查询会议房间

6. 实训测试

（1）添加完成后，在会议房间列表中将显示所添加的房间信息，网络话机可以进行拨打房间号码 2001，输入房间密码进入房间。

（2）会议房间管理人员可以查看所建立的房间，对所建立的房间里与会人员进行静音、踢人等操作。

15.5.6　计费功能

IP 通信系统中，所有分机之间的通信均通过 IP 网络进行，不会产生任何费用，但当分机通过中继路由呼叫其他系统中的话机时，将有可能产生费用。例如与中继设备连接的是运营商 PSTN 网络中的电话将按照运营商规定的资费付费。RG-VX9000 提供的计费管理系统可以通过中继路由根据预先设置的费率对其进行实时计费。当分机账户余额仅能维持 1min 和 30s 通话时长时将播放语音，提示用户尽快结束通话，当余额为 0 时立即切断呼叫。

1. 计费基本配置

进入 VoIP 服务器的管理界面，选择【计费管理→基本配置】，配置管理员 EMAIL 地址，如图 15.12 所示。

图 15.12　计费管理基本配置

基本配置项目中，只需要配置发件人地址一项内容。计费系统支持通过邮件手工或自动定时发送话单。RG-VX9000 内置邮件发送服务器程序，可以直接将话单发送到指定的邮箱地址。计费系统发出的邮件发件人，统一为此处"发件人地址"中填写的邮箱地址。

2．添加费率

计费的主要依据便是费率，结合通话时长和费率，便能对呼叫进行计费。RG-VX9000 计费系统支持灵活的费率设置，可以满足大多数运营商线路的资费模式。

 注意 因运营商资费模式有可能经常变化，RG-VX9000 计费系统不能保证与运营商的资费模式完全吻合。

（1）选择【计费管理→添加费率】菜单，即进入【费率设置】界面，如图 15.13 所示。

| 企业管理 | 用户管理 | 路由管理 | 计费管理 | 高级功能 | 呼叫记录 | 系统管理 |

欢迎,admin

计费管理	添加费率				
基本配置	费率模式	1		备注	市话计费
余额列表	中继	RGNGN_2			
添加费率					
费率列表	前秒	1800 （秒）		费用	22 （分）
手动发送话单	后秒	60 （秒）		费用	11 （分）
定时发送话单			提交	重置	
定时发送列表					

图 15.13　费率设置界面

具体参数见表 15.5。

表 15.5　　　　　　　　　　　费率参数设置说明

参数	说　　明
资费模式	资费模式定义了费率所对应的号码匹配规则，当被叫号码的开头部分与该号码规则匹配时即采用对应的费率进行计费。号码匹配规则由数字和中括号两种形式组成： 0～9 之间的任意数字组成的字符串，如 139 [1236-9] 匹配括号内任意数字或范围，此处匹配 1236789 中的任何一个数字
备注	该费率的备注信息
中继	企业构建的 IP 通信系统与其他系统对接的出口中继数可以有多个，拨打相同的号码，从不同的中继出口呼出，由于费率不同，所产生的费用也不一样
前秒费用/ 秒费用	计费系统的费率支持分两段设置，通话时长在前秒时间段内，费用固定为前秒费用；通话时长超出前秒后，将以后秒规定的时长为单位，每个单位时段的费率为后秒费用所规定的值。 例如：费率设置为前面 3 分钟两毛钱，后面每分钟 1 毛钱，则应该配置如下： 前秒 180（秒）费用 20（分） 后秒 60（秒）费用 10（分） 前、后秒的时间单位为秒，输入的数值应为大于 0 的整数，最多可输入 11 位字符。费用的单位为人民币分，输入的数值应为大于 0 的整数，最多可输入 11 位字符

（2）以上各项设置完成后单击<提交>按钮即完成费率的添加。

（3）可以通过费率列表查看当前系统中已添加的费率。【计费管理→费率列表】即可查看费率列表。在界面中点击列表右边的"编辑"链接可以进入费率的编辑界面修改各参数；选中费率模式左边的复选框，然后单击<删除费率>按钮即可删除指定费率。

3．话费充值

系统中每部分机都有一个计费账户，计费产生的费用实时从分机对应的计费账户中扣除，若帐户余额不足则呼叫将不能成功。

可以通过 RG-VX9000 的 Web 管理界面对分机进行费用充值，既可以选择手工充值，也可以设置在每月指定日期自动充值。

（1）每月自动充值，选择【计费管理→每月自动充值】菜单，即进入【自动充值设置】界面，如图 15.14 所示。

每月自动充值	
充值条件	号码充值
号码范围	⊙所有号码 ○号码范围 从 ___ 到 ___
每月充值日	1号 (凌晨03:00-06:00)
充值额(元)	___
	提交　重置

图 15.14　每月自动充值

具体参数配置情况见表 15.6。

表 15.6　　　　　　　　　　　　　每月自动充值参数说明

参数	说　　明
充值条件	充值条件指选择按照指定的条件选取号码进行充值，可以选择如下两种条件 号码充值——可以指定对所有号码充值或指定一个号码范围，对该范围内的所有号码进行充值 企业充值——可以选择对指定的公司和部门中的号码进行充值
每月充值日	设置充值日期，范围为 1~28 号
充值额	设置充值的金额，最长 7 位数字，单位元

　　　　　自动充值为复位充值，即不管号码账户中原有的余额是多少，充值后统一都变为充值的金额。

上述充值选项输入完毕后，单击<提交>按钮，系统就会将该自动充值计划放入自动充值计划列表中，每月一旦该计划设定的日期来到，系统即按照选定的充值条件和金额进行自动充值。

自动充值列表中，列出了系统中已添加的所有自动充值计划。选中指定计划前的复选框然后单击<删除定时设置>按钮即可删除指定充值计划。为避免系统超负荷动作，造成死机现象，添加每月自动充值计划时，应注意避免同一天内的充值动作超过 36 笔（不包括手动充值），系统会在指定日期的凌晨 3 点至 6 点时间段内每 5 分钟执行一次自动充值操作。

（2）手动充值，选择【计费管理→手动充值】菜单，即进入【手动充值】界面，如图 15.15 所示。

手动充值	
充值条件	号码充值
号码范围	⊙所有号码 ○号码范围 从 ___ 到 ___
充值额(元)	___
	提交　重置

图 15.15　手动充值

手动充值与自动充值的区别在于，手动充值在单击"提交"按钮后将立即执行充值操作，而且仅执行一次，而自动充值则是每月执行一次。

4. 余额查询

（1）选择【计费管理→余额列表】菜单，即进入【余额查询】界面，如图 15.16 所示。

图 15.16　余额列表

（2）可输入用户名或号码直接查询指定用户或号码的账户余额。

余额列表中提供快捷充值功能。选中欲充值号码前的复选框，在下方"充值额"编辑框中输入充值金额，单击＜提交＞按钮即完成对选定号码的充值。

5. 话单明细查询

对于系统中发生的每一次计费呼叫，在 RG-VX9000 中均会产生话单记录并存档。在 RG-VX9000 Web 管理界面中，可以对此进行查询。

选择【计费管理→话单明细查询】菜单，即进入查询界面。查询界面参数说明见表 15.7。

表 15.7　　　　　　　　　　　　　　查询界面参数说明

参数	说　　　　明
主叫号码	以主叫号码作为查询条件，匹配的方式有：完全匹配即欲查询号码与输入的号码完全一样；起始即欲查询的号码以输入的号码作为起始；包含即欲查询的号码中包含输入的号码；结束即欲查询的号码以输入的号码作为结束
被叫号码	以被叫号码作为查询条件，匹配的方式有：完全匹配、起始、包含、结束
用户名	以用户名作为查询条件，匹配的方式有：完全匹配、起始、包含、结束
开始通话时间	通过右侧的时间栏设置明细查询的起始时间
结束通话时间	通过右侧的时间栏设置明细查询的结束时间
通话时长	以单次通话时间作为查询条件，设定查询范围，以秒为单位
费用（元）	以单次通话费用作为查询条件，设定查询范围

以上查询条件输入完成后单击＜搜索＞按钮，系统即在话费清单明细中列出所有满足条件的话费清单。单击左上角的"导出 CSV 文件"可以将该话单列表导出为表格文件。

6. 话单汇总查询

话单明细列出了用户分机每一次呼叫的费用记录，而话单汇总则可以查询公司或部门在指定时间段内所有呼叫的费用总和。

选择【管理→话单汇总查询】菜单，即进入【查询】界面，如图 15.17 所示。

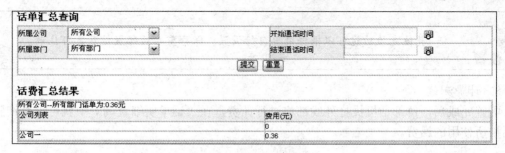

图 15.17 话单汇总查询

7. 话单发送

系统可以通过邮件方式将指定话单发送给相关人员，例如财务人员，可以在每次需要时手动发送话单，也可以设定在指定时间自动发送话单。

（1）手动发送话单，选择【计费管理→手动发送话单】菜单，即进入【手动话单发送】界面，如图 15.18 所示。

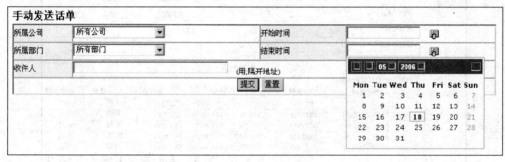

图 15.18 手动发送话单

收件人即账单接收者的 E-mail 地址，可用"；"号将多个收件人隔开。

以上设置完毕后，单击＜提交＞按钮，系统即按照指定条件生成话单并通过内置的邮件发送服务器将话单发送至所有收件人。

（2）定时发送话单，选择【计费管理→定时发送话单】菜单，即进入【定时话单发送】界面，定时发送账单分月账单和年账单，图 15.19 是月/年账单设置界面。

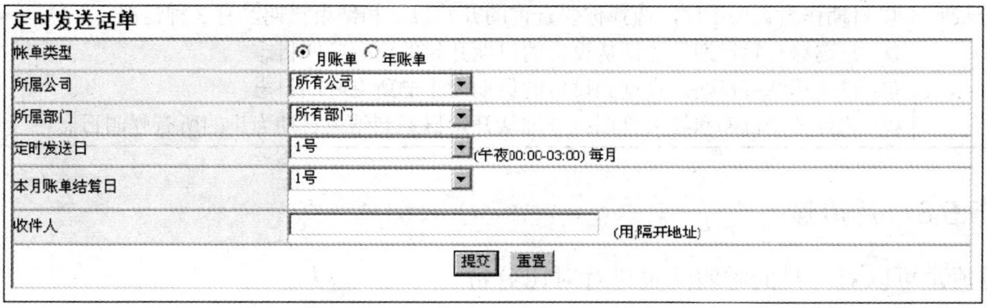

图 15.19 月/年账单设置界面

其他充值功能可以根据菜单自行设置。保存重启后配置信息方可生效。

8. 计费测试

配置完成后，每部话机拨打外线都将进行计费，在"话单明细查询"中就可以查询到每部话机所使用的话费。

15.5.7 呼叫日志

选择【呼叫记录→呼叫日志】菜单，即进入【呼叫日志查询】界面。

图 15.20 呼叫日志界面

用户可以通过如下条件可以参考表 15.8。

表 15.8 呼叫日志参数

参数	说　明
选择月份	以月份做为查询条件，选择您要查询的开始月份和结束月份，有 3 种情况 ① 只选择开始月份：查询从设定的月份的 1 号开始的所有呼叫日志 ② 只选择结束月份：查询到设定的月份最后一天为止的所有呼叫日志 ③ 选择开始月份和结束月份：查询从开始月份的 1 号开始到结束月份最后一天为止的所有呼叫日志
选择日期	以日期作为查询条件，选择你要查询的开始日期和结束日期，有 3 种情况 ① 只选择开始日期：查询从设定的日期开始的所有呼叫日志 ② 只选择结束日期：查询到设定的日期为止的所有呼叫日志 ③ 选择开始日期和结束日期：查询从开始日期到结束日期为止的所有呼叫日志

15.5.8 月流量

月流量可以对每月的呼叫流量进行对比分析。

选择【呼叫记录→月流量】菜单，即进入【呼叫月流量】界面。

图 15.21　月流量界面

用户可以通过如下条件选择呼叫进行月流量比较，条件参考表 15.9。

表 15.9　　　　　　　　　　　　月流量参数

参数	说　　明
选择月份	下拉菜单选择截止月份，并选择月份，最多可以选择截止月份之前 6 个月内的流量进行比较
被叫号码	以被叫号码作为查询条件，匹配的方式有完全匹配、起始、包含、结束，选择其中一个方式
主叫号码	以主叫号码作为查询条件，匹配的方式有完全匹配、起始、包含、结束，选择其中一个方式
通道	保留选项

以上条件输入完毕后，单击＜搜索＞按钮，系统将根据所有满足条件的呼叫记录生成月流量饼图（用不同颜色的线区分不同月份的呼叫流量）。

15.5.9　日流量

日流量可以对一天中的呼叫流量进行对比分析。

选择【呼叫记录→日流量】菜单，即进入【呼叫日流量】界面，如图 15.22 所示。

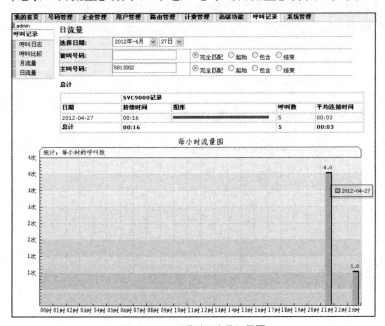

图 15.22　"呼叫日流量"界面

用户可以通过如下条件选择呼叫进行日流量比较。

参数	说　明
选择日期	下拉菜单选择日期，查看这一天的流量
被叫号码	以被叫号码作为查询条件，匹配的方式有：完全匹配、起始、包含、结束，选择其中一个方式
主叫号码	以主叫号码作为查询条件，匹配的方式有：完全匹配、起始、包含、结束，选择其中一个方式

以上条件输入完毕后，单击＜搜索＞按钮，系统将根据所有满足条件的呼叫记录生成日流量、每小时流量图，以及分钟流量图。

15.6　总结与思考

1．实训总结

请描述本单元实习的收获。

2．实训思考

（1）请你根据具体企业环境开设一个电话会议，要把整个实验的过程记录下来？

（2）通过本实验，学习到如何配置振铃组，那么结合实现应用环境设置振铃组有什么好处？举例说明。

（3）在设置振铃组时，又设置了附件业务，请问振铃组与附加业务有什么联系？

第 16 章 VoIP 中继应用与组网设计

16.1 实训说明

1. 实训目的

通过本单元实训，熟练掌握以下内容：

（1）学习多个软交换系统之间的互联方法。

（2）掌握 VoIP 与 PSTN 网络互联、VoIP 软交换系统之间互联的方法。

（3）掌握 VoIP 组网配置和调试流程。

2. 实训仪器

（1）软交换服务器 RG-VX9000E 2 台

（2）语音网关 RG-VG6116E 2 台

（3）IP 网络话机 RG-VP3000E 4 台

（4）模拟电话机若干

3. 实训时长

8 学时

4. 实训项目描述

本次实训在第 14 章实训的基础上进行，在已经熟悉锐捷软交换服务器、语音网关、网络电话的本局组网，规划出多个平台间联合组网互通，按规划组网图连接设备，完成软交换服务器、语音网关、网络电话的数据配置。配置完成后网络电话间、语音网关等设备连接的电话用户间可以互相通信。通过本实训，学生学习了解到 VoIP 与其他异构网络互联互通的方法。

16.2 实训环境

1. 实验室硬件设备：软交换、语音网关、网络电话、PC 维护台设备搭建如图 16.1 所示。

2. 操作环境：软交换、PC 维护台设备连接如图 16.1 所示。

16.3 实训规划

16.3.1 组网硬件规划

VoIP 系统互连组网拓扑如图 16.1 所示，通过对 VoIP 服务器、语音网关中继路由进行配置，实现多个 VoIP 子系统、VoIP 与 PSTN 互联。

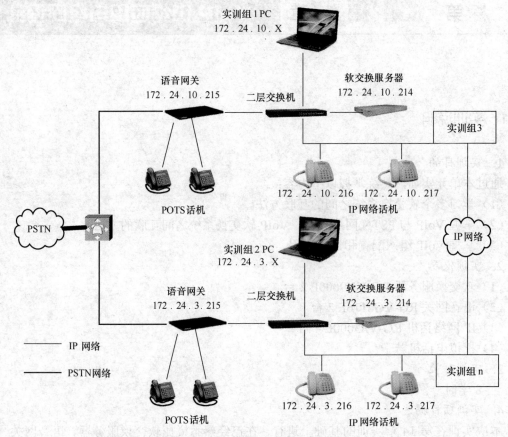

图 16.1 VoIP 互联组网拓扑

16.3.2 数据规划

各组网络地址和电话号码规划，以两组 VoIP 实训平台互联为例进行规划，如表 16.1 所示。

表 16.1 VoIP 实训网络地址和号码规划表

设备名称型号	基本参数	VoIP 平台 1 参数	VoIP 平台 2 参数
软交换服务器 RG-VX9000E	ETH0 IP 地址	172.24.10.214	172.24.3.214
	子网掩码	255.255.255.0	255.255.255.0
	网关地址	172.24.10.1	172.24.3.1
	管理员账户/密码	admin/admin	admin/admin

续表

设备名称型号	基本参数	VoIP 平台 1 参数	VoIP 平台 2 参数
软交换服务器 RG-VX9000E	电话分机账号	5813000-5813015	5820000-5820030
	ETH2 IP 地址	192.168.30.90	192.168.30.90
	子网掩码	255.255.255.0	255.255.255.0
语音网关 RG-VG6116E	IP 地址	172.24.10.215	172.24.3.215
	子网掩码	255.255.255.0	255.255.255.0
	网关地址	172.24.10.1	172.24.3.1
	管理员账户/密码	admin/admin	admin/admin
	注册客户端电话号码（POST 话机）	5813010/5813011	5820010/5820011
IP 网络话机 RG-VP3000E （1）	IP 地址	172.24.10.216	172.24.3.216
	子网掩码	255.255.255.0	255.255.255.0
	网关地址	172.24.10.1	172.24.3.1
	管理员账户/密码	admin/admin	admin/admin
	电话号码	5813001	5820001
IP 网络话机 RG-VP3000E （2）	IP 地址	172.24.10.217	172.24.3.217
	子网掩码	255.255.255.0	255.255.255.0
	网关地址	172.24.10.1	172.24.3.1
	管理员账户/密码	admin/admin	admin/admin
	电话号码	5813002	5820002

16.4　实训配置流程

表 16.2　　　　　　　　　　　　　　　实训数据配置流程

配置步骤	操　　作	配置步骤	操　　作
1	软交换服务器 RG-VX9000E 参数配置	4	平台 1 路由配置
2	语音网关 RG-VG6116E 配置	5	平台 2 路由配置
3	网络话机 RG-VP3000E 配置	6	平台间通话测试

16.5　实训操作步骤和内容

16.5.1　配置局内通信

按照第 14 章步骤进行，配置好各组本组设备基本参数，保证局内通信正常。

16.5.2　VoIP 平台 1 路由配置

首先要对软交换服务器、网络话机、语音网关进行网络配置，并需要在软交换服务器上配置呼叫规则、中继等。再在语音网关上配置中继、路由、FXS、FXO 等参数。

具体配置流程可按照添加中继→添加路由→添加呼叫规则的顺序进行。

首先登录 RG-VX9000E 软交换服务器，进入管理界面，如图 16.2 所示。

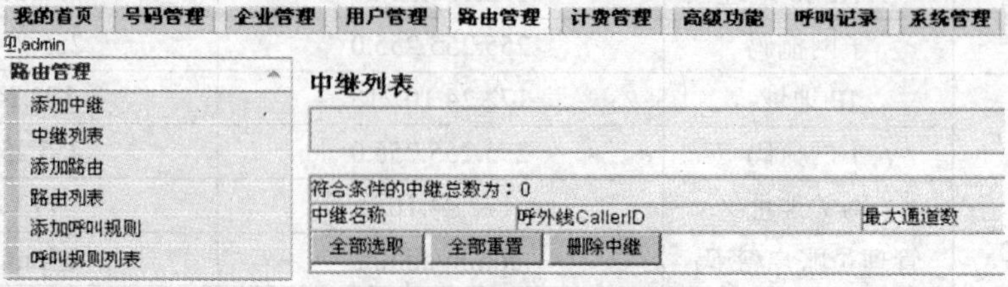

图 16.2　登录 RG-VX9000E

1. 添加中继

选择【路由管理→添加中继】菜单，如图 16.3 所示，每组 VoIP 实训平台均需要设置，否则不能保证双向互通。

在 IP 通信系统中，中继接口即系统对外的接口，它是一个逻辑概念，这个接口可以对应一台模拟语音网关，也可以对应一台 E1 数字中继网关，或者对应于与另外一套 IP 通信系统的对接接口，甚至是与运营商 NGN 系统对接的接口。这些接口的形式虽然各不相同，但在 RG-VX9000 中，它们都体现为一个 IP 地址和一个端口，RG-VX9000 以标准 SIP 协议与这些接口对应的设备互通，通过这些接口与另外一个系统进行通信。

以实训组 1 为例，与实训平台 2 互通，需进行如图 16.3 所示配置。

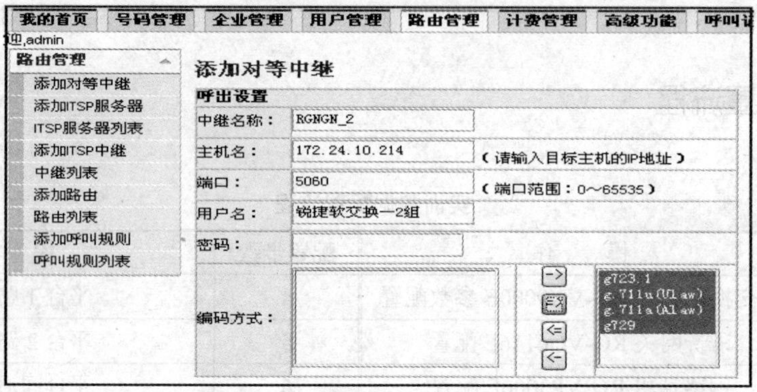

图 16.3　添加中继——实训平台 2

配置分成四部分，包括基本设置、呼出设置、呼入设置、注册设置，具体参数如表 16.3 和表 16.4 所示。

① 基本设置

表 16.3　　　　　　　　　　　　　　基本设置参数表

配置项	说　明
呼叫外线 CallerID	配置当通过该中继接口外呼时显示的主叫号码，当该项设置时，所有从该中继接口的呼出主叫号码都将被修改为该值，不论该呼叫是从哪部分机发起。若该项未设置，则从该中继接口呼出的主叫号码将保持不变，即从哪部分机发起呼叫就显示哪部分机的电话号码

配置项	说　明
最大通道数	配置该中继所允许的最大同时通话路数。该参数与该中继对应的设备类型关
拨号前缀	配置当通过该中继接口外呼时自动在被叫号码上添加的拨号前缀。当与语音网关连接的线路为 PBX 分机线路时，通过该线路拨打外线时通常需要加拨一个前缀号码，例如需要加拨 "0" 或 "9"，在此处配置后系统将自动加拨该前缀

② 呼出设置参数

表 16.4　　　　　　　　　　　　　呼出设置参数表

配置项	说　明
中继名称	该中继的名称标识，在后面将要介绍的路由配置中将通过中继名称选择相应的中继，因此，不同的中继应该设置不同的名称
主机名	该中继接口所对应设备的 IP 地址，该 IP 地址必须是 RG-VX9000 所能访问得到的 IP 地址
端口	该中继接口所对应设备的 UDP 端口，该端口必须是 RG-VX9000 所能访问得到的 UDP 端口
用户名/密码	通过中继接口对接的两台设备或两套系统之间通常需要进行认证鉴权，双方认证通过后才能互相进行呼叫。此处配置的用户名、密码用于呼出到对方中继设备时的认证鉴权（注意：呼出设置中的认证用户名/密码应该与对接设备的中继呼入设置中的用户名/密码保持一致）
编码方式	设定通过该中继呼叫时所允许采用的编码方式及优先级设置。在选择编码方式时应注意至少要选择一种与对接的中继设备共同支持的编码方式，否则呼叫将不能建立成功

③ 呼入设置

用户名/密码和呼出设置中的用户名/密码一样，用于认证鉴权。此处配置用于对从对方中继设备来的呼入进行鉴权认证。

④ 注册

注册字符串：RG-VX9000 可通过注册的方式与另一台 RG-VX9000 对接，这种方式适用于其中一台。RG-VX9000 没有公网 IP 地址，不能与另一台 RG-VX9000 以 IP 地址和端口的方式互相访问。这时没有公网 IP 地址的 RG-VX9000 以注册客户端的形式注册到另一台配置公网 IP 地址的 RG-VX9000。

注册字符串的编写格式为：用户名：密码@服务器地址：端口/分机号码；

用户名、密码：私网 RG-VX9000 注册到公网 RG-VX9000 时所使用号码的注册用户名和密码。

服务器地址、端口：公网 RG-VX9000 的 IP 地址和注册端口。

分机号码：私网 RG-VX9000 注册到公网 RG-VX9000 后，在公网 RG-VX9000 中体现为一个号码，呼叫该号码即可呼叫到私网 RG-VX9000，私网 RG-VX9000 会将该呼叫转至此处分机号码所指定的目的，通常该分机号码是一个 DID 号码，指向一个语音菜单。

对于私网 RG-VX9000，此处添加的中继虽然是以注册方式和公网 RG-VX9000 对接，但该中继接口与普通的中继接口在配置路由规则时的使用方式完全一样，没有任何区别。

对于公网 RG-VX9000，由于私网 RG-VX9000 是以号码的形式注册到公网 RG-VX9000，在公网 RG-VX9000 中只需要配置一个给私网 RG-VX9000 的分机号码即可，并通过呼叫该号码的方式访问私网 RG-VX9000 系统，无需再配置对应的中继和路由。

2. 中继列表

选择路由管理→中继列表，可查看 RG-VX9000 中已添加的中继，如图 16.4 所示。

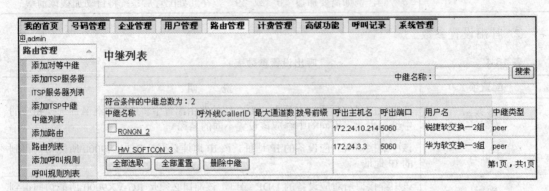

图 16.4　中继列表

在此列表中，可以快速浏览当前与 RG-VX9000 对接的中继接口及其相关基本信息，点击某条中继的名称即可进入查看该中继的详细参数，并可对其进行编辑修改。选中中继名称前的复选框，单击"删除中继"按钮，可以删除选定的中继。

3. 配置路由

选择【路由管理→添加路由】。

设定路由名称为"RGNGN_2"，路由规则为"582XXXX"，中继选择 SIP/RGNGN_2（添加中继时设置的名称），即呼叫所有以 582 开始的号码将转发到实训组 2 的软交换服务器上；亦即通过中继 SIP/RGNGN_2 指向另一个 VoIP 子系统。配置界面如图 16.5 所示。参数设置如表 16.5 所示。

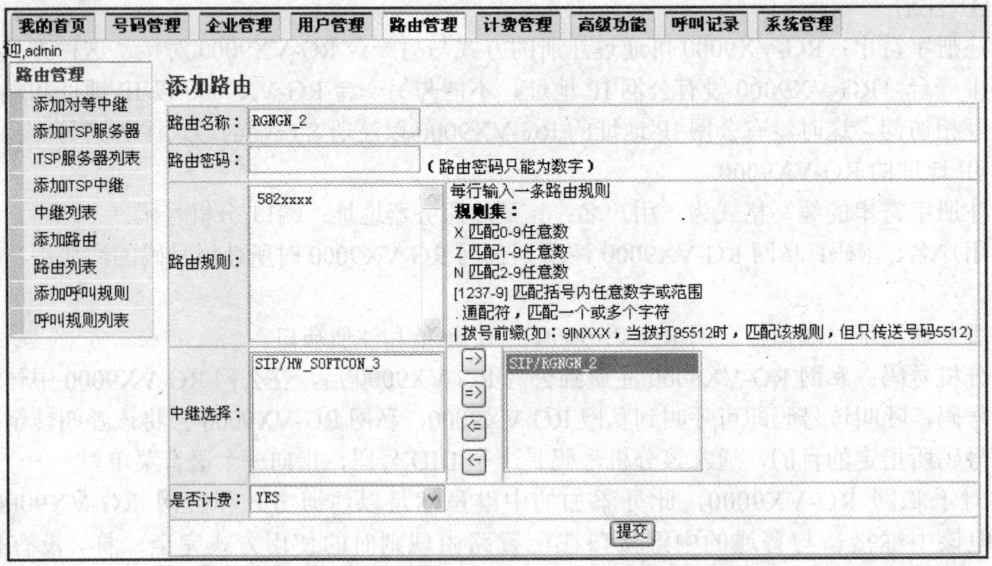

图 16.5　路由配置——实训平台 2

表 16.5 呼出设置参数表

配置项	说　明
路由名称	即该路由的名称标识，在后面将要介绍的呼叫规则中将通过路由名称选择相应的路由，因此，不同的路由应该设置不同的名称
路由密码	当路由密码不为空时，通过该路由拨打电话时，RG-VX9000 将会播放语音提示用户输入路由密码，只有密码正确呼叫才能继续，否则呼叫将被拒绝
路由规则	路由规则定义了若干条号码规则，用于和分机所拨的号码进行匹配，若所拨号码与该路由规则匹配，则将该呼叫送到该路由指定的中继接口 码匹配时将逐条进行匹配，当与任意一条规则匹配成功时均会选择该路由 　　X 匹配 0～9 任意数字 　　Z 匹配 1～9 任意数字 　　N 匹配 2～9 任意数字 　　[1236-9] 匹配括号内任意数字或范围，此处匹配 1236789 中的任何一个数字 　　. 匹配一个或多个字符 　　| 分离拨号前缀（例如，9|NXXXXX 将匹配号码"9555123"但是仅仅将号码"555123"发送给中继）
中继选择	中继选择中可以选择当被叫号码与该路由规则匹配时，呼叫将被送往哪一个或几个中继，并且可设置各中继的路由优先级 系统将首先尝试向中继列表中的第一个中继发起呼叫，但若该中继通道已全部占满，则系统自动轮询中继列表中的下一个中继，一次类推，直到搜寻到一个空闲的通道将该呼叫送出去
是否计费	是否计费选项用于设置该路由所对应的呼叫是否需要计费。若需要计费，则与该路由匹配的所有呼叫将由计费系统进行计费

4. 路由列表

"路由管理"→"路由列表"，可查看设备中已添加的路由，如图 16.6 所示。

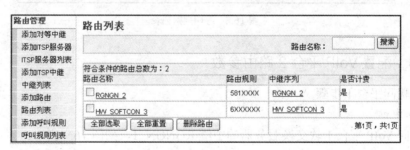

图 16.6　路由列表

在此列表中，可以快速浏览当前设备中所添加的路由及其相关基本信息，点击某条路由的名称即可进入查看该路由的详细参数，并可对其进行编辑修改。

选中路由名称前的复选框，单击"删除路由"按钮，可以删除选定的中继。

5. 呼叫规则

路由定义了拨打什么号码类型可以访问什么中继，但实际应用中，并非所有分机都可以任意拨打这些号码类型，通常企业不同岗位的员工需要不同的呼叫权限，如某些员工只能拨打内部电话，某些员工需要能够拨打本地市话，或者国内长途、国际长途等。呼叫规则即可以灵活的定义这些不同类型的呼叫权限。

"路由管理"→"添加呼叫规则"。添加一条名为 RULE1 的呼叫规则。这条规则选择 outrt-002-TO_SVG1 的路由与之对应，配置界面如图 16.7 所示。

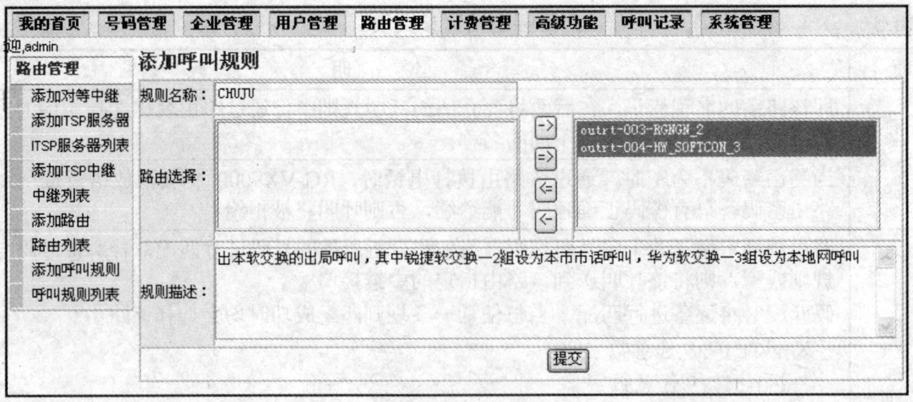

图 16.7　添加呼叫规则

6. 呼叫规则列表

"路由管理"→"呼叫规则列表"，如图 16.8 所示。

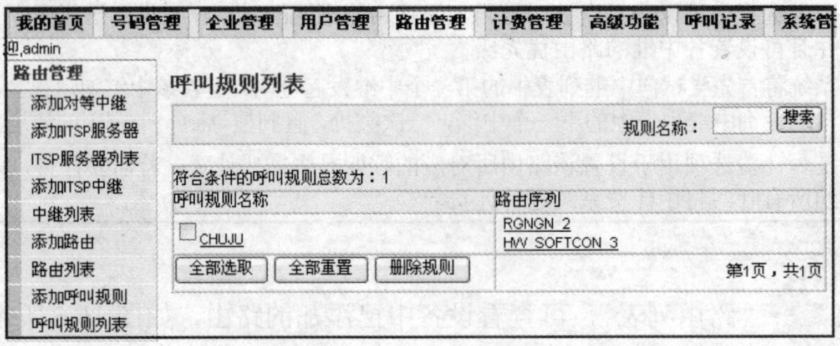

图 16.8　呼叫规则列表

16.5.3　配置 VoIP 平台 2 路由参数

配置步骤同平台 1 步骤。

1. 添加中继

添加指向 VoIP 平台 1 软交换服务器的中继 RGNGN_1，如图 16.9 所示。

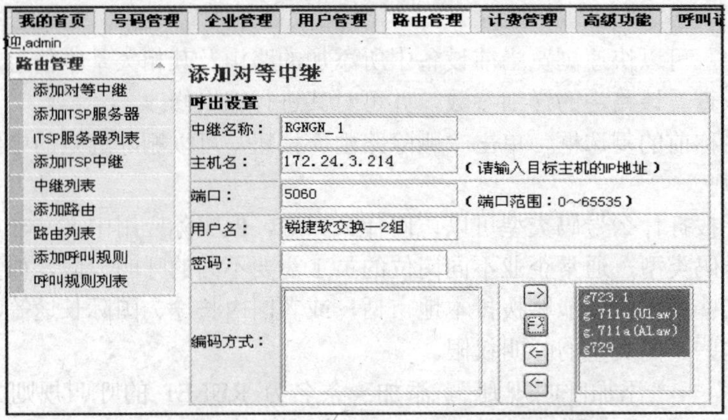

图 16.9　平台 2 上添加中继—与平台 1 对接

2. 添加路由

在菜单中选择"路由管理"→"添加路由"，添加经由中继 RGNGN_1 指向软交换服务器 1 的路由，配置界面如图 16.10 所示。

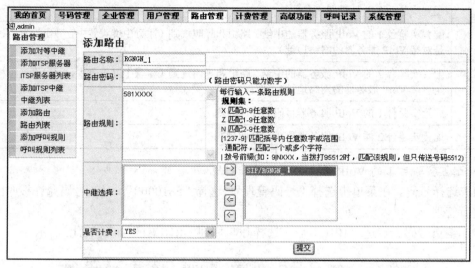

图 16.10　平台 2 添加路由

3. 添加呼叫规则

在菜单中选择"路由管理"→"添加呼叫规则"，配置界面如图 16.11 所示。

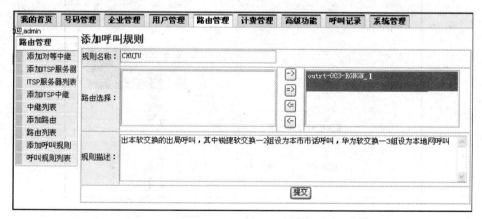

图 16.11　平台 2 添加呼叫规则

16.5.4　VoIP 系统互联

1. 检查各实验台参数配置（见表 16.6）。

表 16.6　　　　　　　　　　　　配置各实验台参数

步骤	操　作
1	配置实验台 1 VoIP 服务器网络参数
2	配置实验台 2 VoIP 服务器网络参数

续表

步骤	操　作
3	配置实验台 1 IP 话机网络参数
4	配置实验台 2 IP 话机网络参数
5	配置实验台 1 的 VoIP 服务器的中继、路由和呼叫规则（注意中继设置中，呼出设置主机名称是对端 VoIP 服务器的网络地址）
6	配置实验台 2 的 VoIP 服务器的中继、路由和呼叫规则（注意中继设置中，呼出设置主机名称是对端 VoIP 服务器的网络地址）
7	配置实验台 1 的 VoIP 服务器号码的呼叫规则
8	配置实验台 2 的 VoIP 服务器号码的呼叫规则

2．配置实验台 1 的 VoIP 服务器号码的呼叫规则

（1）选择号码。在菜单中选择"号码管理"，选择"5810000"，对该号码允许拨叫的外部路径进行管理。

（2）编辑号码。点选"1010"后，选择呼叫规则"RULE1"如图 16.12 所示。

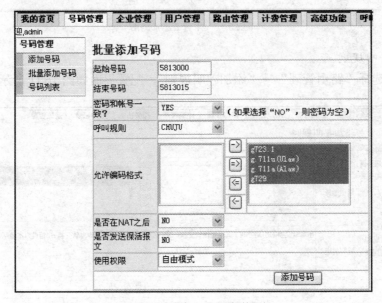

图 16.12　平台 1 号码呼叫规则

3．配置实验台 2 的 VoIP 服务器号码的呼叫规则

选择号码。在菜单中选择"号码管理"，选择"5001"，编辑号码，选择呼叫规则"RULE2"配置界面如图 16.13 所示。

16.5.5　VoIP 系统互联通话测试

用网络话机 5813003 拨通 5820001 进行通话。再用 5820001 拨通 5813007 进行通话。

在菜单中选择【系统管理→状态查询】，可查询用户注册状态和通话状态，如图 16.14 和图 16.15 所示。

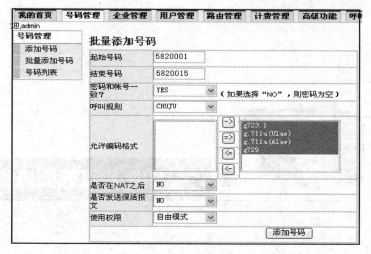

图 16.13　平台 2 号码呼叫规则

号码	用户IP	动态	是否位于NAT后	端口	状态
HW_SOFTCON_3/3	172.24.3.3	N	否	5060	未监控
5813007/5813007	未使用	D	否	0	未监控
5813006/5813006	未使用	D	否	0	未监控
5813005/5813005	未使用	D	否	0	未监控
5813004/5813004	172.24.10.216	D	否	5060	未监控
5813003/5813003	172.24.10.215	D	否	5060	未监控
5813002/5813002	172.24.10.215	D	否	5060	未监控
5813001/5813001	172.24.10.215	D	否	5060	未监控
5813000/5813000	172.24.10.215	D	否	5060	未监控

共16个号码[7个在线9个离线]

图 16.14　用户注册状态图

	呼叫时间	主叫方	CALLID	被叫方	处理	持续时间
1.	2012-04-27 23:24:48	5813003	"5813003" <5813003>	5813002	已接	00:04
2.	2012-04-27 23:24:12	5813003	"5813003" <5813003>	5813002	已接	00:07
3.	2012-04-27 23:15:11	5813004	"5813004" <5813004>	5813002	已接	00:07
4.	2012-04-27 23:14:50	5813004	"5813004" <5813004>	5813002	已接	00:05
5.	2012-04-27 23:13:56	5813004	"5813004" <5813004>	5813002	已接	00:07
6.	2012-04-27 21:25:49	5813003	"5813003" <5813003>	5813002	已接	00:07
7.	2012-04-22 12:20:26	5813007	"5813007" <5813007>	5813002	已接	00:05
8.	2012-04-22 12:19:17	5813007	"5813007" <5813007>	5813002	已接	00:10
9.	2012-04-22 11:32:40	5813006	"5813006" <5813006>	5813002	未接	00:03
10.	2012-04-22 10:39:47	5813006	"5813006" <5813006>	5813002	未接	00:02

图 16.15　查询通话状态

16.6　实训总结与思考

1．实训总结

请描述本单元实习的收获。

2．实训思考

（1）当两个软交换系统进行互联的时候，你是如何配置的，并将其配置过程按照流程方式记录下来？

（2）在配置呼叫规则的时候，为什么需要在号码管理中对每个号码进行配置？

第**17**章 **SIP 协议呼叫流程分析**

17.1 实训说明

1. 实训目的

理解 SIP 协议，掌握 SIP 注册原理，并借助网络分析工具对注册过程中出现的故障进行诊断分析。

2. 分析工具

VoIP 软交换系统自带捕包工具、WireShark 网络捕包分析工具

3. 实训学时

4 学时

4. 实训项目描述

本次实训在第 14 章、第 16 章实训的基础上进行，完成软交换服务器、语音网关、网络电话的数据配置，配置完成后网络电话间、语音网关等设备连接的电话用户间可以互相通信，并完成多个平台间联合组网互通。学生在此基础上，利用锐捷软交换自带抓包功能，或 WireShark 网络捕包分析工具对通话过程进行抓包，分析 SIP 电话通话流程和每个环节的数据情况，更好的理解 SIP 协议和 SIP 协议的呼叫流程。

17.2 实训环境

1. 实验室硬件：设备软交换、语音网关、网络电话、PC 维护台设备搭建如图 17.1 所示。

2. 操作环境：软交换、PC 维护台设备连接如图 17.1 所示。

17.3 实训规划

17.3.1 硬件组网规划

本次实训的硬件组网参照第 14 章实训组网硬件规划如图 17.1 所示，进行设备连网。

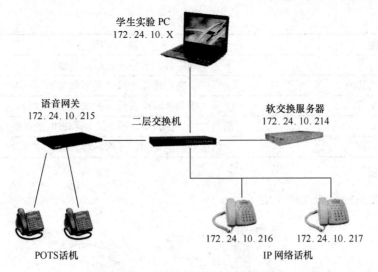

图 17.1　软交换高级功能应用组网拓扑

17.3.2　数据规划

本次实训的数据规划参照第 14 章数据规划，各实验台的 IP 地址和电话号码参照第 14 章，在此基础上进行呼叫过程抓包分析。

17.4　实训配置流程

表 17.1　　　　　　　　　　　　　　　实训数据配置流程

配置步骤	操　作	配置步骤	操　作
1	熟悉 SIP 协议原理	4	RG-VG9000E 自带抓包工具分析
2	理解 SIP 协议基本流程	5	使用 WireShark 抓包工具分析
3	完成 VoIP 局内配置		

17.5　实训操作步骤和内容

17.5.1　SIP 协议原理

1. SIP 协议概念

SIP（Session Initiation Protocol）会话初始协议，是由 IETF 提出并主持研究的一个在 IP 网络上进行多媒体通信的应用层信令控制协议，"用于创建、修改和释放一个或多个参与者的会话。这些会话可以是 Internet 多媒体会议、IP 电话或多媒体分发传输。会话的参与者可以通过组播（multicast）、网状单播（unicast）或两者的混合体进行通信。"

2. 基本 SIP 协议功能实体

SIP 协议能够支持下列五种多媒体通信的信令功能如表 17.2 所示。

表 17.2 信令功能

信令功能	说　明
用户定位	确定参加通信的终端用户的位置
用户通信能力协商	确定通信的媒体类型和参数
用户意愿交互	确定被叫是否乐意参加某个通信
呼叫建立	包括向被叫"振铃"，确定主叫和被叫的呼叫参数
呼叫处理和控制	包括呼叫重定向、呼叫转移、终止呼叫等

3. SIP 组件

大多数 SIP 系统组成如图 17.2 所示。

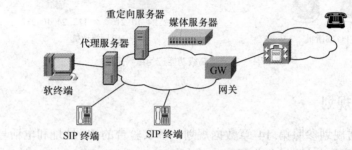

图 17.2　SIP 系统组成

每个组成部分具体功能如表 17.3 所示。

表 17.3 SIP 组件

用户代理 （User Agent）	用来发起或者接收请求的逻辑实体称为 User Agent。可分为 UAC（User Agent Client）和 UAS（User Agent Server）。发起呼叫的为 UAC，接收呼叫的为 UAS。很多设备都可做 UA，如 IP 电话、PC、路由器等
定位服务器 （Location Service）	负责维护 Location Database
重定向服务器 （Redirect Server）	重定向服务器将请求中的目的地址映射为零个或多个新的地址，然后返回给客户端，客户端直接再次向这些新的地址发起请求。重定向服务器并不接收或者拒绝呼叫，主要完成路由功能，与注册过程配合可以支持 SIP 终端的移动性。在大多数 VoIP 解决方案中，VoIP 服务器兼任注册员的角色
代理服务器 （Proxy、Proxy Sever）	作为一个逻辑网络实体代表客户端转发请求或者响应，可以同时作为客户端和服务器端。代理服务器有三种形态：Stateless、Stateful 和 Call Stateful，其可以采用分支、循环等方式向多个地址尝试转发请求 代理服务器的主要功能：路由、认证鉴权、计费监控、呼叫控制、业务提供等
注册服务器 （Registrar）	注册服务器为接收注册请求的服务器，通常与 Proxy 或者 Redirect Server 共存。注册员需要将注册请求中的地址映射关系保存到数据库中，供后续的相关呼叫过程使用，同时可以提供定位服务。在大多数 VoIP 解决方案中，VoIP 服务器兼任注册员的角色

4. SIP 协议栈

SIP 协议栈结构如图 17.3 所示。

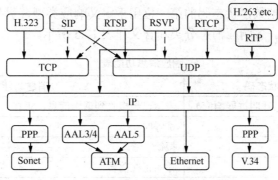

图 17.3 SIP 协议栈结构

SIP 协议是 IETF 多媒体数据和控制体系结构的一部分，与其他协议相互合作。

- RSVP（Resource ReServation Protocol）用于预约网络资源，
- RTP（Real-time Transmit Protocol）用于传输实时数据并提供服务质量（QoS）反馈，
- RTSP（Real-Time Stream Protocol）用于控制实时媒体流的传输，
- SAP（Session Announcement Protocol）用于通过组播发布多媒体会话，
- SDP（Session Description Protocol）用于描述多媒体会话。

注意　SIP 协议的功能和实施并不依赖这些协议。

SIP 协议承载在 IP 网，网络层协议为 IP，传输层协议可用 TCP 或 UDP，推荐首选 UDP。

5. SIP 协议消息

SIP 消息采用文本方式编码，分为两类：请求消息（Request）和响应消息（Response）。

① 请求消息（Request）

用于客户端为了激活按特定操作而发给服务器的 SIP 消息，包括 INVITE、ACK、OPTIONS、BYE、CANCEL 和 REGISTER 消息等，各消息功能如表 17.4 所示。

表 17.4　　　　　　　　　　　　请求消息功能表

请求消息	消息含义
INVITE	发起会话请求，邀请用户加入一个会话，会话描述含于消息体中。对于两方呼叫来说，主叫方在会话描述中指示其能够接受的媒体类型及其参数。被叫方必需在成功响应消息的消息体中指明其希望接受哪些媒体，还可以指示其行将发送的媒体 如果收到的是关于参加会议的邀请，被叫方可以根据 Call-ID 或者会话描述中的标识确定用户已经加入该会议，并返回成功响应消息
ACK	证实已收到对于 INVITE 请求的最终响应。该消息仅和 INVITE 消息配套使用
BYE	结束会话
CANCEL	取消尚未完成的请求，对于已完成的请求（即已收到最终响应的请求）则没有影响
REGISTER	注册
OPTIONS	查询服务器的能力

② 响应消息（Response）

用于对请求消息进行响应，指示呼叫的成功或失败状态。不同类的响应消息由状态码来区分。状态码包含三位整数，状态码的第一位用于定义响应类型，另外两位用于进一步对响应进行更加详细的说明。各响应消息分类和含义如表 17.5 所示。

表 17.5　　　　　　　　　　　　响应消息功能表

序号	状态码	消息功能
1xx	信息响应（呼叫进展响应）	表示已经接收到请求消息，正在对其进行处理
	100	试呼叫
	180	振铃
	181	呼叫正在前转
	182	排队
2xx	成功响应	表示请求已经被成功接受、处理
	200	OK
3xx	重定向响应	表示需要采取进一步动作，以完成该请求
	300	多重选择
	301	永久迁移
	302	临时迁移
	303	见其他
	305	使用代理
	380	代换服务
4xx	客户出错	表示请求消息中包含语法错误或者 SIP 服务器不能完成对该请求消息的处理
	400	错误请求
	401	无权
	402	要求付款
	403	禁止
	404	没有发现
	405	不允许的方法
	406	不接受
	407	要求代理权
	408	请求超时
	410	消失
	413	请求实体太长
	414	请求 URL 太长
	415	不支持的媒体类型
	416	不支持的 URL 方案
	420	分机无人接听
	421	要求转机
	423	间隔太短
	480	暂时无人接听
	481	呼叫事务不存在
	482	相环探测

续表

序号	状态码	消息功能
4xx	483	跳频太高
	484	地址不完整
	485	不清楚
	486	线路忙
	487	终止请求
	488	此处不接受
	491	代处理请求
	493	难以辨认
5xx	服务器出错	表示 SIP 服务器故障不能完成对正确消息的处理
	500	内部服务器错误
	501	没实现的
	502	无效网关
	503	不提供此服务
	504	服务器超时
	505	SIP 版本不支持
	513	消息太长
6xx	全局故障	表示请求不能在任何 SIP 服务器上实现
	600	全忙
	603	拒绝
	604	都不存在
	606	不接受

注：URI，Uniform Resource Identifier，是 RFC3986 定义的；URI={URI，URN，…}。统一资源标识符

③ 地址信息

为了能正确传送协议消息，SIP 还需解决两个重要的问题。一是寻址，即采用什么样的地址形式标识终端用户；二是用户定位。

寻址采用 SIP URL（Uniform Resource Locators），按照 RFC2396 规定的 URL 规则定义其语法，特别是用户名字段可以是电话号码，以支持 IP 电话网关寻址，实现 IP 电话和 PSTN 的互通。

SIP URL 的一般结构为：

SIP：用户名：口令@主机：端口；传送参数；用户参数；方法参数；生存期参数；服务器地址参数？头部名＝头部值。

URL 结构说明如表 17.6 所示。

表 17.6　　　　　　　　　　　URL 结构说明

参　　数	说　　明
SIP	表示需采用 SIP 协议和所指示的端系统通信
用户名	可以由任意字符组成，一般可取类似与 E-mail 用户名形式，也可以是电话号码（SoftX3000 目前用户名是电话号码）
主机	可为主机域名或 IPv4 地址

续表

参数	说　明
端口	指示请求消息送往的端口号，其缺省值为 5060，即公开的 SIP 端口号
口令	可以置于 SIP URL 中，但一般不建议这样做，因为其安全性是有问题的
传送参数	指示采用 TCP 还是 UDP 传送，缺省值为 UDP
用户参数	SIP URL 的一个特定功能是允许主机类型为 IP 电话网关，此时，用户名可以为一般的电话号码。由于 BNF 语法表示无法区分电话号码和一般的用户名，因此，在域名后增加了"用户参数"字段。该字段有两个可选值：IP 和电话，当其设定为"电话"时，表示用户名为电话号码，对应的端系统为 IP 电话网关
方法参数	指示所用的方法（操作）
生存期参数	指示 UDP 多播数据包的寿命，仅当传送参数为 UDP、服务器地址参数为多播地址时才能使用
服务器地址参数	指示和该用户通信的服务器的地址，它覆盖"主机"字段中的地址，通常为多播地址

"传送参数"、"生存期参数"、"服务器地址参数"和"方法参数"均属于URL参数，只能在重定向地址，即后面所说的Contact字段中才能使用。

④ SIP URL 的示例

下面给出若干个 SIP URL 的示例：

Sip; 55500200@191.169.1.112;

55500200 为用户名，191.169.1.112 为 IP 电话网关的 IP 地址。

Sip; 55500200@127.0.0.1:5061; User=phone；55500200 为用户名，127.0.0.1 为主机的 IP 地址，5061 为主机端口号。用户参数为"电话"，表示用户名为电话号码。

Sip: alice@registrar.com; method=REGISTER；Alice 为用户名，registrar.com 为主机域名，方法参数为"登记"。

用户定位基于注册。SIP 用户终端上电后即向登记服务器（实训中使用的服务器为 RG-VX9000E）登记，SIP 专门为此定义了一个"注册"（REGISTER）请求消息，并规定了注册操作过程。

6. SIP 消息基本结构

请求消息和响应消息的格式，一般由起始行、若干个消息头和消息体构成。具体功能参考表 17.7。

SIP 一般消息 ＝　起始行

　　　　　　　　*消息头

　　　　　　　　CRLF（空行）

　　　　　　　　[消息体]

表 17.7　　　　　　　　　　　　消息内容说明

项目	说　明
起始行	包含请求行/状态行（SIP 请求消息起始行是请求行（Request-Line），响应消息起始行是状态行（Status-Line）
消息头	至少包括 From、To、CSeq、Call-ID、Max-Forwards、Via 六个头字段，它们是构建 SIP 消息基本单元
消息体	一般采用 SDP(Session Description Protocol)协议，会话描述协议来协商 capability 和 call feature

① 请求消息

请求消息结构：如图 17.4 所示是 SIP 请求命令的格式，由起始行、消息头和消息体组成。通过换行符区分消息头中的每一条参数行。对于不同的请求消息，有些参数可选。

命令名称	对端 UPI	版本	起始行
Call-ID：值			
Form：值			
To：值			
Cseq：值			
Via：值			
Contact：值			消息头
Max-Forwards：值			
Allow：值			
Content-Length：值			
Supported：值			
User-Agent：值			
Content-Type：值			
•••			
空格			
SDP			消息体

图 17.4　SIP 请求消息结构

② 响应消息

响应消息结构：如图 17.5 所示是 SIP 响应消息的格式，由起始行、消息头和消息体组成。通过换行符区分消息头中的每一行参数。对于不同的响应消息，有些参数可选。

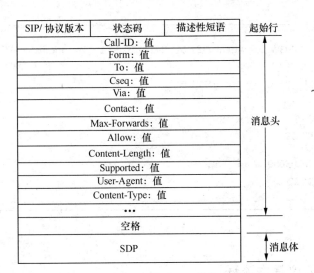

SIP/ 协议版本	状态码	描述性短语	起始行
Call-ID：值			
Form：值			
To：值			
Cseq：值			
Via：值			
Contact：值			
Max-Forwards：值			消息头
Allow：值			
Content-Length：值			
Supported：值			
User-Agent：值			
Content-Type：值			
•••			
空格			
SDP			消息体

图 17.5　SIP 响应消息结构

③ SIP 请求消息实例

SIP 请求消息实例如图 17.6 所示。

④ SDP 描述实例

SDP 描述实例如图 17.7 所示。

```
SIP-GW#debug ccsip messages
Sent:
INVITE sip:3401@10.6.2.10:5060 SIP/2.0   //这里是 UAS 的地址
Via: SIP/2.0/UDP  10.6.3.1:5060;branch=z9hG4bKA1798   //每一跳都会在 Via 中写上自己的地址
From: <sip:4105553501@10.6.3.1>;tag=105741C-1D5E   //这里 UAC 的地址
To: <sip:3401@10.6.2.10>
Date: Fri, 06 Jan 2006 05:35:01 GMT
Call-ID: E937365B-2C0C11D6-802FA93D-4772A3BB@10.6.3.1   //这个呼叫的唯一标识
Supported: 100rel, timer   //支持的 extension
Min-SE:  1800   //minimum session interval
Cisco-Guid: 3892269682-738988502-2150410557-1198695355   //唯一标识发起 INVITE 的 UAC
User-Agent: Cisco-SIPGateway/IOS-12.x
Allow: INVITE, OPTIONS, BYE, CANCEL, ACK, PRACK, COMET, REFER, SUBSCRIBE, NOTIFY, INFO,
UPDATE, REGISTER   //支持的 methods
CSeq: 101 INVITE   //call sequence number
Max-Forwards: 70   //最多有多少个 proxy 或 gateway 可以 forward 这个呼叫
Remote-Party-ID: <sip:4105553501@10.6.3.1>;party=calling;screen=no;privacy=off
Timestamp: 1014960901
Contact: <sip:4105553501@10.6.3.1:5060>
Expires: 180
Allow-Events: telephone-event
Content-Type: application/sdp   //包含 SDP message
Content-Length: 202
```

图 17.6　请求消息实例

```
v=0   //v=版本号
o=CiscoSystemsSIP-GW-UserAgent 7181 811 IN IP4 10.6.3.1   //o=originator 的组织
s=SIP Call   //s=SDP 的描述信息
c=IN IP4 10.6.3.1   //c=originator 的 IP 地址
t=0 0   //t=time value
m=audio 18990 RT   //m=originator 希望使用的 media
SIP-CME#P/AVP 0 19
c=IN IP4 10.6.3.1
a=rtpmap:0 PCMU/8000   //a=media 的属性
a=rtpmap:19 CN/8000
a=ptime:20
```

图 17.7　SDP 实例

17.5.2　SIP 协议基本流程

SIP 注册服务的目的是使 SIP 客户机能够使用 SIP 服务器提供的服务，或使之失效。在注册请求中，客户机将提供包含在 Contact 域中的一个或几个地址给注册服务器。这样代理服务器就可以使用注册信息进行 IP 电话的路由。同时，注册也可以提供鉴权服务。如果不提供鉴权服务，冒名顶替者就可以截听任何人的电话。具体注册、注销流程下面进行介绍。

1. 注册流程

表 17.8　　　　　　　　　　　　　　　　注册流程

步骤	操　　作
1	目的用户发起一个呼叫前，首先向服务器注册自己
2	用户向服务器发出注册请求，消息体的 Contact 中列出地址表，表示用户的联系方式
3	服务器向用户返回一个需要鉴权的信息
4	用户填写用户 ID 和密码，提交
5	服务器检验并通过对用户的信任，在数据库中注册用户，并返回 200 号响应。响应中包含用户当前的注册项，这代表用户以前没有进行过注册

注册流程如图 17.8 所示。

2. 注册实例

用户每次开机时都需要向服务器注册，当 SIP Client 的地址发生改变时也需要重新注册。注册信息必须定期刷新。下面以 SIP Phone 向 RG-VG9000E 注册的流程为例，说明 SIP 用户的注册流程。

在下面的实例中，我们基于以下约定：RG-VG9000E 的 IP 地址为 172.24.10.214；SIP Phone 的 IP 地址为 172.24.10.216/217；SIP Phone 向 RG-VG9000E 请求登记。

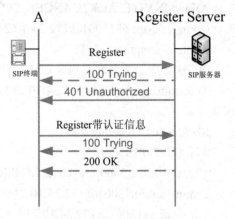

图 17.8　注册流程图

Register 的大概流程如下：

由客户端向服务器发一个 Register 消息，然后服务器查询客户端信息，此时有两种情形需要处理：如果认为客户端需要认证，则回一个 401（WWW-Unauthorized）或者 407（Proxy-Unauthorized），客户端收到这个消息后，将会重新构造一个消息注册消息，并在消息体中携带认证信息，然后发给服务器，服务器收到消息再次进行验证，如果信息正确，则回 200 给客户端，表示注册成功。如果认为客户端不需要认证，且注册信息正确，则服务器直接回一个 200 给客户端，表示注册成功。SIP 终端向软交换服务器注册日志如下所示。

① 软交换服务器收到 SIP 终端的注册请求

<-- SIP read from 172.24.10.216:5060：；软交换服务器收到 SIP 终端的注册请求

REGISTER sip:172.24.10.214:5060 SIP/2.0

Via: SIP/2.0/UDP 172.24.10.214:5060;branch=z9hG4bK2821764568

From: <sip: 5813001@172.24.10.216→;tag=1307449471

To: <sip: 5813001@172.24.10.216→→

Call-ID: 047CB942-E317-40C6-6FC0-AF2E9604FD73@172.24.10.214

CSeq: 1 REGISTER

Contact: <sip: 5813001@172.24.10.214:5060→;expires=60

Max-Forwards: 70

User-Agent: Star-Net Intra SIP v1.22

Content-Length: 0

② 软交换服务器向终端发送 100 Trying

Transmitting (NAT) to 172.24.10.216:5060: ；软交换服务器向终端发送 100 Trying

SIP/2.0 100 Trying

Via: SIP/2.0/UDP

172.24.10.214:5060;branch=z9hG4bK2821764568;received=172.24.10.214;rport=5060

From: <sip: 5813001@172.24.10.214→;tag=1307449471

To: <sip: 5813001@172.24.10.214→

Call-ID: 047CB942-E317-40C6-6FC0-AF2E9604FD73@172.24.10.216

CSeq: 1 REGISTER

User-Agent: Star-Net SVC9000

Allow: INVITE, ACK, CANCEL, OPTIONS, BYE, REFER, NOTIFY

Contact: <sip: 5813001@172.24.10.216→

Content-Length: 0

③ 软交换服务器向终端发送 401 Unauthorized（要求认证）

Transmitting (NAT) to 172.24.10.214:5060:；软交换服务器向终端发送 401 Unauthorized（要求认证）

SIP/2.0 401 Unauthorized

Via: SIP/2.0/UDP

172.24.10.214:5060;branch=z9hG4bK2821764568;received=172.24.10.214;rport=62698

From: <sip:5813001@172.24.10.214→;tag=1307449471

To: <sip: 5813001@172.24.10.214→;tag=as3b2d17b2

Call-ID: 047CB942-E317-40C6-6FC0-AF2E9604FD73@172.24.10.216

CSeq: 1 REGISTER

User-Agent: Star-Net SVC9000

Allow: INVITE, ACK, CANCEL, OPTIONS, BYE, REFER, NOTIFY

Contact: <sip: 5813001@172.24.10.216→

WWW-Authenticate: Digest realm="Star-Net", nonce="201526f4"

Content-Length: 0

④ 软交换服务器向终端发送 200 OK（认证通过、注册成功）

Transmitting (NAT) to 172.24.10.214:5060:；软交换服务器向终端发送 200 OK（认证通过、注册成功）

SIP/2.0 200 OK

Via: SIP/2.0/UDP

172.24.10.214:5060;branch=z9hG4bKO5Yr0Z;received=172.24.10.214;rport=5060

From: <sip: 5813001@172.24.10.214→;tag=1307449471

To: <sip: 5813002@172.24.10.216→;tag=as3b2d17b2

Call-ID: 047CB942-E317-40C6-6FC0-AF2E9604FD73@172.24.10.214

CSeq: 2 REGISTER

User-Agent: Star-Net SVC9000

Allow: INVITE, ACK, CANCEL, OPTIONS, BYE, REFER, NOTIFY

Expires: 60

Contact: <sip:8845@192.168.99.159:5060→;expires=60

Date: Wed, 16 Nov 2005 08:39:19 GMT

Content-Length: 0

17.5.3　基本通话流程

SIP 基本通话流程如图 17.9 所示。

17.5.4　配置局内通信

按照第 14 章步骤进行,配置好各组本组设备基本参数,保证局内通信正常。

1. 配置 VoIP 服务器 RG-VG9000E

需要进行网络参数、SIP 参数、电话号码等基本参数配置。

2. 配置语音网关 RG-VG6116E

需要进行网络参数、SIP 参数、端口参数等基本参数配置。

3. 配置 IP 网络话机

需要进行网络参数、SIP 参数、电话号码等基本参数配置。

以上四步均在前面实训项目中可以参考。

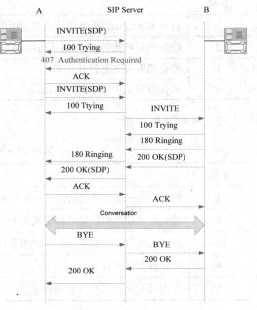

图 17.9　基本通话流程

17.5.5　SIP 协议分析

首先确保 VoIP 平台通信正常,同时使用 RG-VG9000E 自带抓包工具分析。

1. 注册流程分析

表 17.9　　　　　　　　　　　　注册流程分析步骤

步骤	操　作
1	登录 RG-VG9000E 管理界面,在"系统管理"中选择对应的以太网口,并选择"开始抓包"
2	将配置好参数的 IP 网络话机接入 VoIP 平台
3	在 Web 页面上选择"停止抓包并生成流程图"
4	在 Web 页面上选择"生成流程图",记录相关的信息

2. 呼叫流程分析

表 17.10　　　　　　　　　　　　呼叫流程分析步骤

步骤	操　作
1	登录 RG-VG9000E 管理界面,在"系统管理"中选择对应的以太网口,并选择"开始抓包"
2	话机 1001 呼叫 1002,被叫震铃,摘机,通话,挂机
3	在 Web 页面上选择"停止抓包并生成流程图"
4	在 Web 页面上选择"生成流程图",记录相关的信息

17.5.6 使用 WireShark 抓包工具分析

1. 注册流程分析

表 17.11　　　　　　　　　WireShark 注册分析步骤

步骤	操　作
1	打开 WireShark 抓包软件，如图所示 WIRESHARK；选择"Capture Options"抓包
2	将配置好参数的 IP 网络话机接入 VoIP 平台
3	停止抓取报文并保存
4	从抓取报文中可看到注册过程

2. 呼叫流程分析

表 17.12　　　　　　　　　WireShark 呼叫流程分析步骤

步骤	操　作
1	打开 WireShark 抓包软件，如图所示 WIRESHARK；选择"Capture Options"抓包
2	按话机"IP"键获取两台话机的 IP 地址
3	按"*IP#"呼叫被叫话机，被叫震铃，摘机，通话，挂机
4	停止抓取报文并保存
5	双击打开协议，可查看协议字段

17.6　总结与思考

1. 实训总结

请描述本单元实习的收获。

2. 实训思考

（1）通过所抓取到的报文，分析 SIP 注册原理，画出注册的 SIP 报文交互过程。

（2）除了上述实验过程中所列举的故障情况，注册过程中是否还有其他可能的故障？

（3）呼叫报文中隐含的信息有哪些？